编织大师经典作品系列

志田瞳
四季花样毛衫编织

（日）志田瞳　著　　梦工房　译

河南科学技术出版社
·郑州·

目　录

优雅装扮的女人味编织

突出花样的甜美，优雅的富有女人味的编织。

Feminine Knit

1 Feminine Knit

波形褶边的无袖套衫

将两种蕾丝花样每两行和一行地组成的美丽的心形花样的针织衫。衣领处和下摆处的波形褶边更增添了可爱的感觉。

使用线/MASTER SEED COTTON〈LILY〉

编织方法/第82页

2

Feminine Knit

半高领半袖套衫

在蕾丝花样上加上棒针编织的小球做出了大花样。高领上则是在小小的蕾丝花样上加上扭罗纹针。这是一款看上去都感觉是凉爽的夏季女装。

使用线/ MASTER SEED COTTON

编织方法/第84页

3 Feminine Knit

等针直编套衫和背心

无论是套衫还是背心都可以得体展现出两用型。扭针编织出的拱形花样上又加入了藤编花样，大大的花样，新鲜感十足。
使用线/ MASTER SEED COTTON
编织方法/第86页

4
Feminine Knit

雅致的半袖开衫

传统的半袖开衫华丽变身。美丽蕾丝花样由大小两种花样和小球所构成。采用下针包扣，是一款完美的女孩风格。

使用线/COTTON MODA

编织方法/第88页

5
Feminine Knit

优雅的无扣法式短衫

将纵向锯齿形的花样和加入小球的蕾丝花样相结合。边缘处在平针的基础上加入了几针蕾丝编织，可正反两穿，衣领采取折回式设计。

使用线/SILK NOTTE

编织方法/第90页

漂亮简约的五彩编织

用创意十足的五彩毛线展现夏天般的轻松感吧！

6 Color Knit

圆领半袖套衫

变形的菱形花样和小V形蕾丝花样的针目中夹杂着微微闪光的金线，真是美极了。衣服下摆的收边是将身片的菱形花样做成锯齿形，横向连接而成。

使用线/ MASTER SEED COTTON 〈LAME〉

编织方法/第92页

7 Color Knit

树叶花样的法式套衫

在低领的胸前和下摆处加入了树叶的花样，身片是结粒针和下针的纵向花样。再配上一条珍珠项链，可真是漂亮。

使用线/ MASTER SEED COTTON 〈LINEN〉

编织方法/第94页

8 Color Knit

V领半袖套衫

下摆和袖子用藤编针法织出曲牙花边，下摆到腰处的线条用分散减针来塑型，显得优雅时尚。

使用线/DIA COSTA NUOVA

编织方法/第96页

随性的等针直编背心

随意地搭在身上或上下颠倒做成具有披肩特色的背心，通过不同的穿法创意来享受造型的变化。
使用线/DIA COSTA NUOVA
编织方法/第99页

Color Knit 10

领前开式背心

段染毛线的随性感中加入时尚的编织花样。交错花样与蕾丝花样，使衣服呈现出别样的格纹状。

使用线/MASTER SEED COTTON

编织方法/第100页

Color Knit 11

T形短袖衫

将身片与袖子做T形等针直编。尽管花样简单，段染线色彩渐变的层次美极引人注目。

使用线/DIAPITTORE

编织方法/第102页

Color Knit 12

斜编下摆套衫

下摆处采用斜形蕾丝编织做出锯齿形花边，转换的位置做往返编织，做出了斜斜的线条。
使用线/DIA LUGLIO
编织方法/第104页

黑白钩针编织

夏日里黑与白是女性永远的偏爱，漂亮的钩针蕾丝闪亮登场。

Crochet Knit

Crochet Knit 13

圆育克束腰上衣

这款束腰长上衣从衣领开始编织，一边将扇形花样变大一边编织育克，身片编成简单的花样。下摆和育克一样装饰了扇形花样。

使用线/COTTON MODA

编织方法/第106页

Crochet Knit 14

悦目的黑色半袖衫

织片洋溢着透明感，简单的花样突出了下摆处的花朵主题，衣服边缘采用串珠串联，绝对是感官上的极品。

使用线/MASTER SEED COTTON

编织方法/第108页

Crochet Knit 15

优雅的蕾丝衣领

爱尔兰钩编蕾丝的衣领上，立体的野玫瑰和菱形针编织的叶子是主题。根据领口的不同，衣领装饰的方法也随之改变。用白色线织也会很美哟！

使用线/MASTER SEED COTTON

编织方法/第114页

Crochet Knit 16

七分袖花片开衫

将两种不同图案的花片拼成方格状，利用花片的形状，做成方形领口。把妩媚的女人味和女孩的单纯甜美融合在了一起。

使用线/MASTER SEED COTTON

编织方法/第111页

美丽优雅的手工针织

加入刺绣和珠片手工，突出手编织的魅力。

Elegance Knit

Elegance Knit

17

分袖珠绣套衫

摆呈现出的曲牙花边是由每隔一行斜形蕾丝花样排列而成的。之后是将蕾丝花样与褶饰花样做成格状，在褶饰花样中刺绣珠子和亮片。

使用线/MASTER SEED COTTON

编织方法/第116页

Elegance Knit 18

美丽的同色蔷薇刺绣披肩

如同将与套衫相同的花样纵向剪开，用分散减针的技法编织。在下针编织的包扣上也加上了1朵蔷薇花。
使用线/MASTER SEED COTTON
编织方法/第118页

Elegance Knit 19

菱形花样无袖套衫

在蕾丝花样中制作上针编织的菱形花样，用相同的线做玫瑰的刺绣。可以结合成一套穿也可以分开穿，怎么搭配都出色。

使用线/MASTER SEED COTTON〈LILY〉

编织方法/第120页

Elegance Knit
20

喇叭花形束腰上衣

高腰处要变换技法。用分散加针的方法稍稍编织出喇叭花形，下摆活用花样，形成锯齿形花边。
使用线/DIA PITTORE
编织方法/第122页

Elegance Knit 21

花样蕾丝长披肩

两端钩针编织部分采用分散加针的方法放大，达到放大下摆的整体效果。可以简单地披在肩上，也可以围在脖子上，无论是料峭的早春还是炎炎的夏天都是宝贝哟。
使用线/SILK NOTTE
编织方法/第81页

Winter
高贵的冬季白
看上去很美的白色花样，都是用上等的材料编织而成的。
White

Winter White **22**

高领套衫

美丽花样的冬季白，给人高雅和轻熟女的感觉。利用下摆和袖口的曲牙边，让人感觉身片的花样一直延续到领口。

使用线/DIAEXCEED〈SILKMOHAIR〉

编织方法/第124页

Winter White 23

带手套的半袖套衫

由立体的菱条花样构成，衣领的罗纹针也做成了棱条效果。美丽的手套给套衫增加了变化。
使用线/DIASILKSUFURE
编织方法/第127页

Winter White 24

两件套：无袖套衫

这是用建筑风格花样和有品位的白色线编织的无袖套装。立领和下摆处编织了花样的一部分，表现出了绝妙的和谐感。美丽的景致让冬天的无袖装完美无瑕。

使用线/TASMANIAN MERINO〈LAME〉

编织方法/第131页

Winter White 25

两件套：短上衣

短上衣的下摆和袖口采用了相同的花样，大大的曲牙边，更显轻松和可爱，与无袖套衫搭配，呈现出相得益彰之妙。

使用线/TASMANIAN MERINO〈LAME〉

编织方法/第133页

Winter White **26**

华丽的圆育克开衫

为了突出育克部分，用上针和结粒编织分开育克和身片，分散减针编织身片的大花样。背部的设计也美丽合身。
使用线/TASMANIAN MERINO〈LAME〉
编织方法/第136页

Fancy Yarn

表情丰富的创意素材

美丽的段染线的色调渐变，采用绒毛纱线和直纱线。

Fancy Yarn

27

高领短袖套衫

菱形花样，相互不交叉。绕线，做出菱条风格。温暖的阳光下，也可作为套衫穿着。

使用线/DIANATALE

编织方法/第139页

Fancy Yarn 28

弧形褶边套衫

美丽的身影，弧形的下摆线条漂亮极了。下摆的收边，从后部中心开始，左右分开，连续编织到前部。

使用线/TASMANIAN MERINO〈MULTI〉

编织方法/第141页

Fancy Yarn 29

中翻领套衫

缩短插肩线的长度，前下摆处织出宽大的弓形。这件毛衫细节上的特色，是如此的可爱，招人喜欢。

使用线/TASMANIAN MERINO〈AMORE〉

编织方法/第145页

Fancy Yarn **30**

带口袋的长披肩

因为是披肩式衣领的大尺寸，所以无论是披着还是围上都时尚漂亮。两侧使用交叉花样，边缘也一起编织。
使用线/DIADOMINA
编织方法/第143页

Fancy Yarn **31**

镂空花样束腰上衣

腰部是棒针编织和钩针编织的镂空花样的切换处，下摆是利用扇形花样的曲牙形花边。纤细的段染线色调渐变让人印象深刻。

使用线/DIAFIDA

编织方法/第151页

Fancy Yarn **32**

短上衣风格的背心

身片采用棒针编织，收边和衣领采用钩针编织。浅色的混合感恰到好处，穿着既舒适又优雅。

使用线/DIASCENE

编织方法/第148页

Feminine 优雅的女式针织 Knit

用温柔的表情诠释、构筑的花样。

Feminine Knit **33**

荷叶边套衫

用树叶和枝干、给人果实印象的小球等构成了整件衣服的蕾丝花样。下摆和衣领的波形褶边，展现出女性的妩媚和吸引力。
使用线/DIA SILK SUFURE
编织方法/第153页

Feminine Knit 34

扇形花套衫

金属线的光泽来源于上等的钩编线的使用，梯形袖上演着微微的优雅感。衣领、下摆、袖口的重叠的收边更增加了衣服的可爱感。

使用线/TASMANIAN MERINO〈FINE〉LAME

编织方法/第156页

Feminine Knit **35**

方领镂空开衫

使用细支美利奴毛线，做出纤细的镂空花样。将下摆和胸口、袖口变成碎花花样，构成优雅美丽的花样。
使用线/TASMANIAN MERINO〈FINE〉
编织方法/第159页

Feminine Knit **36**

V领柔软套衫

柔软的绒毛纱线、菱形花样和少量的镂空蕾丝花样搭配出绝妙、协调的花样。衣领和下摆不同大小的锯齿边，更增添了衣服的女人味。

使用线/DIAMOHAIRDEUX〈ALPACA〉

编织方法/第162页

Feminine Knit **37**

阿兰花样套衫

此款针织衫用奶油色绒毛纱线编织出阿兰花样，充满立体的温和表情，凸显了手工编织特有的韵味，轻柔优雅。
使用线/DIAMOHAIRDEUX〈ALPACA〉
编织方法/第168页

Traditional Pattern

享受传统花样

利用阿兰花样和费尔岛花样，给当下的编织风格加点别样的味道。

Traditional Pattern **38**

阿兰风格的夹克开衫

由大小不同立体纵向花纹构成的花样是绝对的佳品。前襟处照搬花样，并延伸至衣领。用经典的样式来表现传统的学院风的夹克衫。

使用线/TASMANIAN MERINO 〈TWEED〉

编织方法/第165页

Traditional Pattern **39**

灰色系加花套衫

统的编
领的中央部分
延续着身片的缆绳编织。
使用线/TASMANIAN MERINO
编织方法/第171页

Traditional Pattern 40

阿兰花样和费尔岛花样斗篷

这是一款活用花样分散减针编织的斗篷。在直筒领翻折的中央加入开叉，两侧加入花样是亮点。适合在略感凉意的日子里外出穿着。

使用线/TASMANIAN MERINO〈TWEED〉、TASMANIAN MERINO

编织方法/第177页

Traditional Pattern 41

英式束腰开衫

变换的腰带风格和三个纽扣是这款英伦风开衫的亮点。看上去既舒适又优雅。

使用线/AMIAMO ALPACA SOFT

编织方法/第174页

编织花样集

美丽的编织花样是由很多编织针法符号组合而产生的。在这里我们为大家介绍本书第35~62页的20个作品所使用的编织花样。“这个花样的编织符号怎么编织才好呢？”为了回答大家常常遇到的这个问题，我们在“针法”中为大家做了浅显易懂的解说。请一定把这些运用到自己作品制作中去。

Winter White

高贵的冬季白

22

作品/第35页
使用线/DIAEXCEED〈SILKMOHAIR〉
编织方法/第124页
针法/第66页

23

作品/第36页
使用线/DIASILKSUFURE
编织方法/第127页
针法/第66页

26

作品/第40页
使用线/TASMANIAN MERINO
编织方法/第136页
针法 /第67页

24・25

作品/第38页
使用线/TASMANIAN MERINO〈LAME〉
编织方法/第131页、第133页
针法 /第67页

○⋌ 空加针和右上2针并1针（在反面编织的情况）

1 编织空加针后调换左针的2针，按箭头所示插入右针，编织上针。

2 这是从正面看到的右上2针并1针的完成图。

⋋○ 左上2针并1针和空加针（在反面编织的情况）

1 在左针的2针中插入右针，在针上挂线，按箭头所示拉出针，2针一起织上针。

2 这是从正面看到的左上2针并1针的完成图。接下来织空加针。

绕3圈线的打结

编织5针将其移至麻花针上，按箭头所示绕上3圈线。

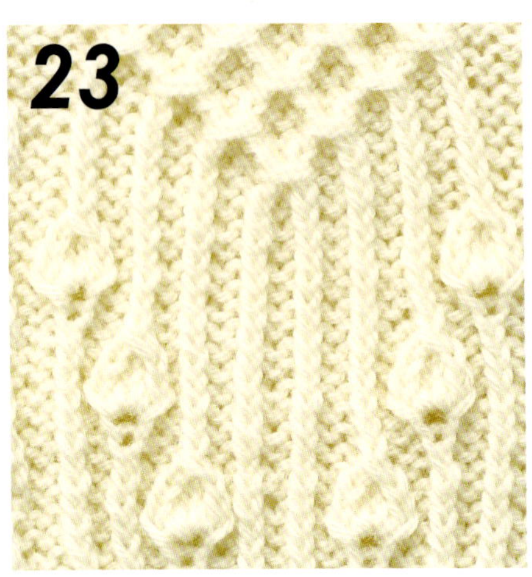

5针5行的爆米花针

1 在1针上加织5针，分别为下针、空加针、下针、空加针、下针。

2 接下来的一行从反面编织5针上针。

3 第3行编织右上2针并1针，下针，左上2针并1针。

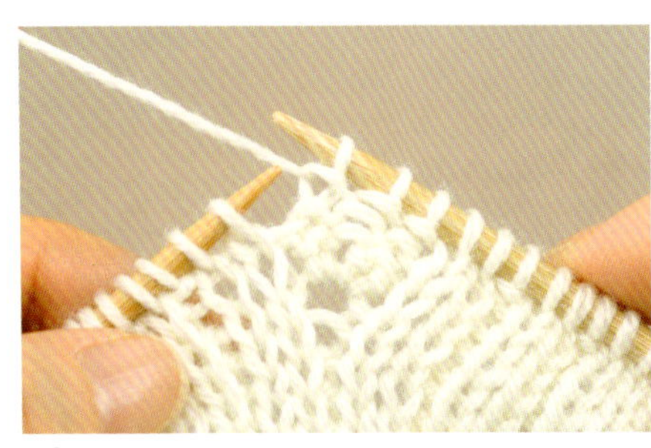

4 接下来的一行从反面编织3针上针。

5 第5行编织右上3针并1针，5针5行的爆米花针编织完成。

穿过左针编织右上 2 针并 1 针

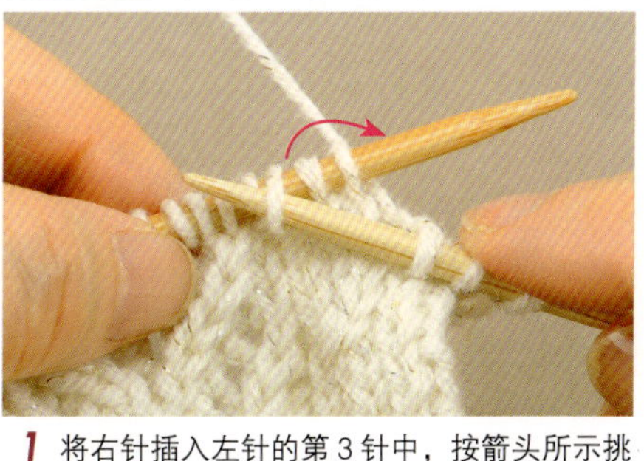

1 将右针插入左针的第 3 针中，按箭头所示挑起针套在右边的 2 针上，然后将此针挑下左针。

2 织下针、空加针。

3 再将左针上的上针和右针上的下针做右上 2 针并 1 针。

穿过左针编织左上 2 针并 1 针

1 先不编织左针上的第 1 针，将其移至右针，接下来把第 3 针套在右边的 2 针上，然后把移至右针上的 1 针再移回左针。

2 按照步骤 1 的箭头所示插入右针，编织左上 2 针并 1 针，空加针，下针。

3 行下滑针的枣形针

1 在 3 行下的针目中插入右针，挂针后松松地拉出，编织下针，空加针，下针。脱下左针的 1 针。

2 下一行从反面编织 3 针上针。

3 在正面编织中上 3 针并 1 针，3 行下滑针的枣形针编织完成。

穿过左针编织(减 1 针)

1 在左针的第 3 针中插入右针，套在右边的 2 针上。

2 编织 2 针下针。中央的针目就减针了(用于圆育克的分散减针)。

Fancy Yarn

表情丰富的创意素材

28

作品/第44页

使用线/TASMANIAN MERINO〈MULTI〉

编织方法/第141页

27

作品/第43页

使用线/DIANATALE

编织方法/第139页

针法 /第70页

29

作品/第45页

使用线/TASMANIAN MERINO〈AMORE〉

编织方法/第145页

30

作品/第46页
使用线/DIADOMINA
编织方法/第143页
针法 /第70页

31

作品/第48页
使用线/DIAFIDA
编织方法/第151页
针法 /第71页

32

作品/第49页
使用线/DIASCENE
编织方法/第148页
针法 /第71页

绕 5 圈线的打结

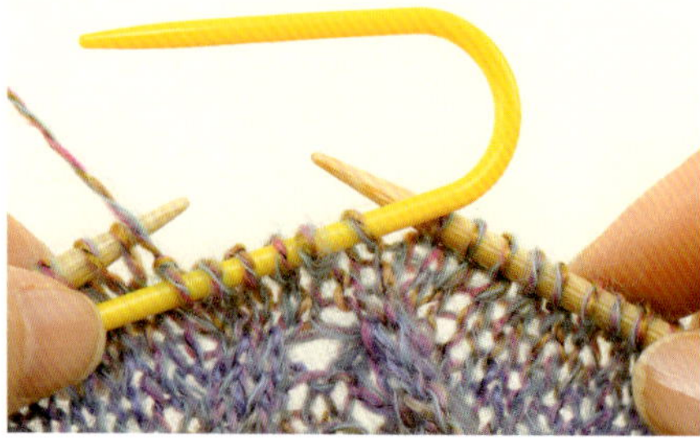

1 编织 6 针下针后，将其移至麻花针。

2 按箭头所示在麻花针上的 6 针上绕线。

3 绕上 5 圈线。

4 将绕好线的部分从麻花针上移至左针，完成。直接移至右针也可以。

5 移至右针后，再编织下一针。

加 2 针的编织

1 在第 3 行编织 3 针下针，织 1 针空加针，将针目与针目之间的线用右针挑上去。

2 将挑的针目编织上针扭针，增加 2 针。

减 2 针的编织

4 3 2 1

1 第 9 行边缘的 1 针织下针，将左针的针 1 和针 2 移至麻花针，放在前面。

2 把麻花针的针 1 和左针上的针 3 编织右上 2 针并 1 针。

3 按照和步骤 2 相同的要领，把针 2 和针 4 编织右上 2 针并 1 针，减 2 针编织完成。

穿过左针的编织（4针的情况）

1 在正面行将第3针和第4针套在第1针和第2针上。

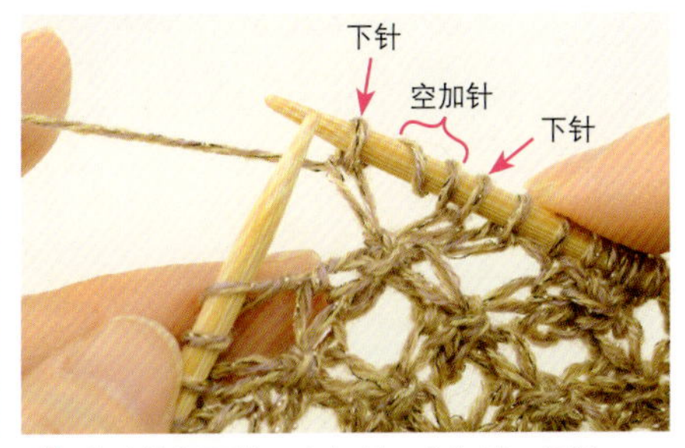

2 依次编织下针、空加针、空加针、下针。

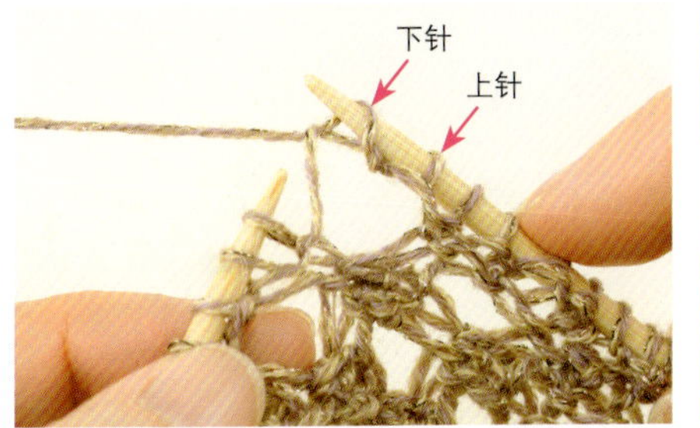

3 接下来的一行从反面编织上针、下针。

倒Y形编织

1 在针上绕2圈线，编织3针未完成的长针。按箭头所示从最初挂在针上的3个线环中引拔出，接下来2个线环2个线环地引拔出。

2 倒Y形编织完成。

变形的3针中长针的枣形针（整段挑取）

1 钩线，按箭头所示将钩针插入前一行整段的锁针中。

2 钩线，拉出。

3 之后重复两次“钩线，拉出”。3针未完成的中长针编织完成。钩线，从针上的6个线环中拉出。

4 按箭头所示，再次钩线，从针上剩下的2个线环中拉出。

5 变形的3针中长针的枣形针编织完成。

Feminine Knit

优雅的女式针织

33

作品/第51页
使用线/DIASILK SUFURE
编织方法/第153页
针法 /第74页

34

作品/第52页
使用线/TASMANIAN MERINO〈FINE〉LAME
编织方法/第156页
针法 /第74页

35

作品/第55页
使用线/TASMANIAN MERINO〈FINE〉
编织方法/第159页
针法 /第75页

36

作品/第56页
使用线/DIAMOHAIRDEUX〈ALPACA〉
编织方法/第162页

37

作品/第57页
使用线/DIAMOHAIRDEUX〈ALPACA〉
编织方法/第168页
针法 /第75页

左上 1 针和 2 针的扭针交叉针(下侧上针)

1 将左针上的针 1 和针 2 移至麻花针，在后侧留针。

2 将针 3 编织下针的扭针。

3 将麻花针上的针 1 和针 2 编织上针。

右上 1 针和 2 针的扭针交叉针(下侧上针)

1 将针 1 移至麻花针，在前面留针，将针 2 和针 3 编织上针。

2 将麻花针上的针 1 编织下针的扭针。

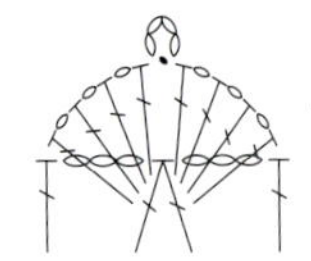

4 针锁针引拔狗牙针的编织方法

1 在钩针上挂线，按箭头所示从左侧将钩针插入前一行整段的长针底部。

2 重复编织 3 次“1 针长针、1 针锁针”，然后再编织 1 针长针。

3 编织 4 针锁针，将钩针插入长针顶部的半针锁针和底部的 1 根线中，钩线引拔出。

4 4 针锁针引拔狗牙针编织完成。

5 按照图 4 的箭头所示将钩针插入前一行整段的长针底部，按照和步骤 2 相同的要领编织。

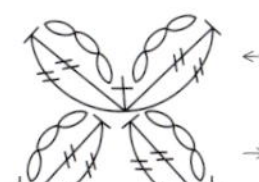

四瓣花的编织方法

1 在反面行编织短针，然后在和短针一样的针目上编织 3 针锁针，2 针长长针并 1 针。

2 接下来，编织 2 针长长针并 1 针、3 针锁针、短针。

3 在正面行，在针上绕 2 圈线，将钩针插入前一行右侧的 2 针长长针并 1 针的顶部。

4 编织 2 针长长针并 1 针、3 针锁针、短针。

5 编织 3 针锁针，和步骤 3 一样在 2 针长长针并 1 针的顶部编织加入 2 针长长针并 1 针。

树叶花样的编织方法

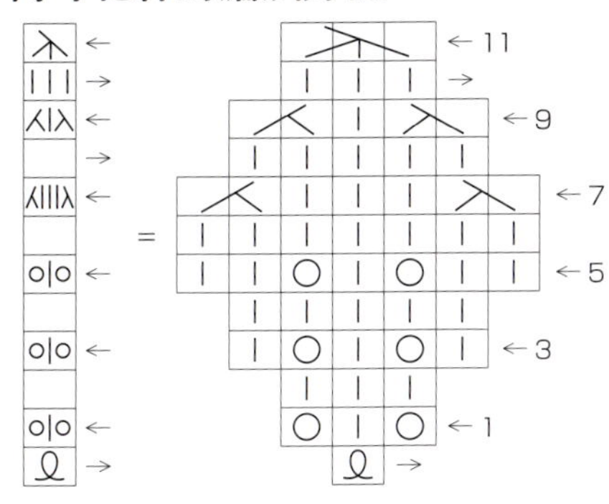

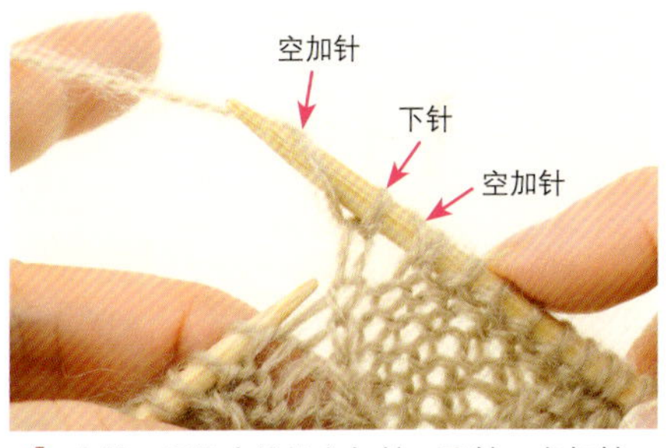

1 在第 1 行依次编织空加针、下针、空加针。第 3 行（5 针），第 5 行（7 针）也按照同样的要领编织。

2 在第 7 行编织右上 2 针并 1 针、3 针下针、左上 2 针并 1 针（5 针）。

3 在第 9 行编织右上 2 针并 1 针、1 针下针、左上 2 针并 1 针（3 针）。

4 在第11行编织右上 3 针并 1 针，完成。

Traditional Pattern

享受传统花样

38

作品/第59页
使用线/TASMANIAN MERINO〈TWEED〉
编织方法/第165页
针法 /第78页

39

作品/第60页
使用线/TASMANIAN MERINO
编织方法/第171页
针法 /第78页

40

作品/第61页
使用线/TASMANIAN MERINO〈TWEED〉、TASMANIAN MERINO
编织方法/第177页
针法 /第79页

41

作品/第62页
使用线/AMIAMO ALPACA SOFT
编织方法/第174页
针法 /第79页

穿过左针编织的右上交叉针(下侧 1 针上针)

1 将正面行的针 1 移至麻花针，在后侧留针，将针 4 套在针 2 和针 3 上。

2 依次编织下针、空加针、下针。

3 将留针的麻花针上的 1 针编织上针。

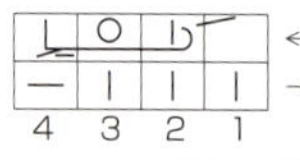

穿过左针编织的左上交叉针(下侧 1 针上针)

1 将正面行的的针 3 套在针 1 和针 2 上，再移至麻花针上，在前面留针。

2 将针 4 编织上针，接下来将麻花针上的针目编织下针、空加针、下针。

横向渡线织入花样(部分纵向渡线)

1 反面：在织入花样交界处的 1 针前，将配色线放在底色线上（用底色线夹住配色线）。

2 参照织入花样的配色编织。图为编织好底色线的 1 针和配色线的 1 针的情形。

3 这是反面的渡线状态。底色线在上，配色线在下，排列正规。

4 正面：在织入花样交界处的 1 针前，将配色线放在底色线上(用底色线夹住配色线)。

5 参照配色编织。配色线要从底色线的下面出线后再编织。

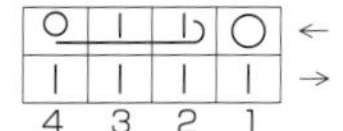

穿过左针编织（4针的情况）

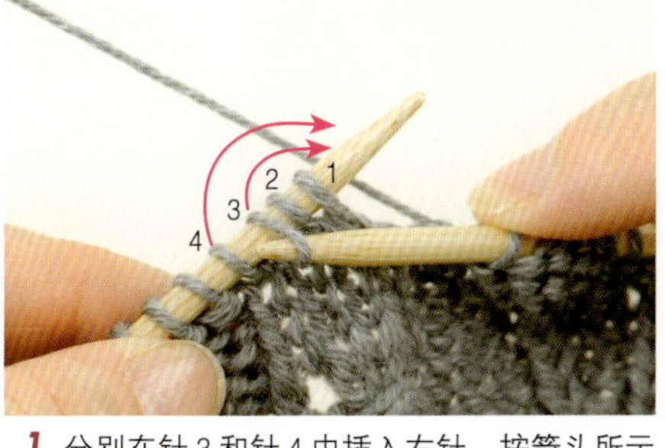

1 分别在针3和针4中插入右针，按箭头所示套在针1和针2上。

2 穿过左针编织完成，成了2针。

3 织1针空加针。

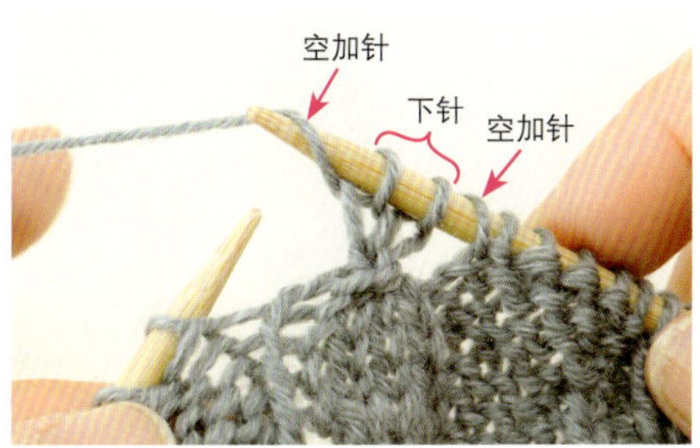

4 织2针下针和空加针。

5 下一针织上针。

右上2针交叉

1 把针1和针2移动到麻花针上，放于编织物前待用。

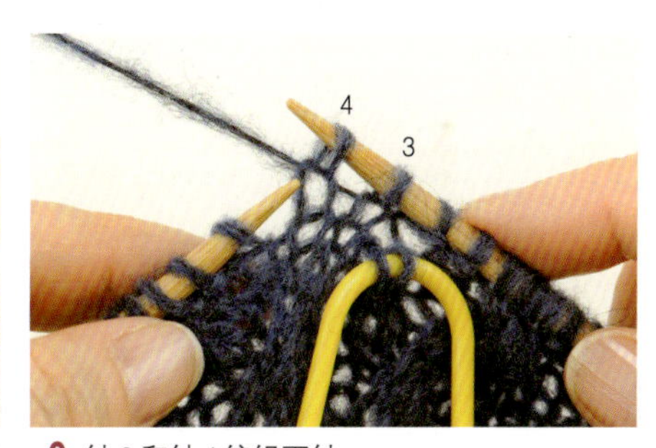

2 针3和针4编织下针。

3 将麻花针上的2针留针编织下针。

左上2针交叉

1 将针1和针2移至麻花针，在后侧留针。

2 将针3和针4织下针，将麻花针的2针留针织下针。

定价：49.00 元

定价：49.00 元

定价：49.00 元

定价：49.00 元

定价：49.00 元

定价：49.00 元

定价：49.00 元

定价：39.80 元

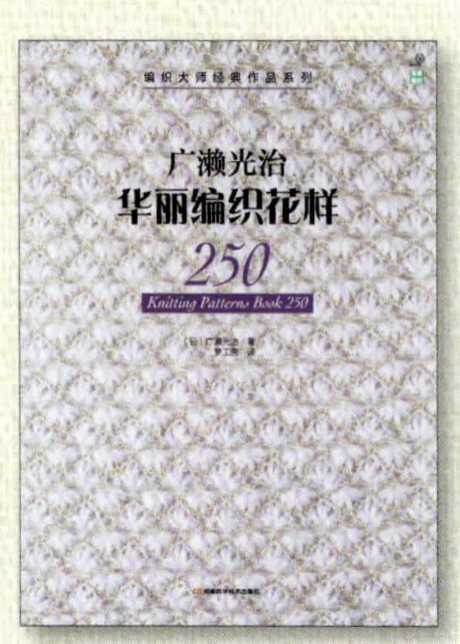

定价：36.00 元

定价：39.80 元

定价：32.80 元

定价：39.80 元

定价：36.00 元

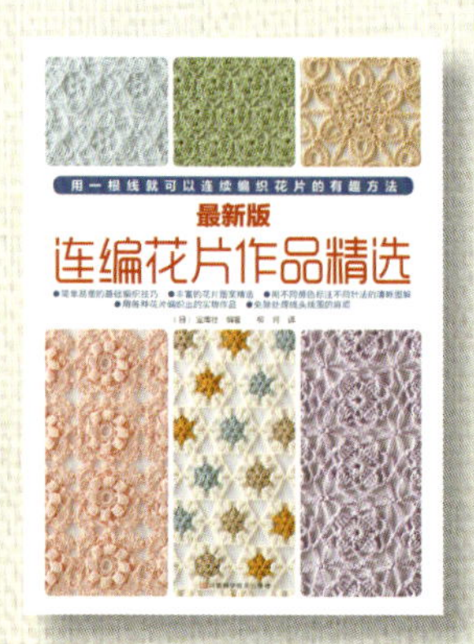

定价：36.00 元

定价：39.80 元

page32

21

作品的编织方法

●材料 SILK NOTTE（粗）粉米色（103）190g/7团

●工具 棒针7号，钩针5/0号

●完成尺寸 宽41cm，长134cm

●密度 10cm×10cm面积内 编织花样A：24针，30行；编织花样B：27.5针，12行

●编织方法·组合方法 女用披肩 用手指起针，编织花样A无加减针地编织211行。编织终点采用伏针收针。在钩针编织的起点端和终点端编织花样B，第1行的短针平均地加针后挑针。花样B按图示分散加针编织39行。两端收边。花样B的位置按图示编织28个花样，花样A的位置挑取边缘针目后编织短针，编织53个花样。

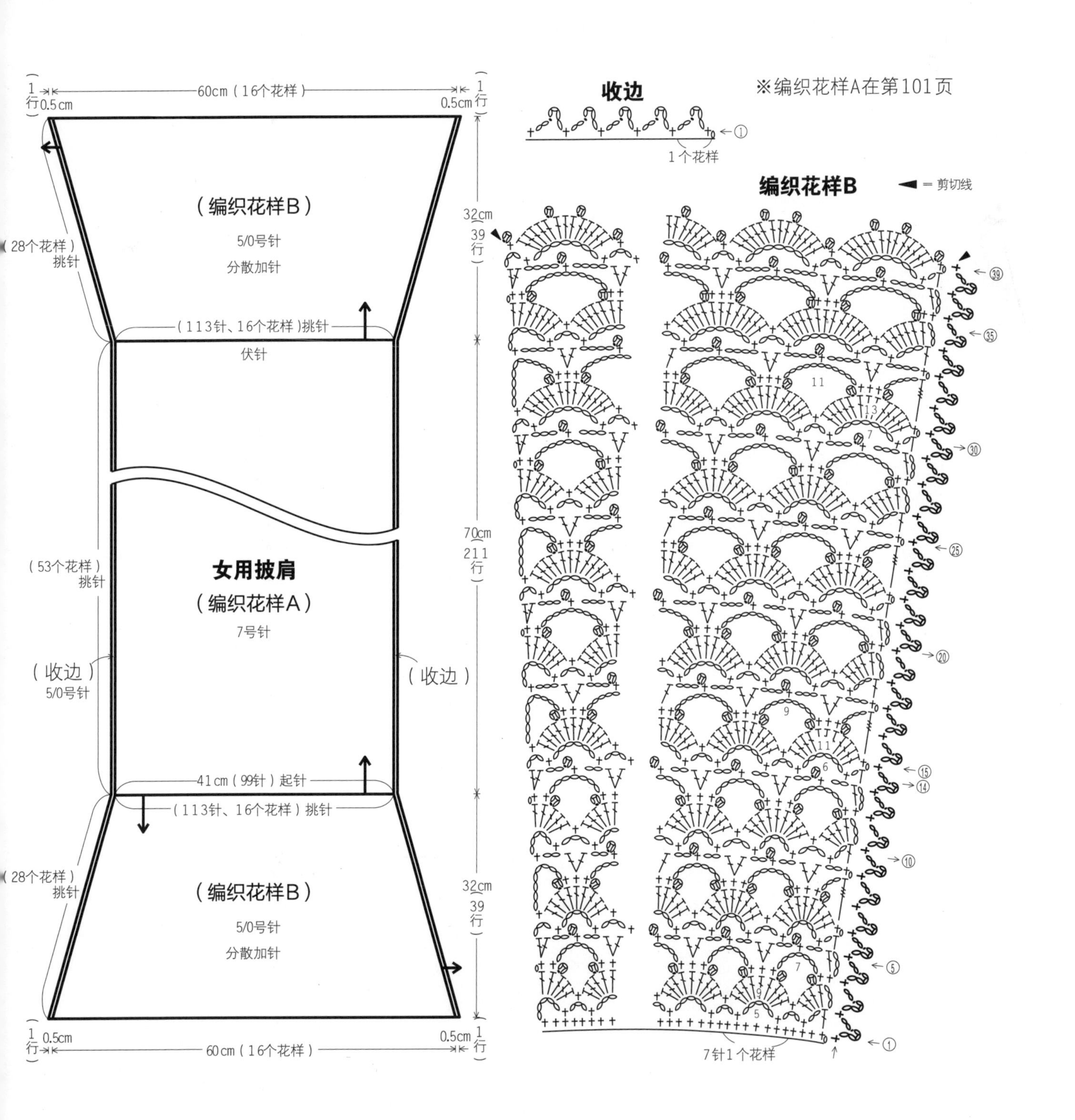

●**材料** MASTER SEED COTTON〈LILY〉（粗）原色（601）240g/8团

●**工具** 棒针6号、5号、4号、3号

●**完成尺寸** 胸围93cm，背肩宽36cm，长56cm

●**密度** 10cm×10cm面积内 编织花样A：26针，37行（5号针）

●**编织方法·组合方法** **身片** 从下摆开始用手指起针，开始编织花样A。在腰部换针，袖窿和领窝减针编织。下摆从起针上挑针编织花样B，按图示分散加针编织，伏针收针。**衣领** 用手指起针，在领圈上分散加针编织花样B'。**组合** 肩部做无缝拼接，肋做挑缀缝合。袖口，挑针编织环形花样C。终点做扭针的罗纹针收针。衣领的正面重叠在身片的反面上，用半回针缝缝合固定，折回正面。

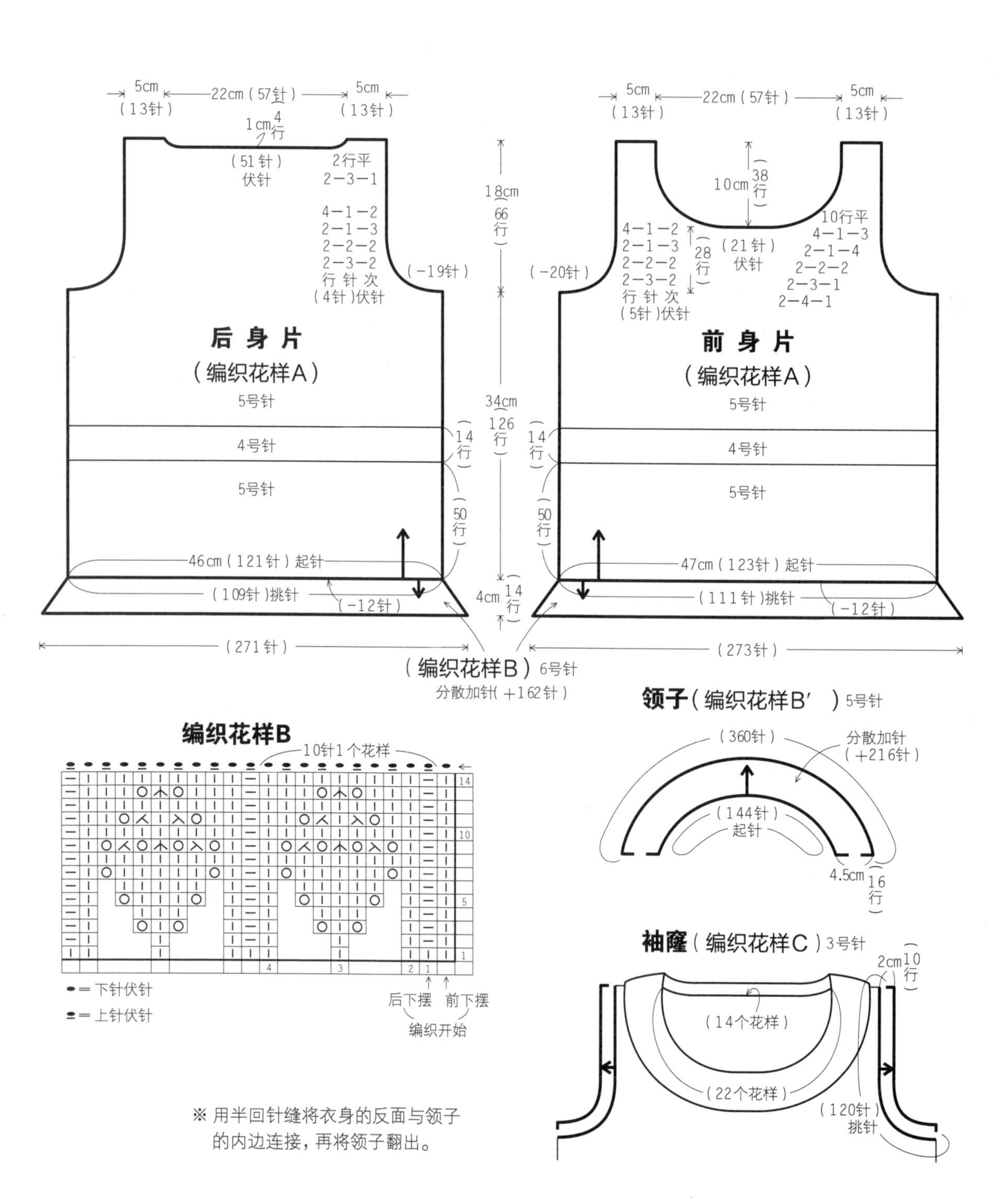

扭针单罗纹针收针

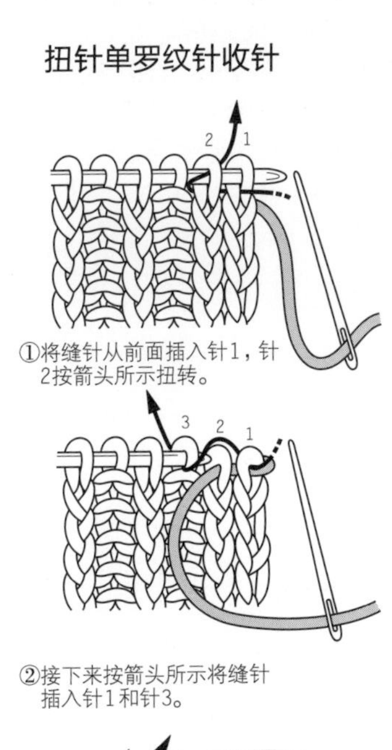

①将缝针从前面插入针1，针2按箭头所示扭转。

②接下来按箭头所示将缝针插入针1和针3。

③按箭头所示将缝针插入针2和针4。一边将下针扭转一边编织单罗纹针收针。

□ = ⊟ 上针

编织花样A

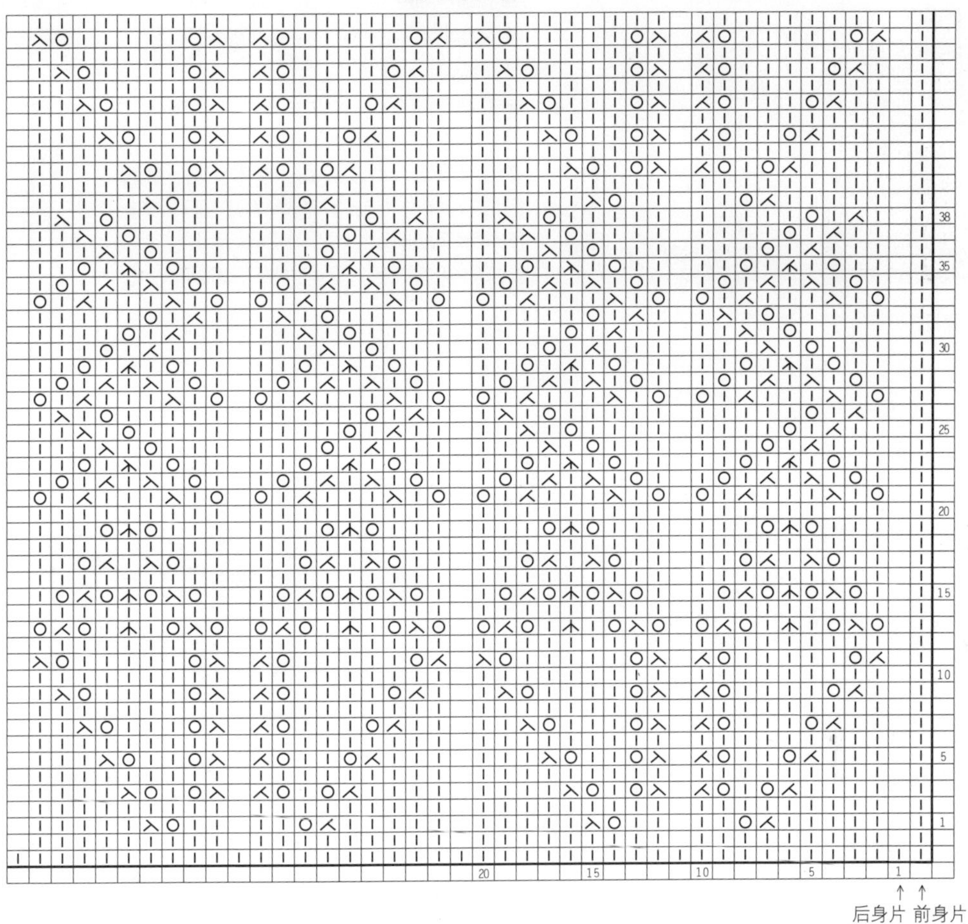

编织花样B′

10针1个花样

● = 下针伏针　　⊖ = 上针伏针

后袖窿

25
20
15
10
5
1
126

编织花样C

□ = ⊟ 上针

前袖窿

page6

2

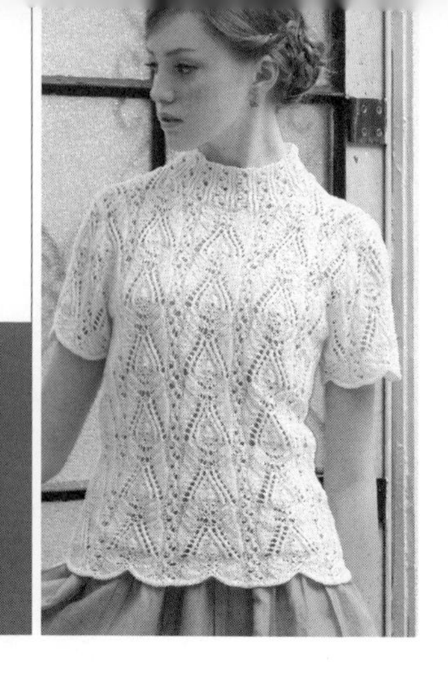

●材料 MASTER SEED COTTON（粗）白色（101）230g/8团

●工具 棒针4号、3号

●完成尺寸 胸围92cm，背肩宽34cm，身长53cm，袖长19.5cm

●密度 110cmX10cm面积内 编织花样A：29针，35行

●编织方法·组合方法 **身片** 在下摆处另线锁针起针，编织花样A，利用花样按图示编织袖窿、领窝。下摆，解开另线锁针起针编织平针，利用曲牙形的线条松松地织上针的伏针收针。**袖** 按照和身片一样的要领按图示加减针编织。袖口的平针和身片一样织伏针收针。**组合** 肩部正面相对合起，做无缝拼接。挑缀缝合胁、袖下。衣领要从前后领窝挑针，将花样B编成环状，编织结尾织扭针的罗纹针收针。将衣袖引拔缝合于身片。

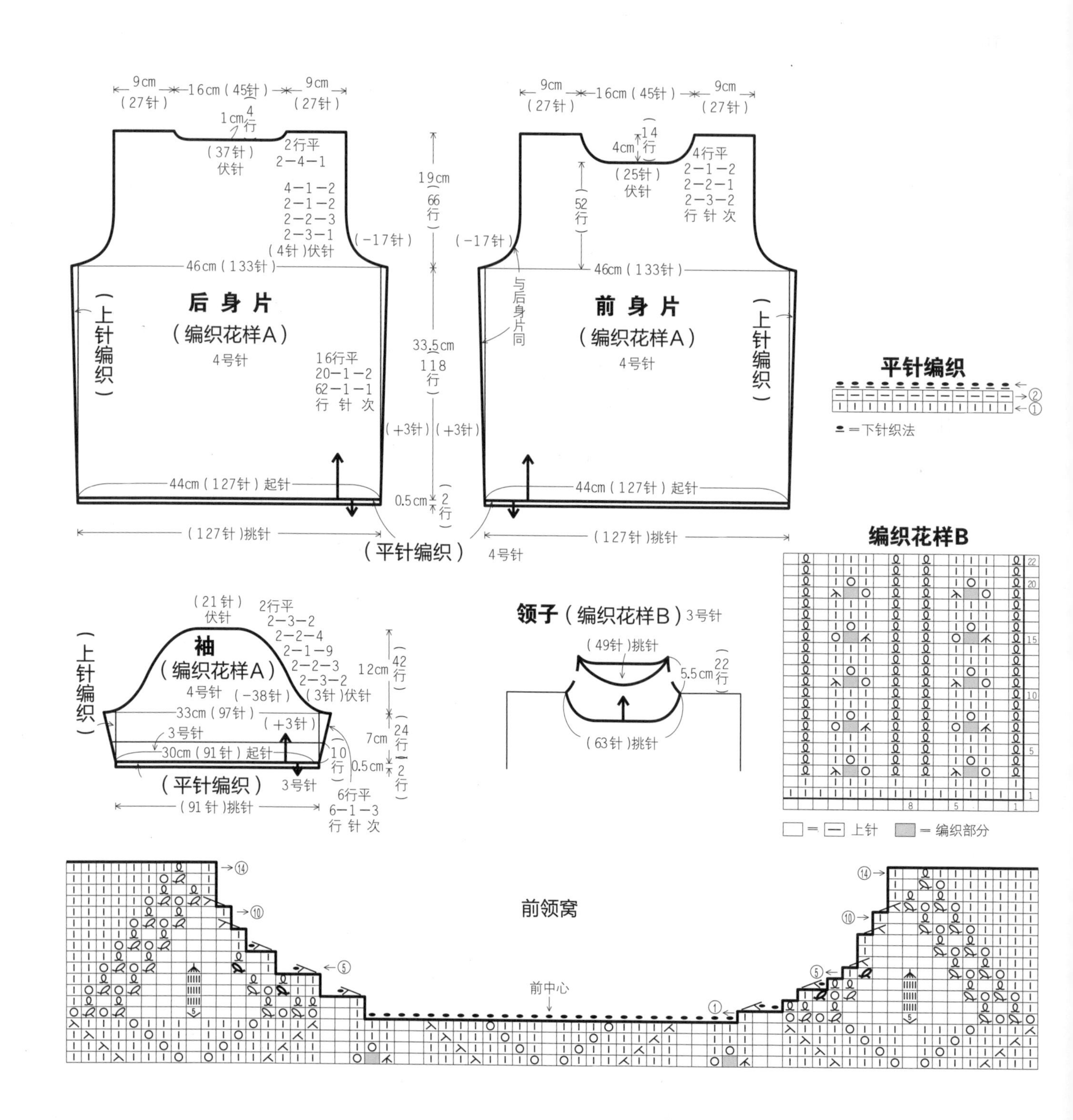

编织花样A

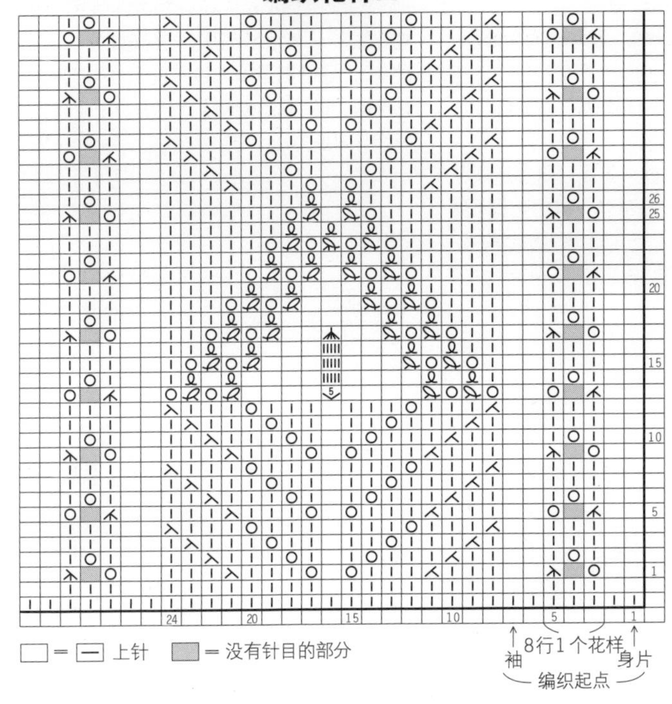

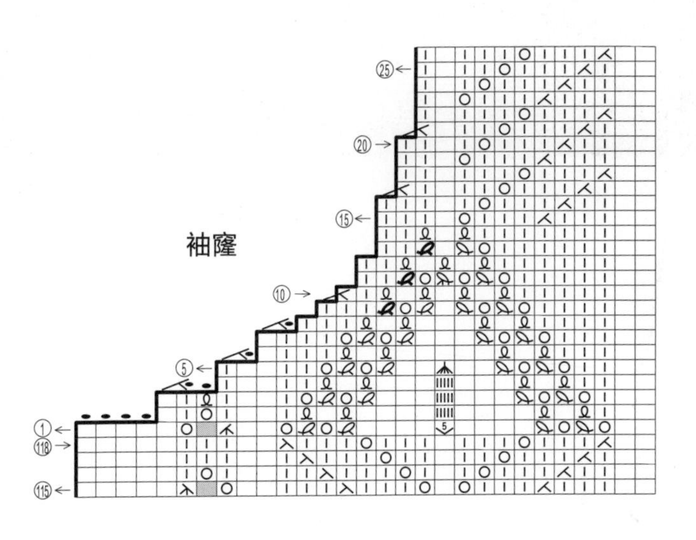

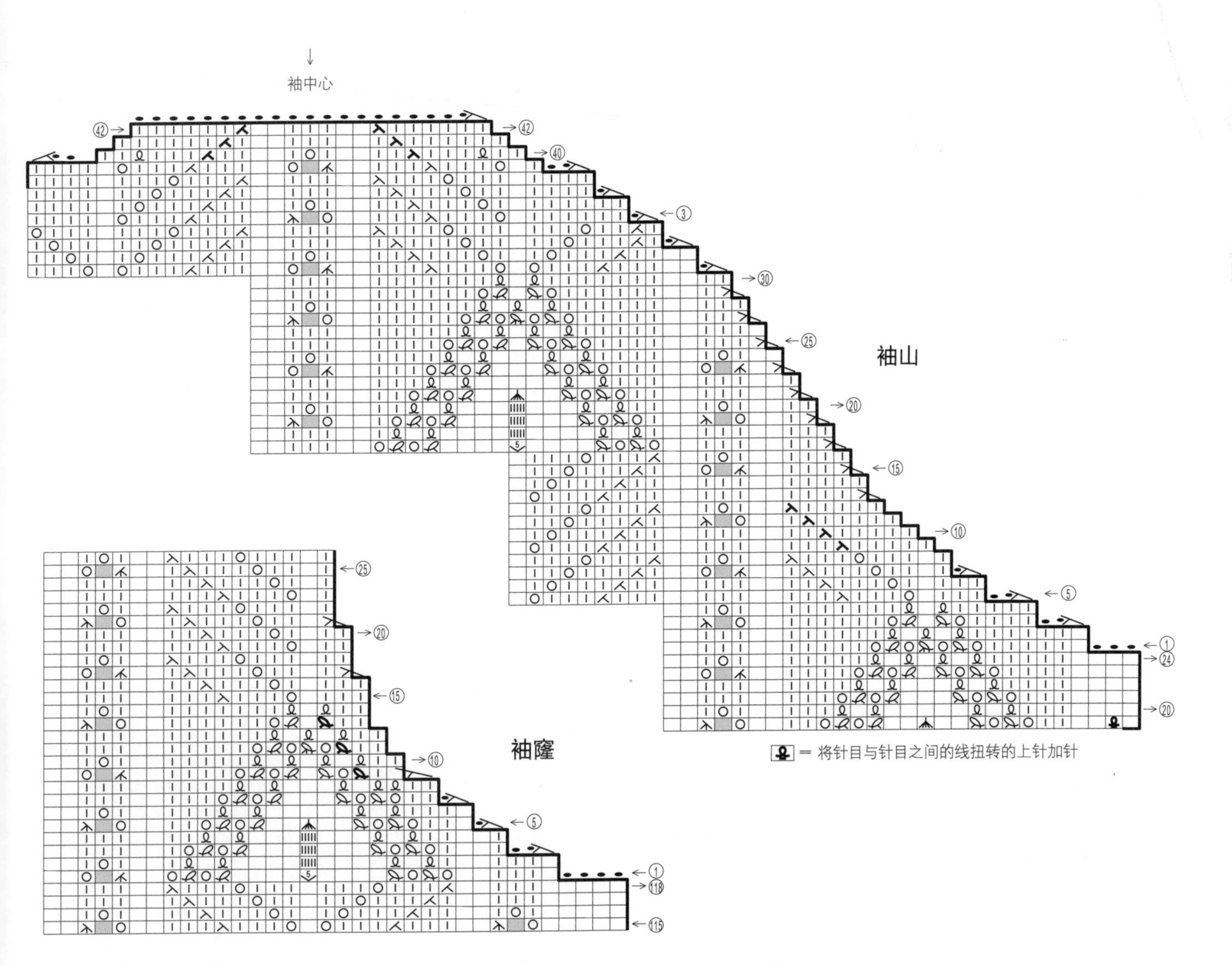

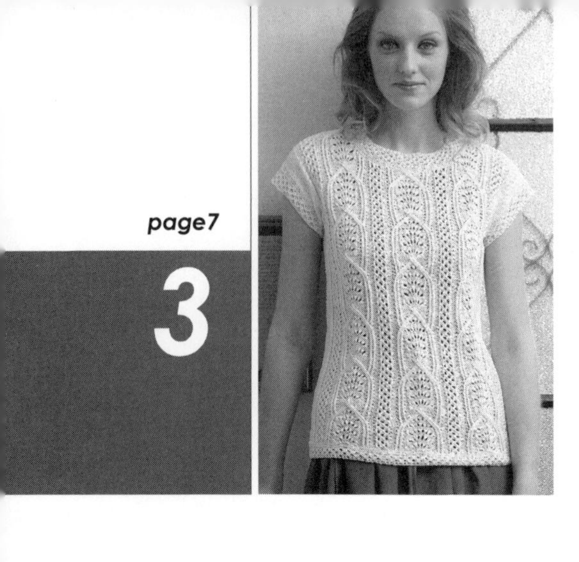

●**材料** MASTER SEED COTTON（粗线）白线（801）280g/10团

●**工具** 棒针5号、4号、3号

●**完成尺寸** 胸围92cm，身长61.5cm，袖长26.5cm

●**密度** 10cm×10cm面积内 下针：28针，31行；编织花样A：31针，31行

●**编织方法·组合方法 身片** 在下摆处另线锁针起针，胁编织下针，中央织花样A。领窝编织伏针和侧边1针立式减针，下肩做往返编织。下摆，解开另线锁针起针，换针编织花样B，再织扭针的罗纹针收针。**组合** 肩部正面相对合起，做无缝拼接。衣领要从前后领窝挑针，将花样B编成环状，编织结尾织扭针的罗纹针收针。袖口做花样B的往返编织，编织结尾织扭针的罗纹针收针。挑缀缝合胁、袖下。

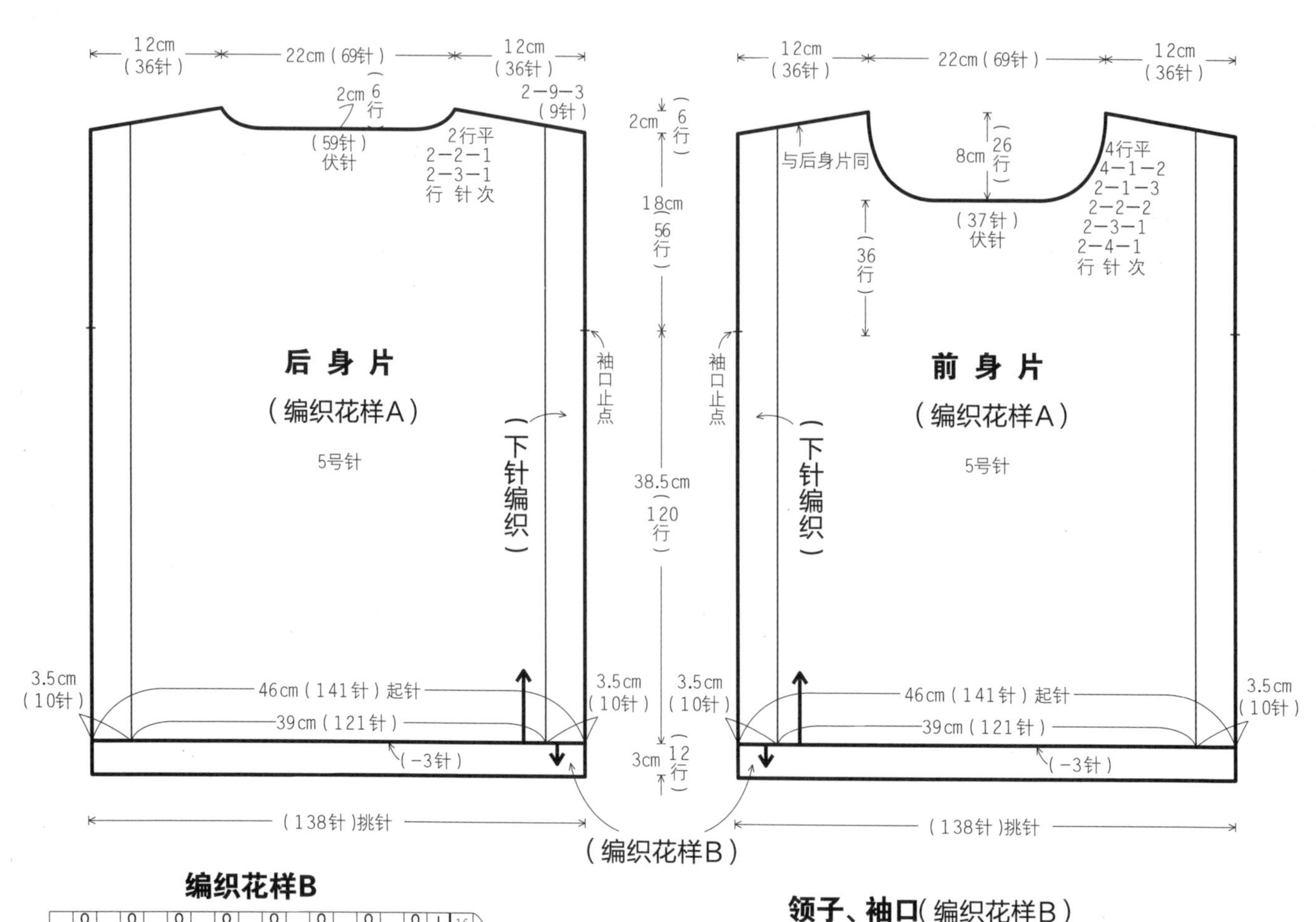

编织花样B

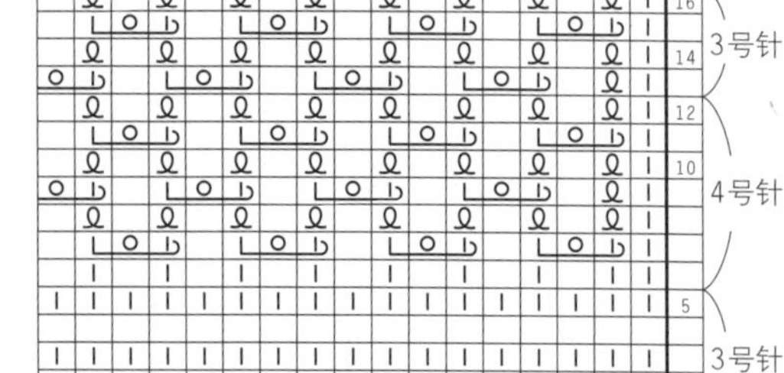

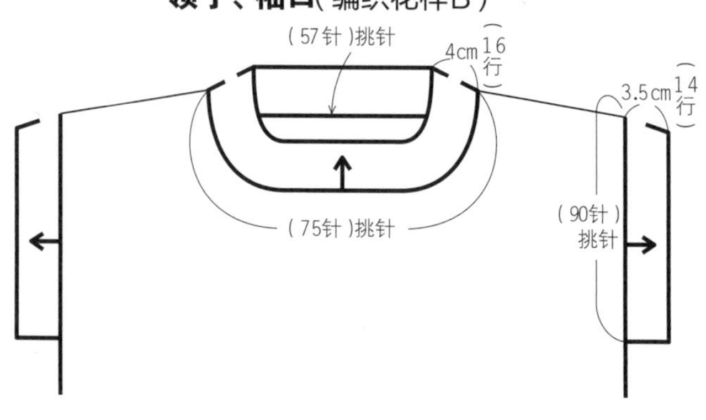

编织花样A

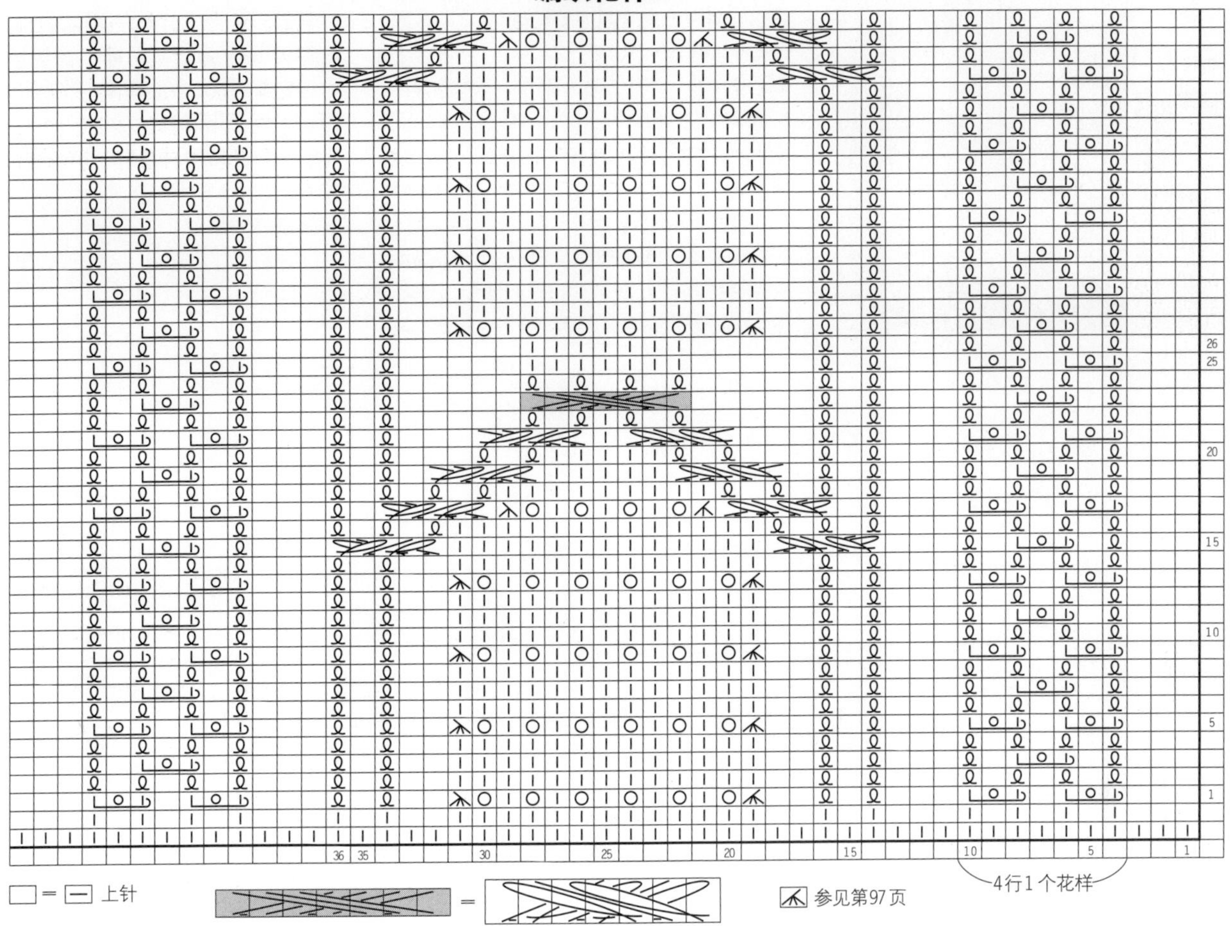

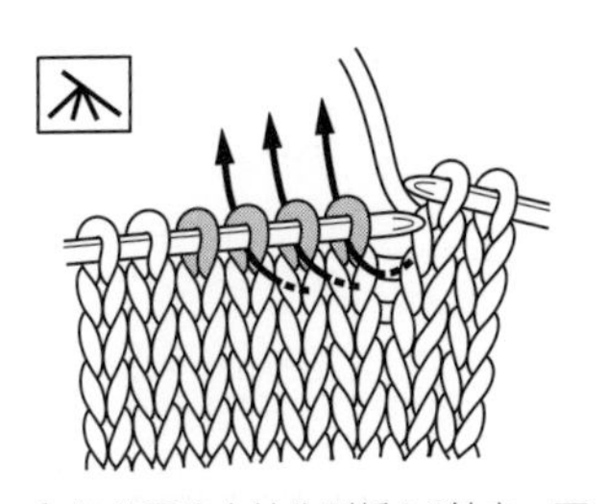

1 从前面将右针分别插入3针中，不编织，1针1针地移至右针上。

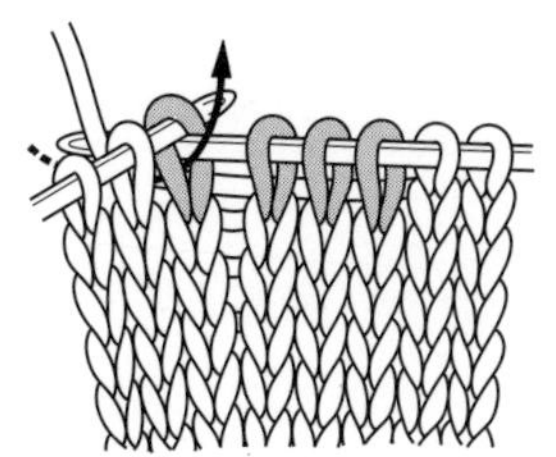

2 将右针插入第4针中，挂线，拉出编织下针。

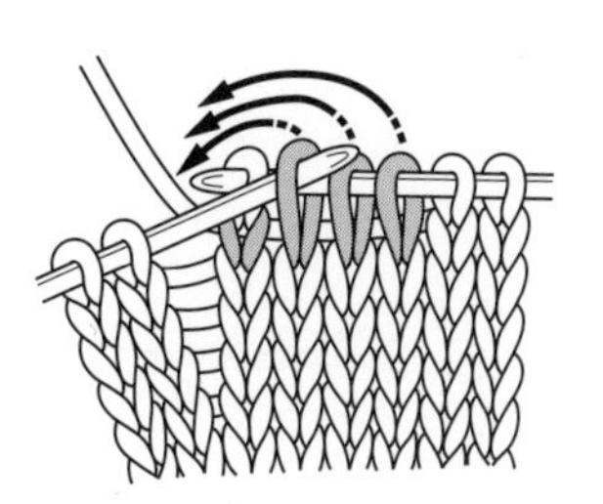

3 用左针将移到右针上的3针1针1针地重叠在编好的第4针针目上。

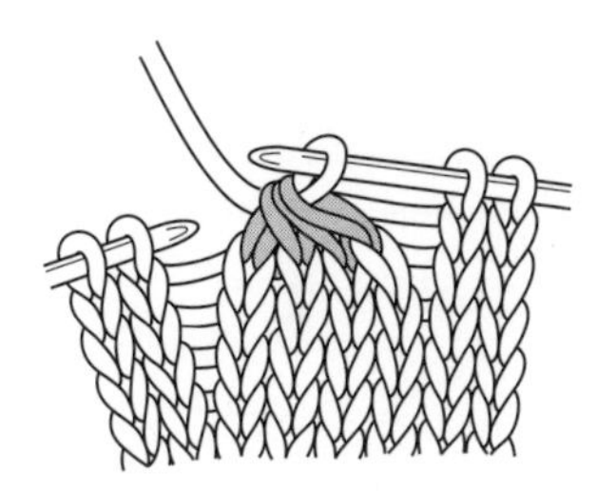

4 右上4针并1针完成。

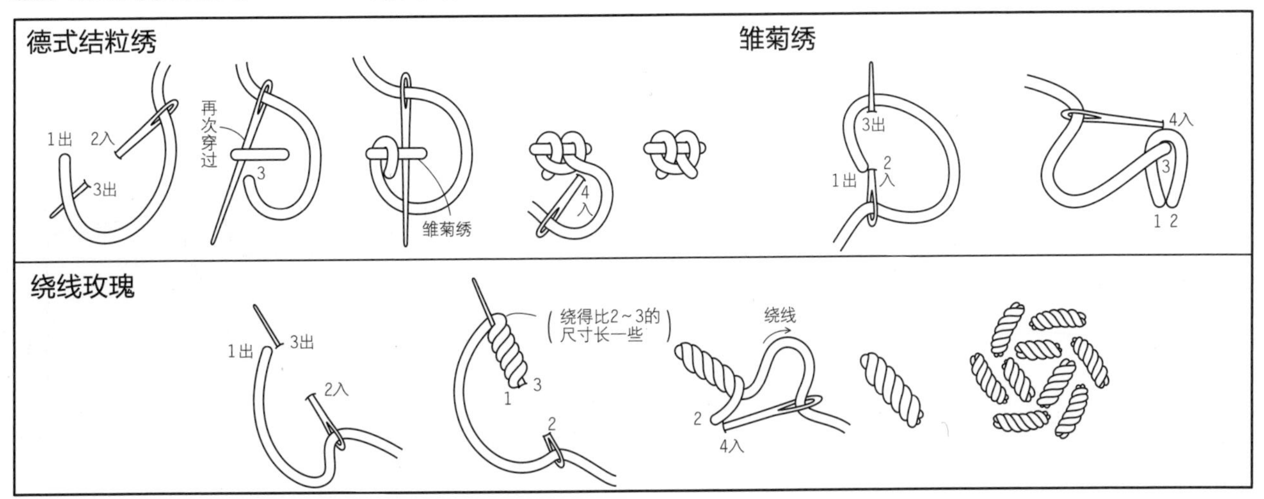

page8

4

●**材料**　COTTON MODA（粗）混合金线的浅绿色（301）230g/10团，直径1.5cm的包扣7个

●**工具**　棒针6号、4号、2号，钩针2/0号

●**完成尺寸**　胸围94.5cm，背肩宽36cm，身长54.5cm，袖长22cm

●**密度**　10cm×10cm面积内　编织花样A：29针，33行

●**编织方法·组合方法**　**身片**　在下摆处另线锁针起针，编织花样A，袖窿、领窝编织伏针和侧边1针立式减针。下摆，解开另线锁针起针编织花样B，再织扭针的罗纹针收针。**袖**　按照和身片相同的要领按图示加减针编织。**组合**　肩部做无缝拼接，肋做挑缀缝合。衣领、前襟要挑针编织花样B，在右前襟上制作扣眼，编织结尾织扭针的罗纹针收针。将衣袖引拔缝合于身片。制作包扣，固定在左前襟上。

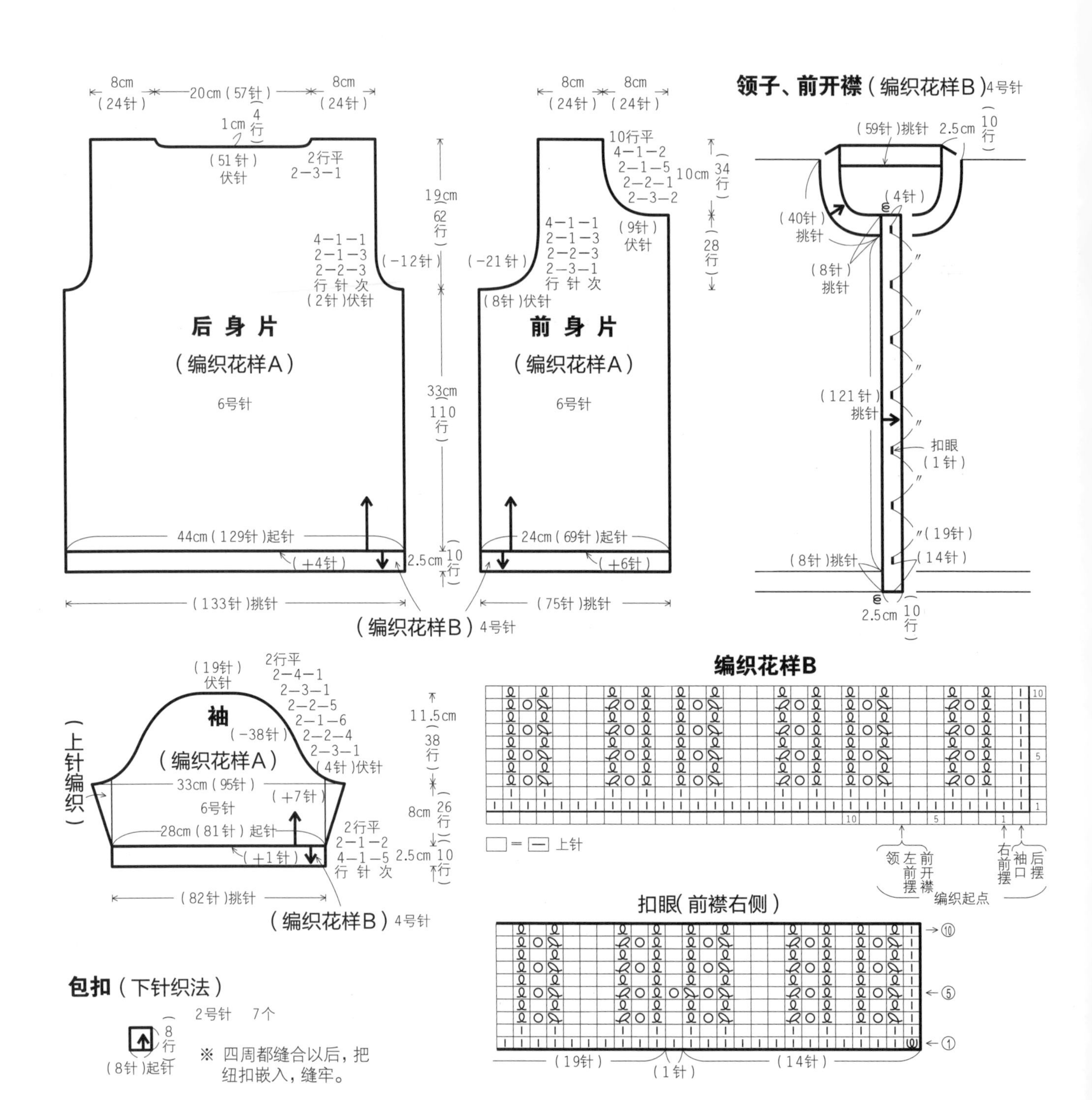

编织花样A

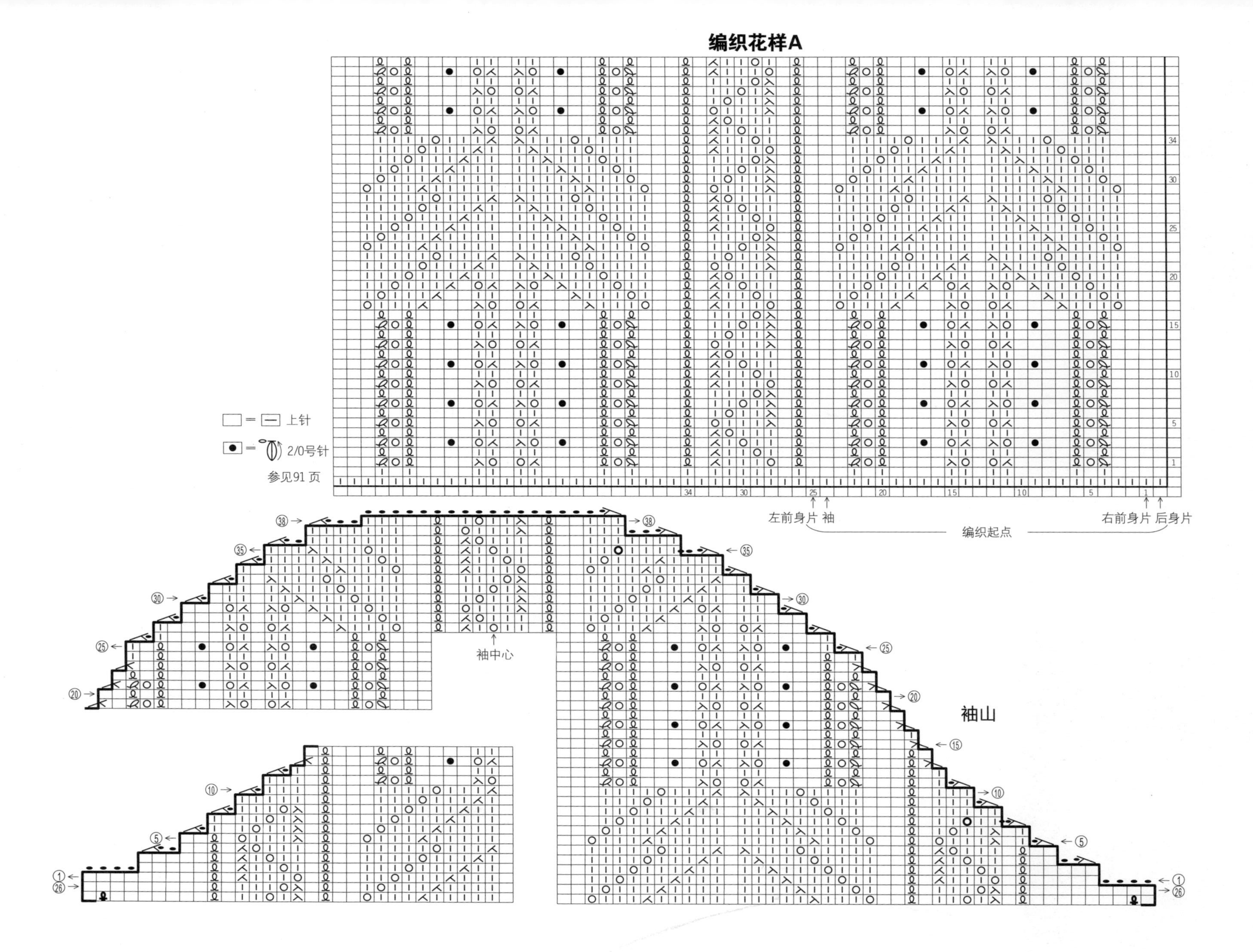

page10

5

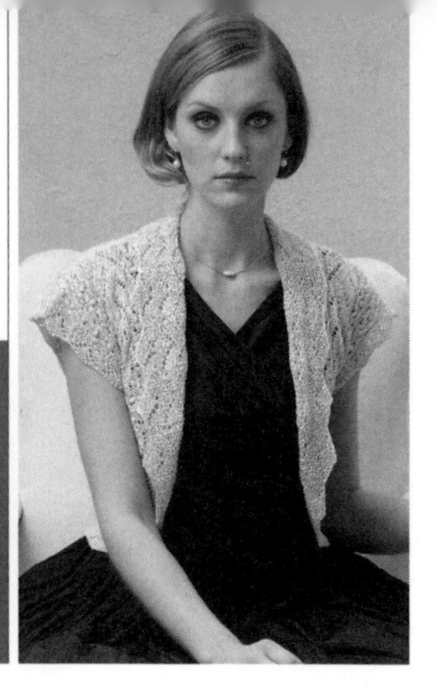

●**材料** SILK NOTTE（粗）浅粉色（104）140g/5团

●**工具** 棒针6号、5号，钩针3/0号

●**完成尺寸** 胸围88cm，身长46.5cm，袖长28cm

●**密度** 10cm×10cm面积内 编织花样A：25针，35行

●**编织方法·组合方法** **后身片** 在下摆处另线锁针起针，编织花样A。袖下织卷针的起针。领窝编织伏针的减针。**前身片** 和后身片一样起针，前下摆按照图示利用花样加针编织。**组合** 肩部前后片正面相对合起，做无缝拼接。肋做挑缀缝合、袖下做挑缀拼接。下摆、前襟、衣领要挑针，换针，调整密度和分散加针编织环形花样B。编织结尾织上针的伏针收针。袖口要挑针编织环形花样B'，再织上针的伏针收针。下摆、前开襟、衣领和袖口的伏针收针不要太紧。

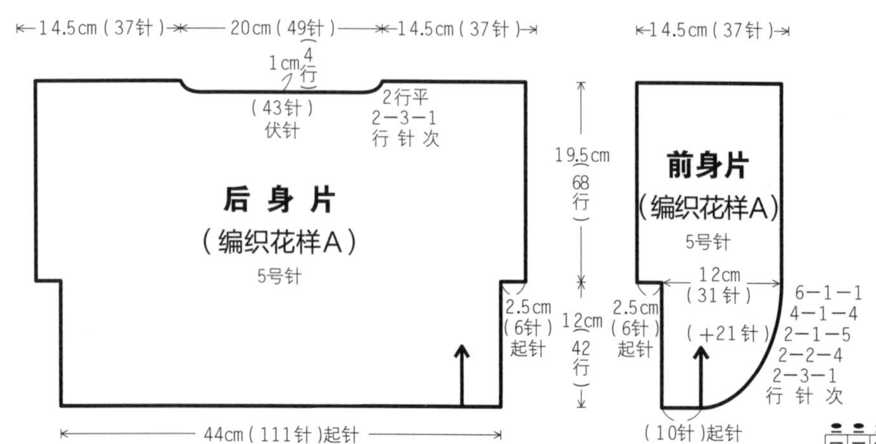

编织花样B'

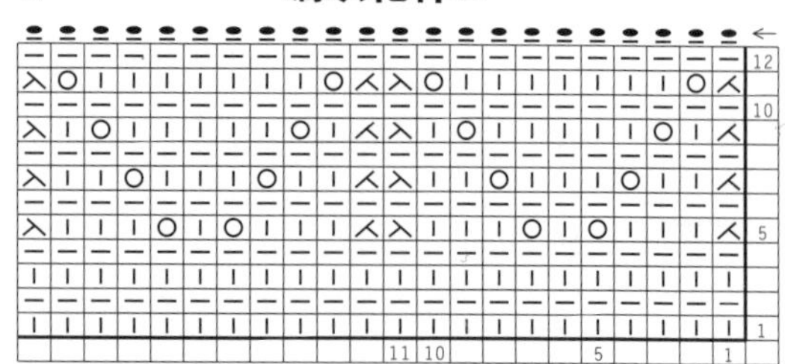

⊖ = 上针伏针收针

编织花样A

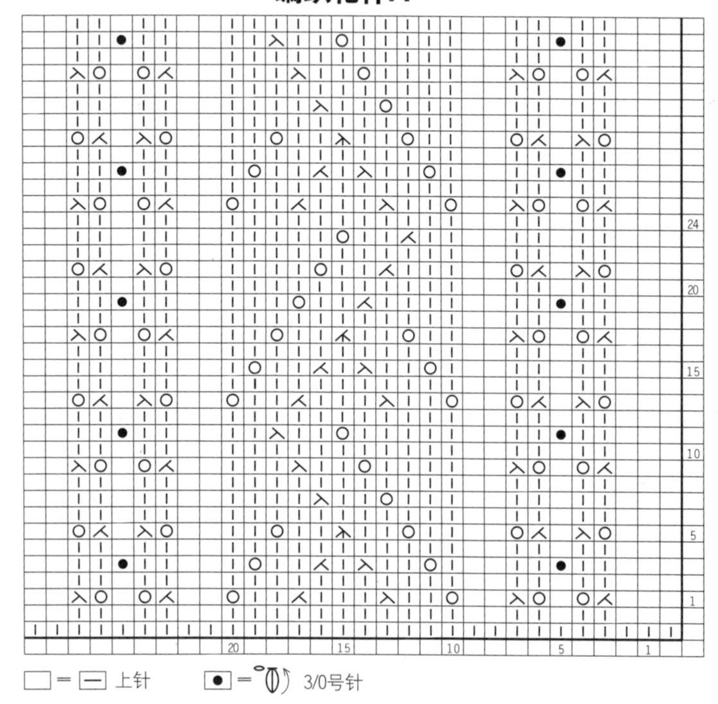

□=⊟ 上针　● = 3/0号针

下摆、前开襟、领子（编织花样B）

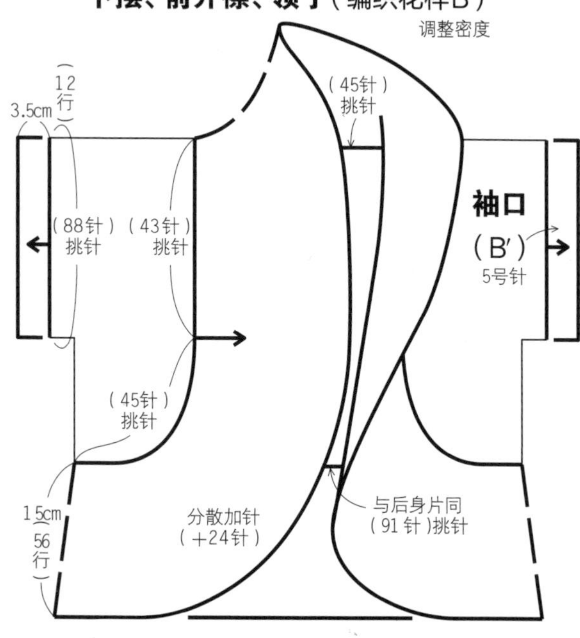

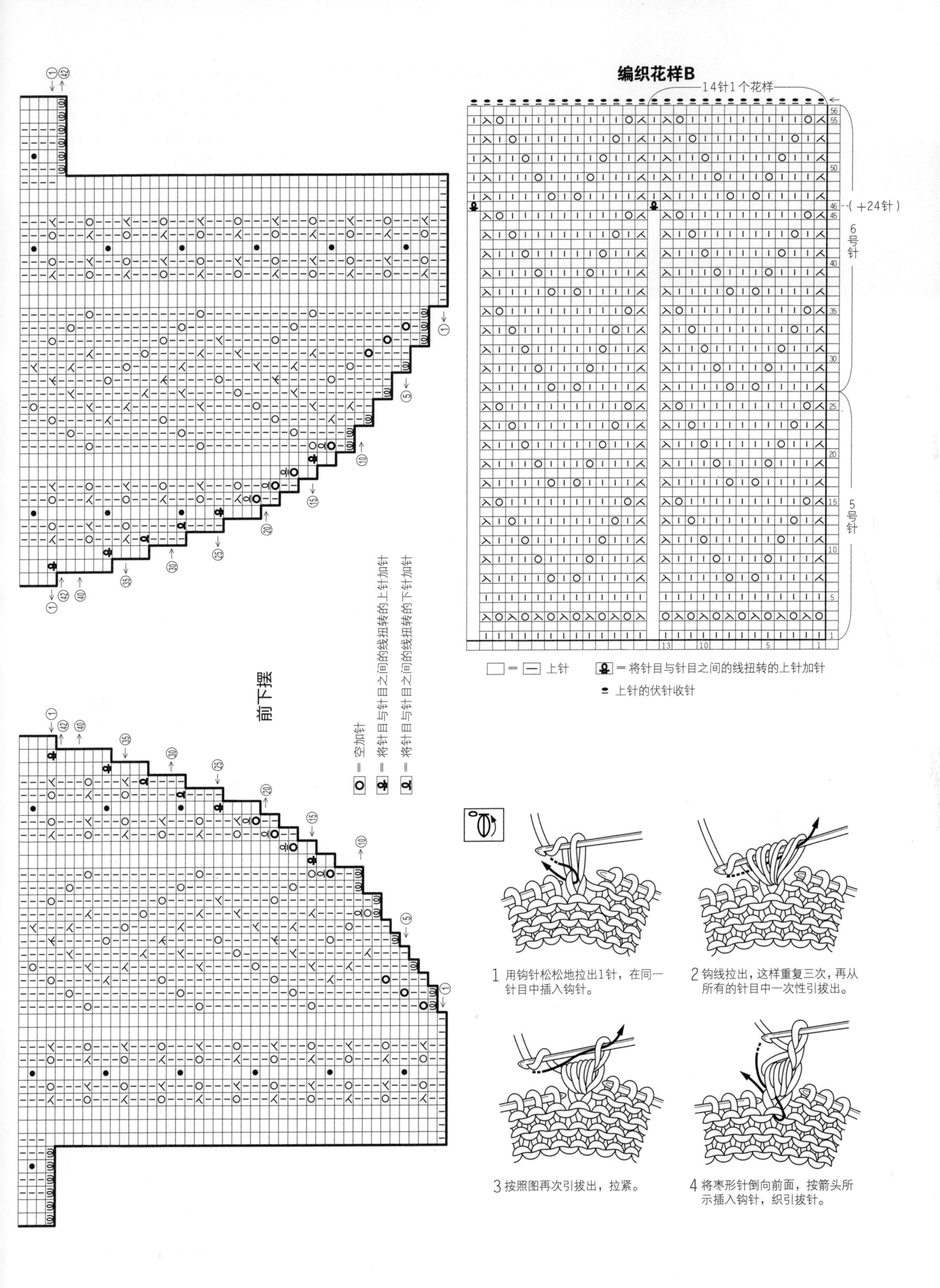
编织花样B
14针1个花样
(+24针)
6号针
5号针
□ = ⊟ 上针
= 将针目与针目之间的线扭转的上针加针
上针的伏针收针
前下摆
= 空加针
= 将针目与针目之间的线扭转的上针加针
= 将针目与针目之间的线扭转的下针加针
1 用钩针松松地拉出1针，在同一针目中插入钩针。
2 钩线拉出，这样重复三次，再从所有的针目中一次性引拔出。
3 按照图再次引拔出，拉紧。
4 将枣形针倒向前面，按箭头所示插入钩针，织引拔针。

●**材料** MASTER SEED COTTON (LAME)（粗）橙色（217）260g/9团

●**工具** 棒针4号、3号

●**完成尺寸** 胸围92cm，背肩宽34cm，身长55cm，袖长19cm

●**密度** 10cm×10cm面积内 编织花样A：29针，35行

●**编织方法·组合方法** **身片** 在下摆处手指起针，布局编织上针和花样A。肋编织侧边的加减针，袖窿、领窝编织伏针和侧边1针立式减针。**袖** 另线锁针起针，编织上针和花样A。袖口要解开另线锁针，编织花样C。**下摆** 手指起针，编织花样B，将编织起点和终点无缝拼接成环形。**组合** 肩部做无缝拼接，肋、袖下做挑缀缝合。衣领编织环形花样C，再织上针的伏针收针。做针目与行的拼接将下摆固定于身片。将衣袖引拔缝合于身片。

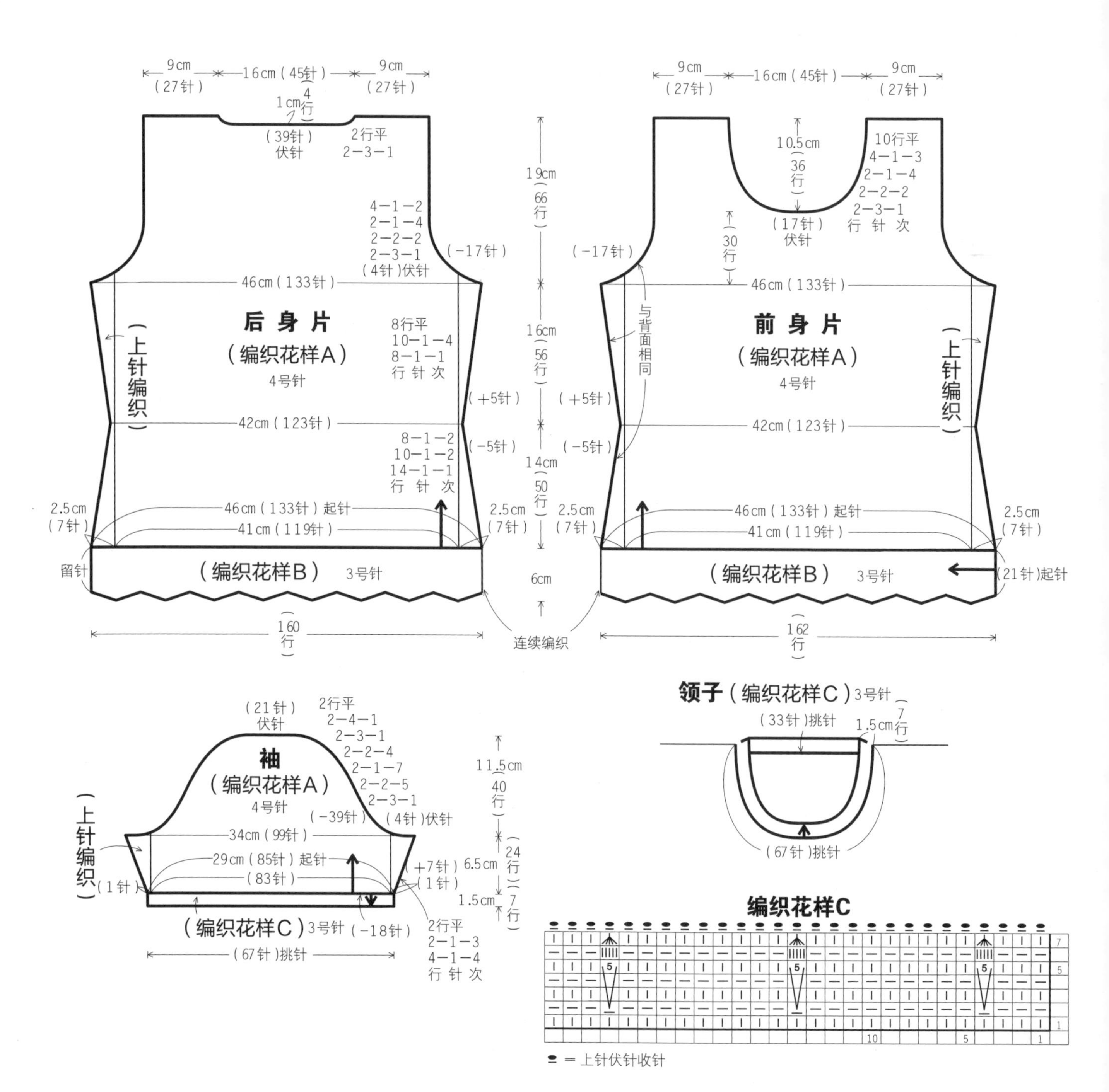

编织花样A

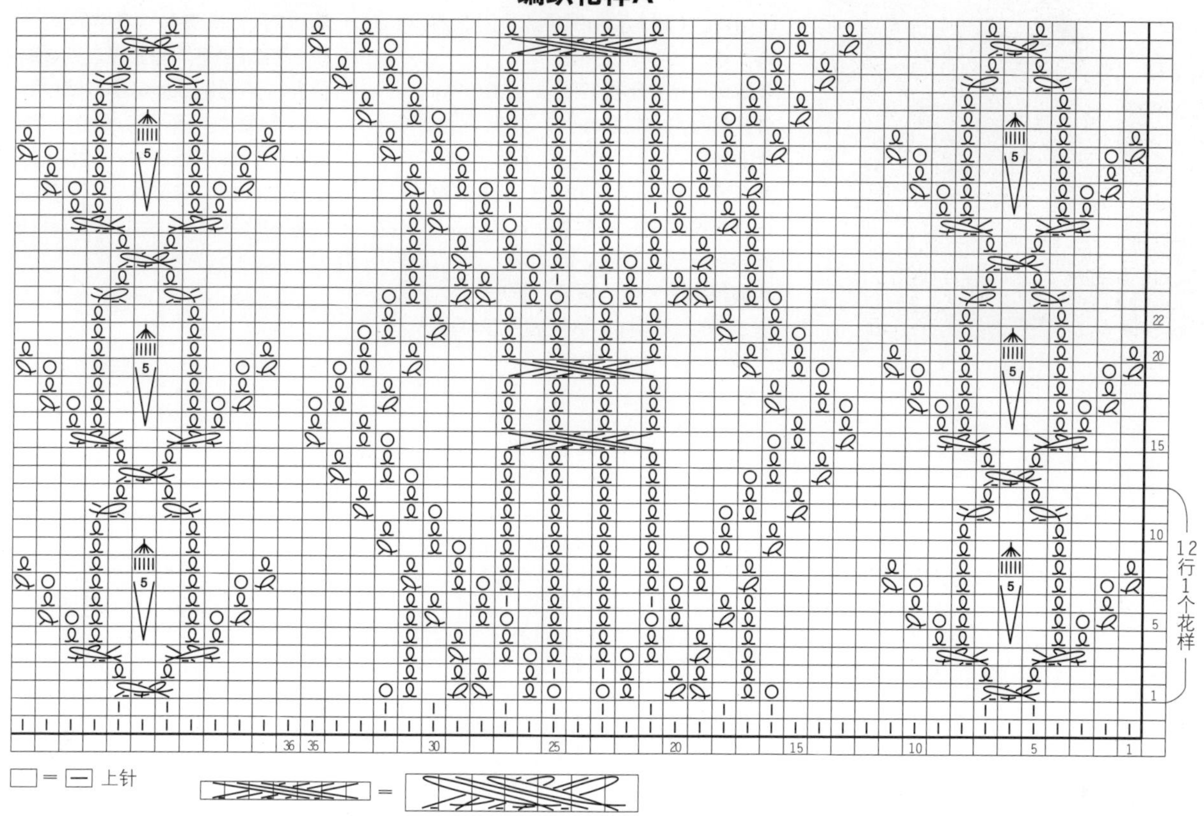

编织花样B

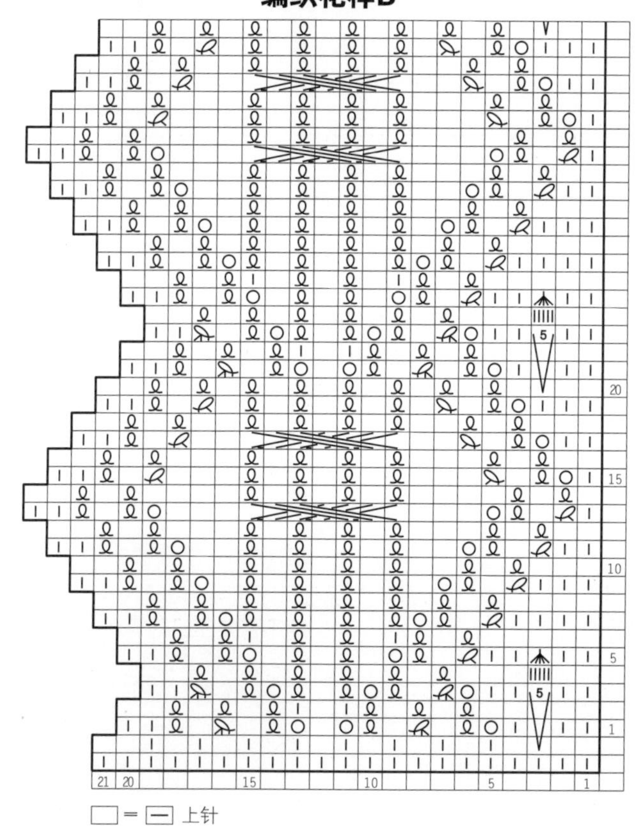

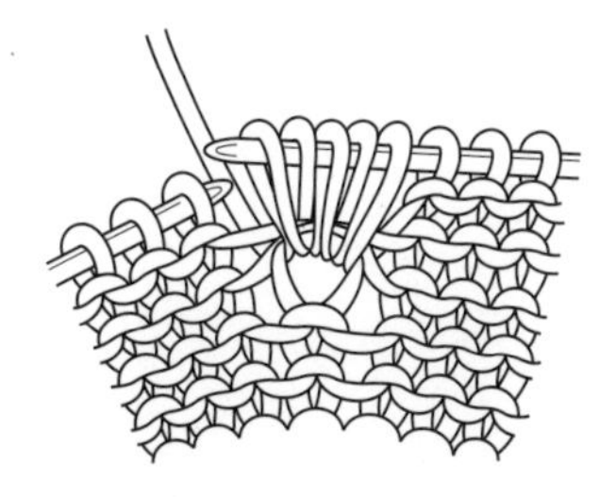

1 在标记×的行按箭头所示将右针插入3行之下的针目中。

2 在同一针目中插入右针，编织下针、空加针、下针空加针、下针，5针针目要拉至同一高度。

3 取下左针上的针目，解开，下一行编织普通的上针。

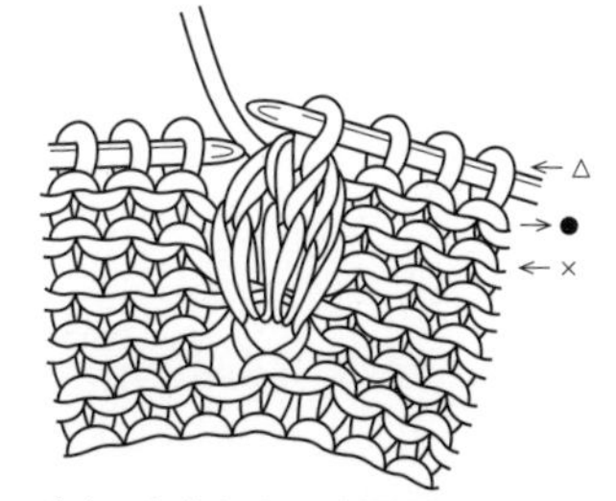

4 在△行编织中上5针并1针，完成。

page14

7

●**材料** MASTER SEED COTTON（LINEN）（粗）绿色（815）220g/8团

●**工具** 棒针5号、4号、3号

●**完成尺寸** 胸围93cm，身长53cm，袖长28.5cm

●**密度** 10cm×10cm面积内 编织花样B：26针，30行；编织花样C：23针，34行

●**编织方法·组合方法** **身片** 在下摆处织单罗纹针起针，布局编织花样A、花样D、花样B、花样C。领窝要编织伏针和侧边1针立式减针，还要利用花样减针。

组合 肩部做无缝拼接。衣领编织环形的花样A′，再织扭针的罗纹针收针。袖口做花样A′的往返编织，再织扭针的罗纹针收针。肋做挑缀缝合，花样A的位置一边按照肋处理图挑缀缝合，一边绕线，使花样看起来连接在一起。袖口下部做挑缀缝合。

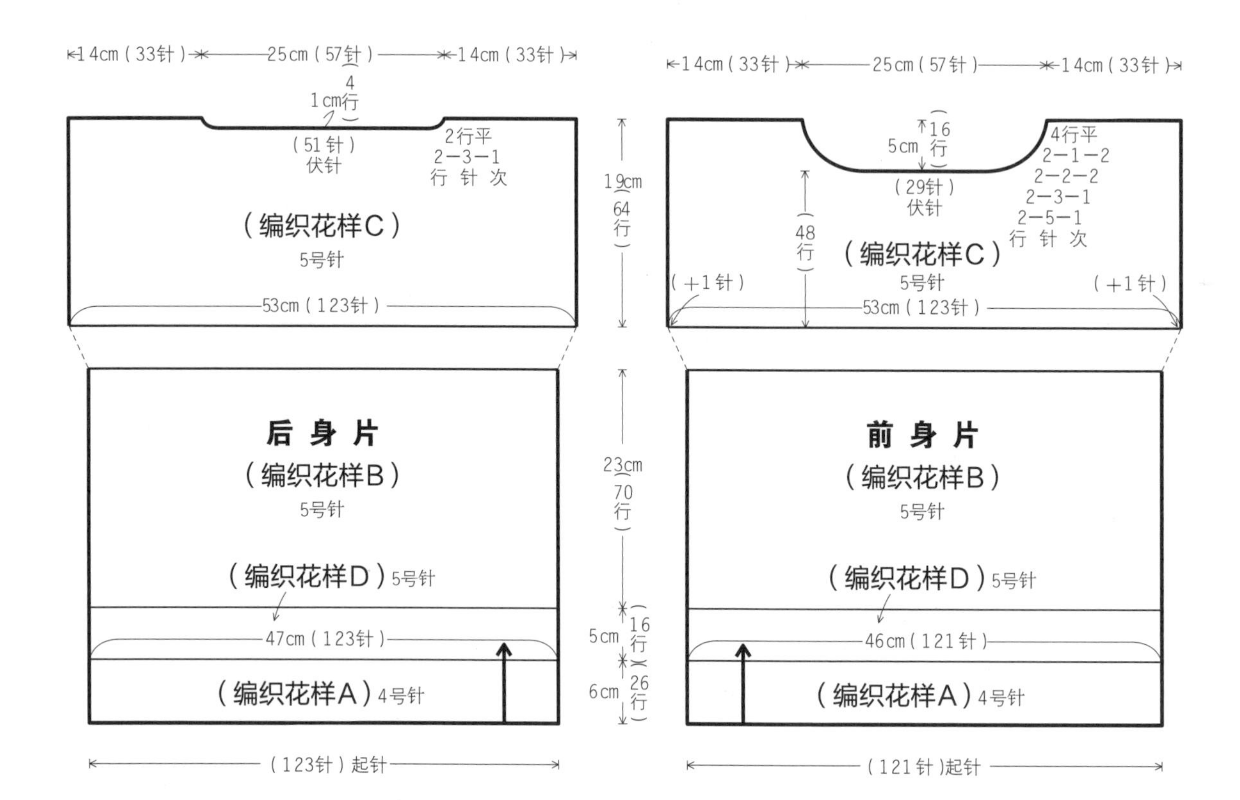

领子、袖口（编织花样A′）3号针

（69针）挑针

2cm 8行

（75针）挑针

（86针）挑针

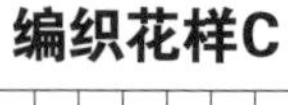

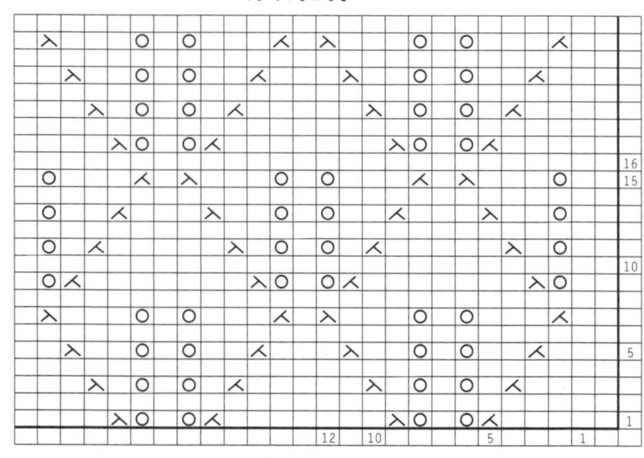

□ = 〡 下针

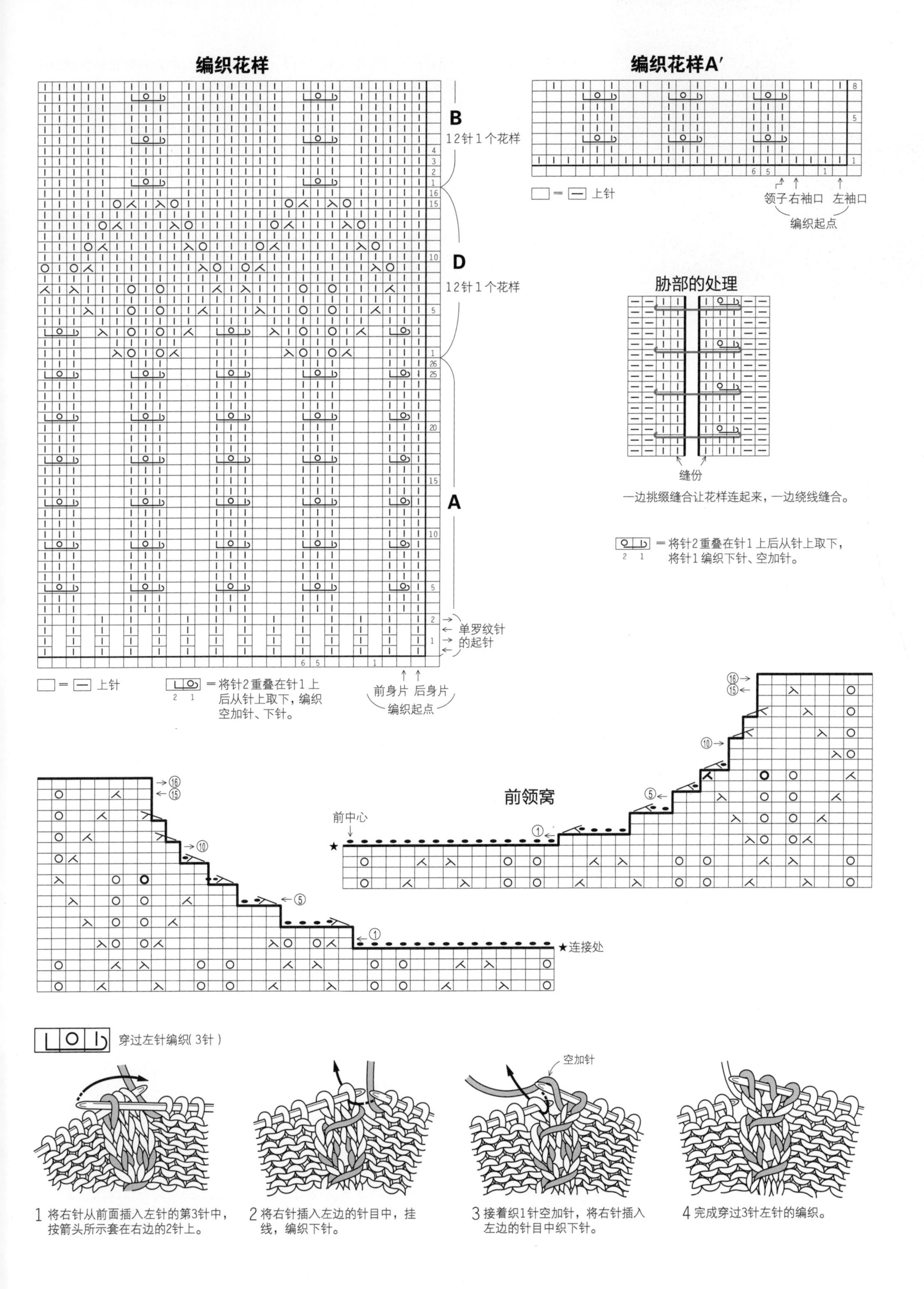

1 将右针从前面插入左针的第3针中，按箭头所示套在右边的2针上。

2 将右针插入左边的针目中，挂线，编织下针。

3 接着织1针空加针，将右针插入左边的针目中织下针。

4 完成穿过3针左针的编织。

8

●**材料** DIA COSTA NUOVA（粗）紫色段染线（109）230g/6团

●**工具** 棒针6号、5号

●**完成尺寸** 胸围92cm，背肩宽35cm，身长56cm，袖长19.5cm

●**密度** 10cm×10cm面积内 编织花样A：23针，30行；编织花样B：23针，31行

●**编织方法·组合方法** **身片** 在下摆处另线锁针起针，编织花样A′和花样B。按照图示做分散减针和袖窿、领窝的减针。下摆，解开另线锁针起针编织平针，编织结尾做伏针收针。**袖** 和身片一样起针，编织花样A。袖山按照图示利用花样减针编织。**衣领** 手指起针，编织花样C。**组合** 肩部做无缝拼接，胁、袖下做挑缀缝合。衣领，挑缀缝合于前领窝，做针目与行的拼接固定于后领窝，领尖，上侧做针目与行的拼接，下侧缝合于反面。将衣袖引拔缝合于身片。

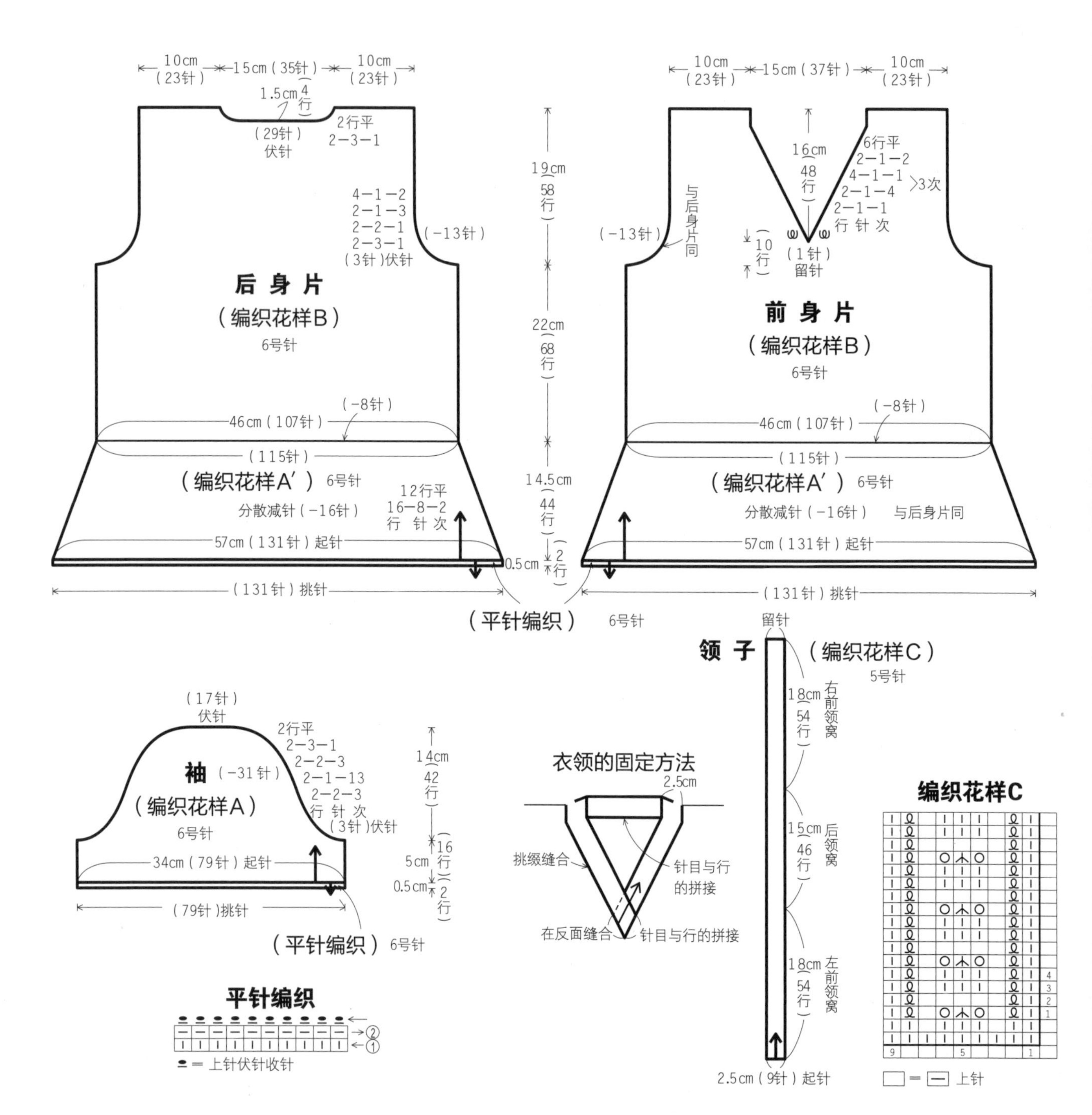

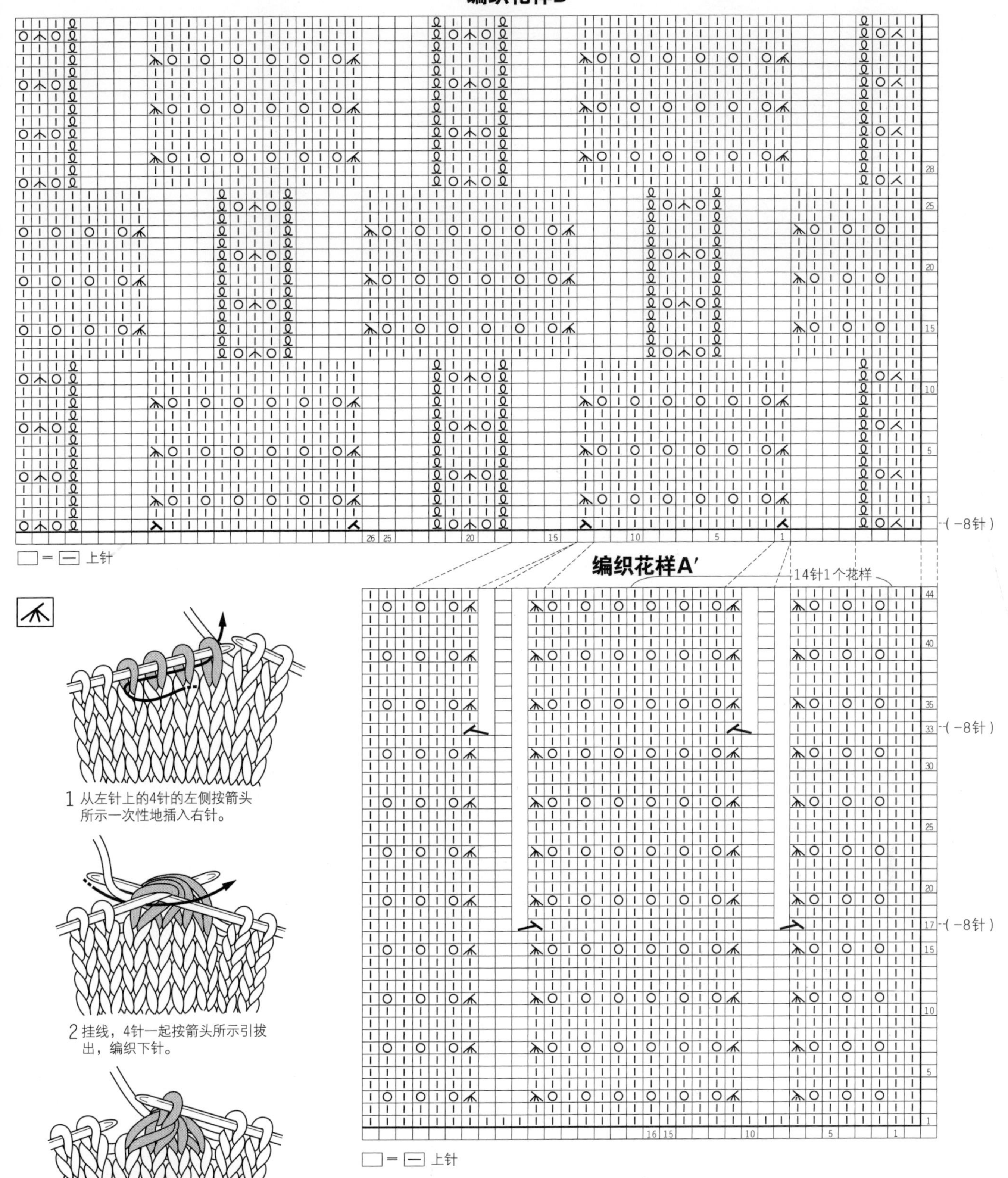
编织花样B
□＝⊟ 上针
（－8针）
编织花样A′
14针1个花样
（－8针）
（－8针）
□＝⊟ 上针
参见第87页
1 从左针上的4针的左侧按箭头所示一次性地插入右针。
2 挂线，4针一起按箭头所示引拔出，编织下针。

3 左上4针并1针完成。

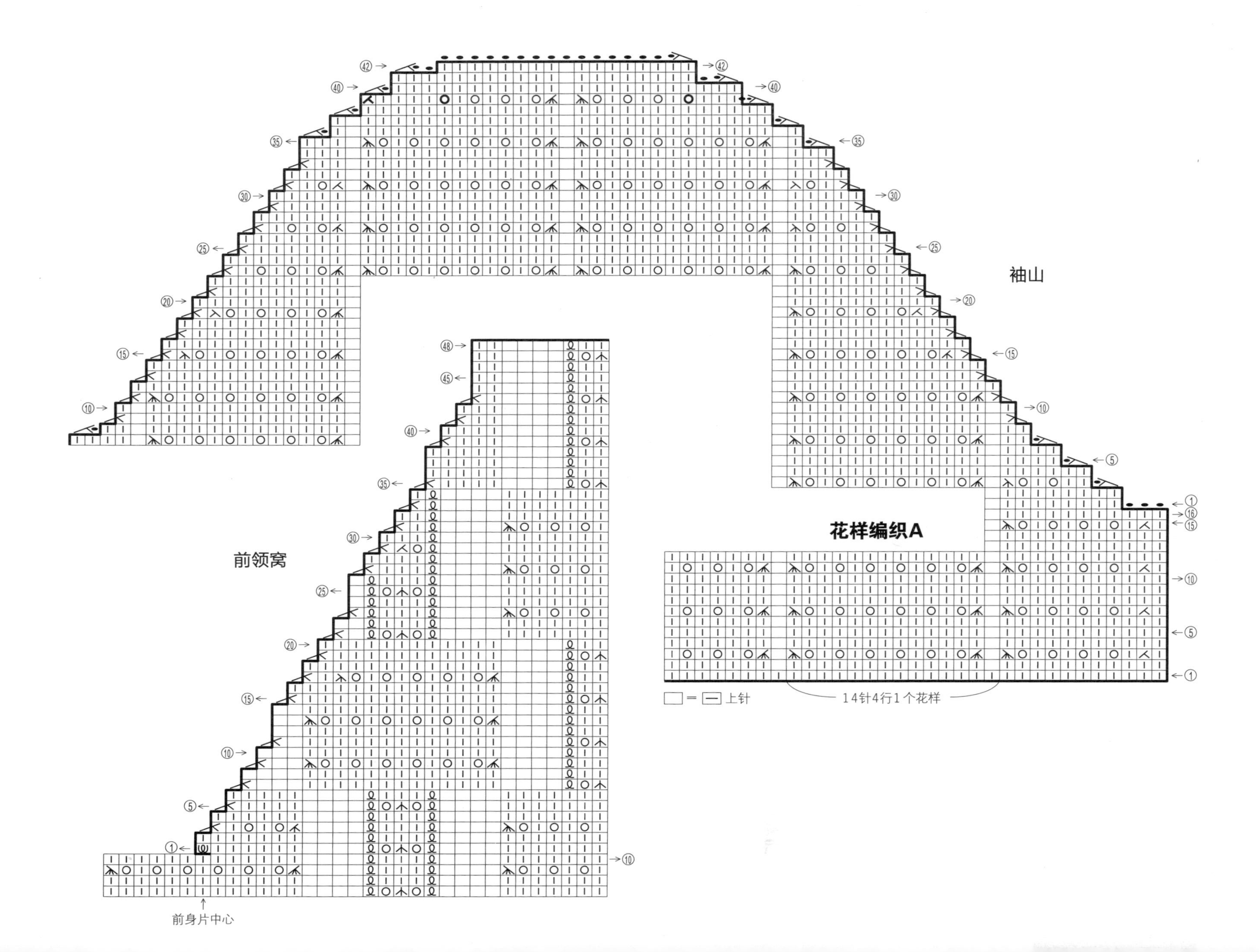
袖山
花样编织A
前领窝
□ = — 上针
14针4行1个花样
前身片中心

●**材料**　DIA COSTA NUOVA（粗）红色段染线（110）190g/5团

●**工具**　棒针6号、5号

●**完成尺寸**　背肩宽38cm，身长44cm

●**密度**　10cm×10cm面积内　花样编织A：23针，29行；花样编织B：23针，31行

●**编织方法・组合方法　身片**　在下摆处另线锁针起针，连续编织右前身片、后身片、左前身片。编织花样B22行。接着编织花样A，花样A是每行花样，所以反面的编织行也要操作。花样A编织44行后，袖口的62行，将前后身片分成3片编织，袖口编织2针平针。接下来花样A的18行要将前后身片连起来编织。**组合**　编织结尾编织平针，再织松松的上针伏针收针。下摆，解开另线锁针起针编织平针，将编织终点的针目松松地织上针的伏针收针。

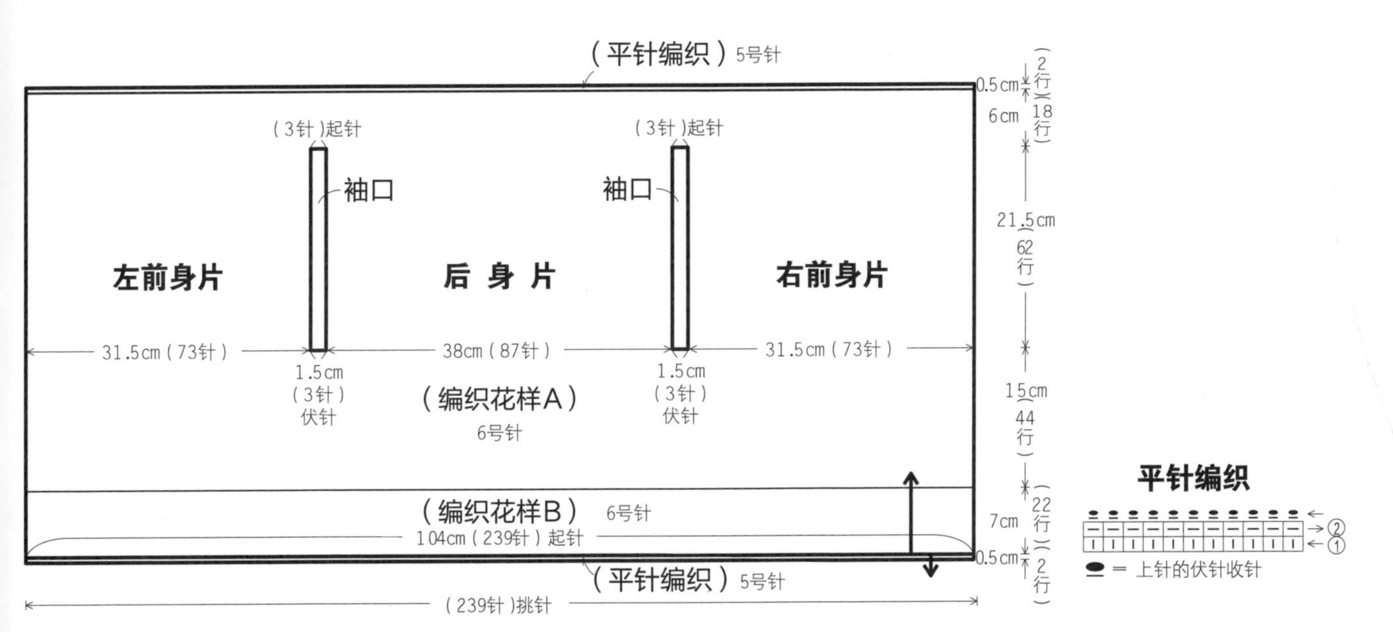

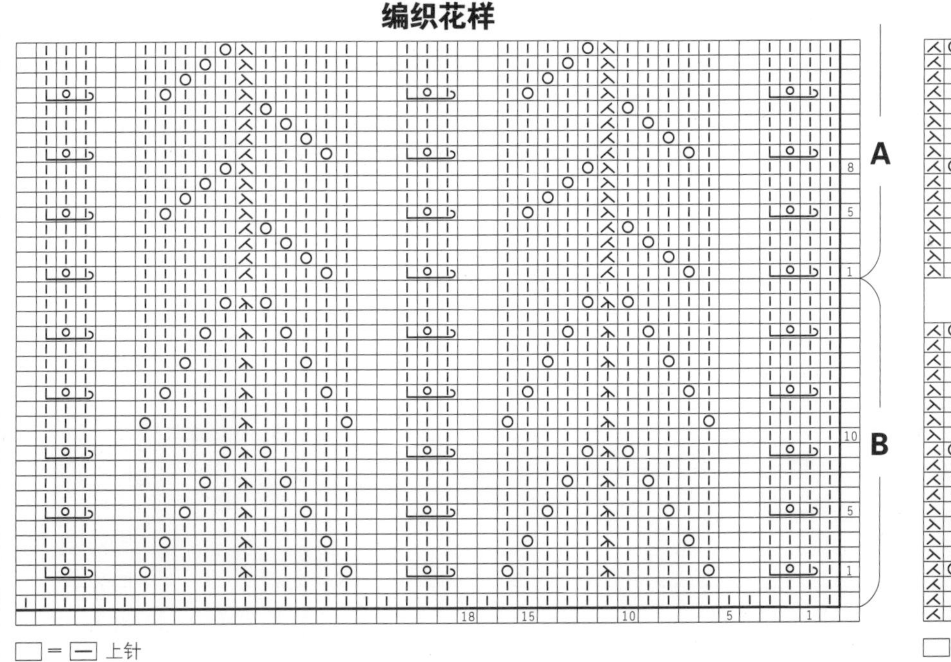

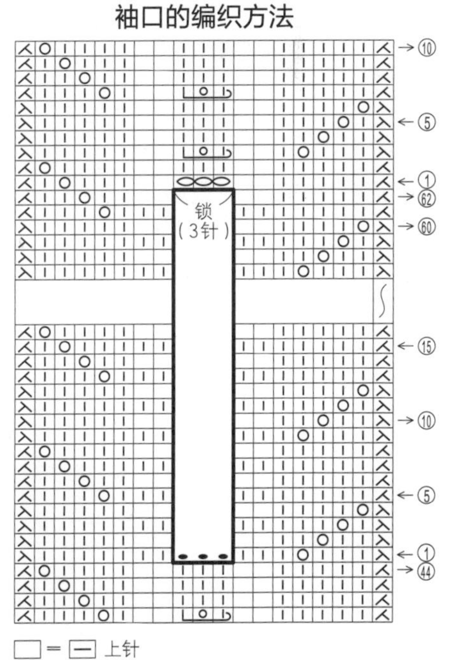

page17

10

●材料 MASTER SEED COTTON（粗）米色、茶色、灰色的段染线（513）220g/8团，直径1.5cm的纽扣6个

●工具 棒针5号、3号

●完成尺寸 胸围96.5cm，背肩宽36cm，身长54cm

●密度 10cm×10cm面积内 编织花样A、B均为32针，32行

●编织方法·组合方法 身片 在下摆处另线锁针起针，编织花样A和花样B。编织袖窿、领窝的减针。下摆，解开另线锁针起针编织花样C，编织结尾做扭针的罗纹针收针。**组合** 肩部前后片正面相对合起，做无缝拼接，肋做挑缀缝合。衣领、前襟、袖窿编织花样C，领角按照图示做减针。编织结尾做扭针的罗纹针收针。扣眼，在针目的孔上做扣眼绣。在左前襟上固定扣子。

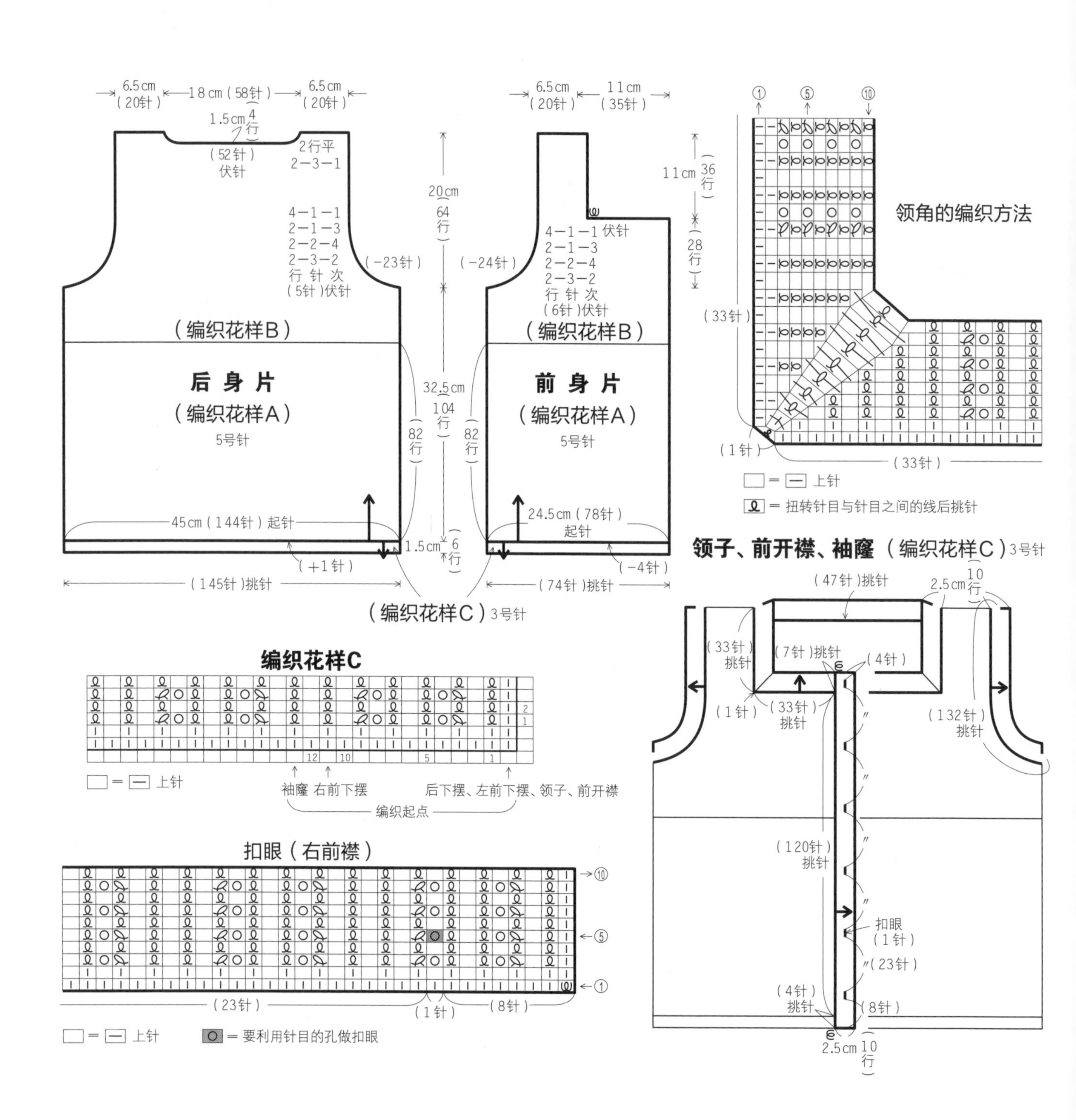

编织花样A

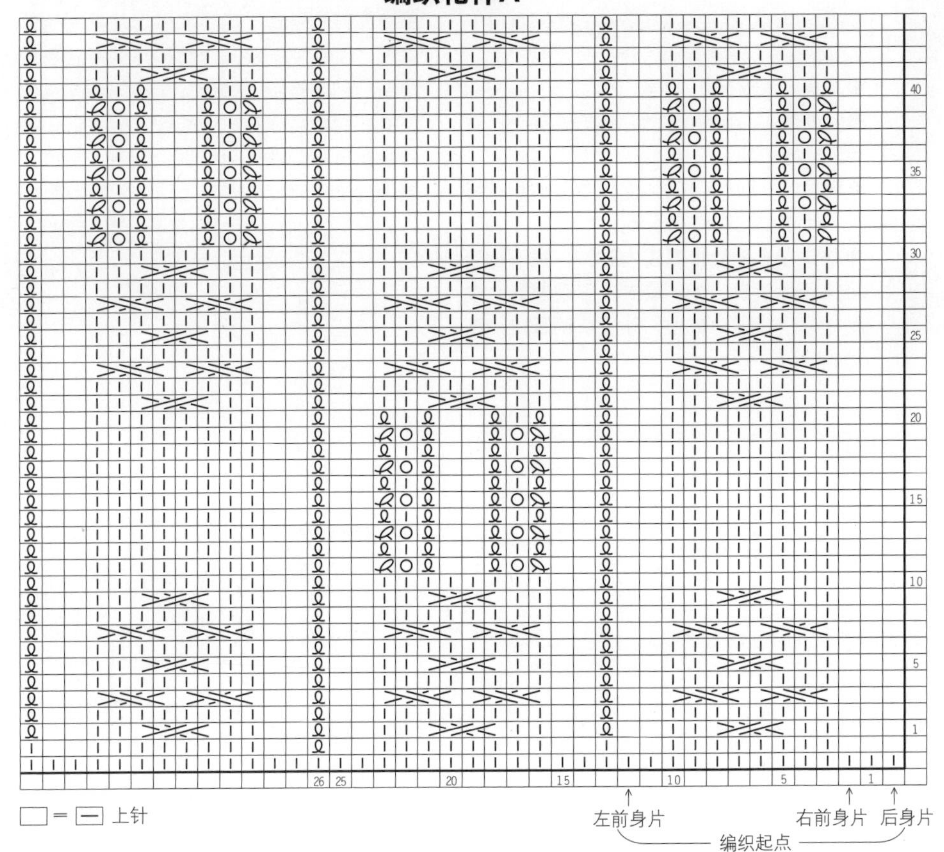

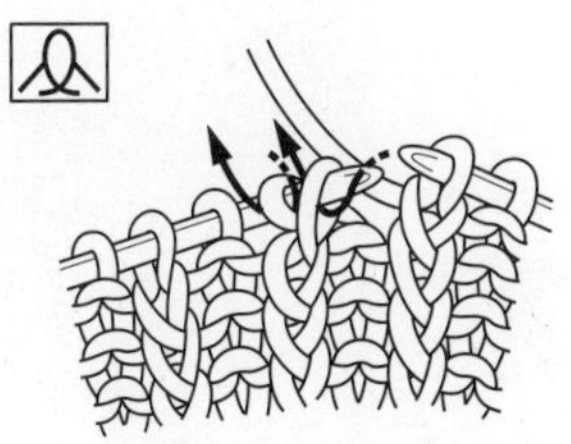

1 交换左针上的两针的位置，按箭头所示右针穿入，不编织，移至右针上。

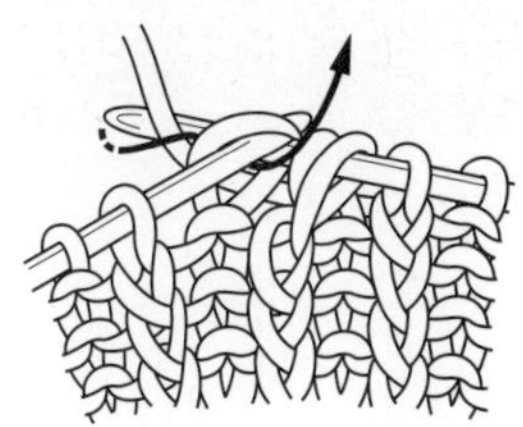

2 将右针插入第3针，挂线，拉出，织下针。

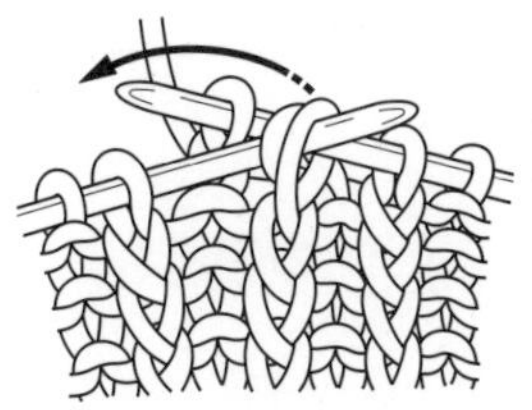

3 将左针插入移到右针上的2针中，套在编好的第3针针目上。

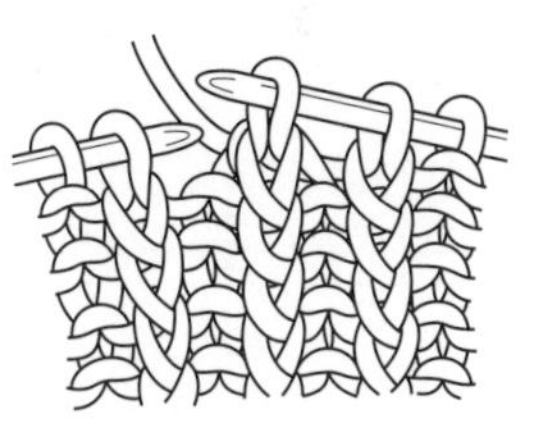

4 扭针的中上3针并1针完成。

编织花样B

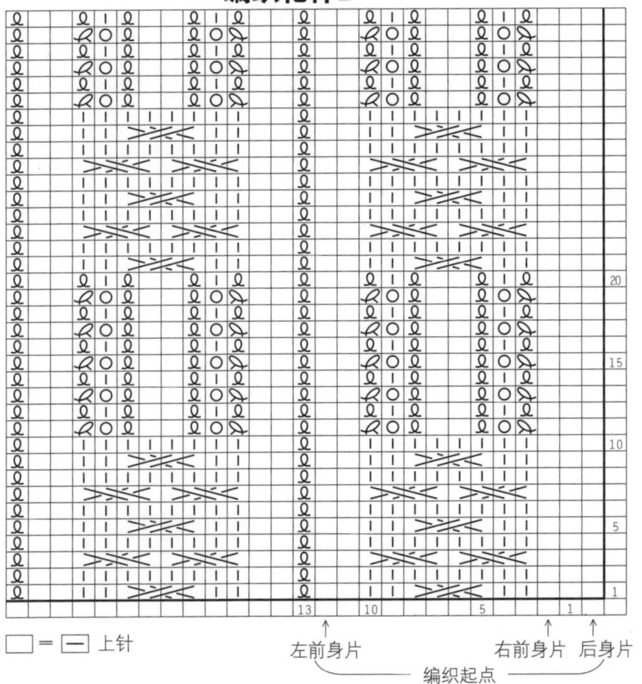

★作品21 上接第81页

编织花样A

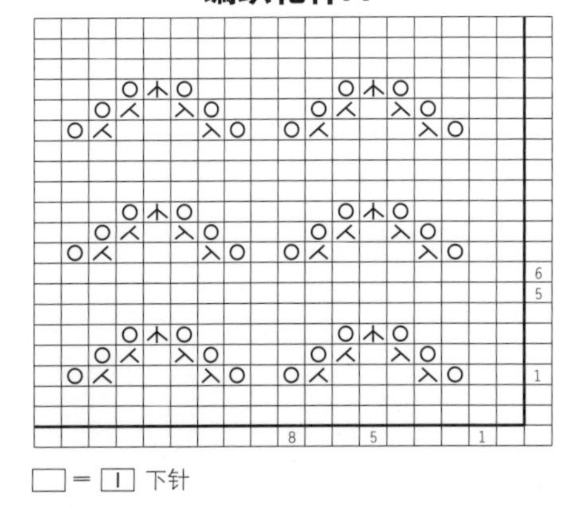

●材料 DIA　PITTORE（粗）紫色、蓝色、粉红色、黄色的段染线（204）220g/8团

●工具 棒针5号、3号

●完成尺寸 胸围93cm，身长55cm，袖长39cm

●密度 10cm×10cm面积内　编织花样A、A′均为26针，33行

●编织方法·组合方法 **身片**　在下摆处另线锁针起针，编织花样A。腰部参照图示做分散减针。**育克、袖子**　此部位做横向编织。和身片一样起针，花样A′在袖中心和育克中心（肩线）做成左右对称的编织。在前后育克分开编织领窝的加减针，编织右袖。**组合**　做针目与行的拼接，将身片和育克连接起来。肋部、袖下做挑缀缝合。下摆，解开另线锁针起针，挑针，编织环形花样B，编织结尾做双罗纹针收针。领口、袖口编织环形花样B′，和下摆一样织双罗纹针收针。

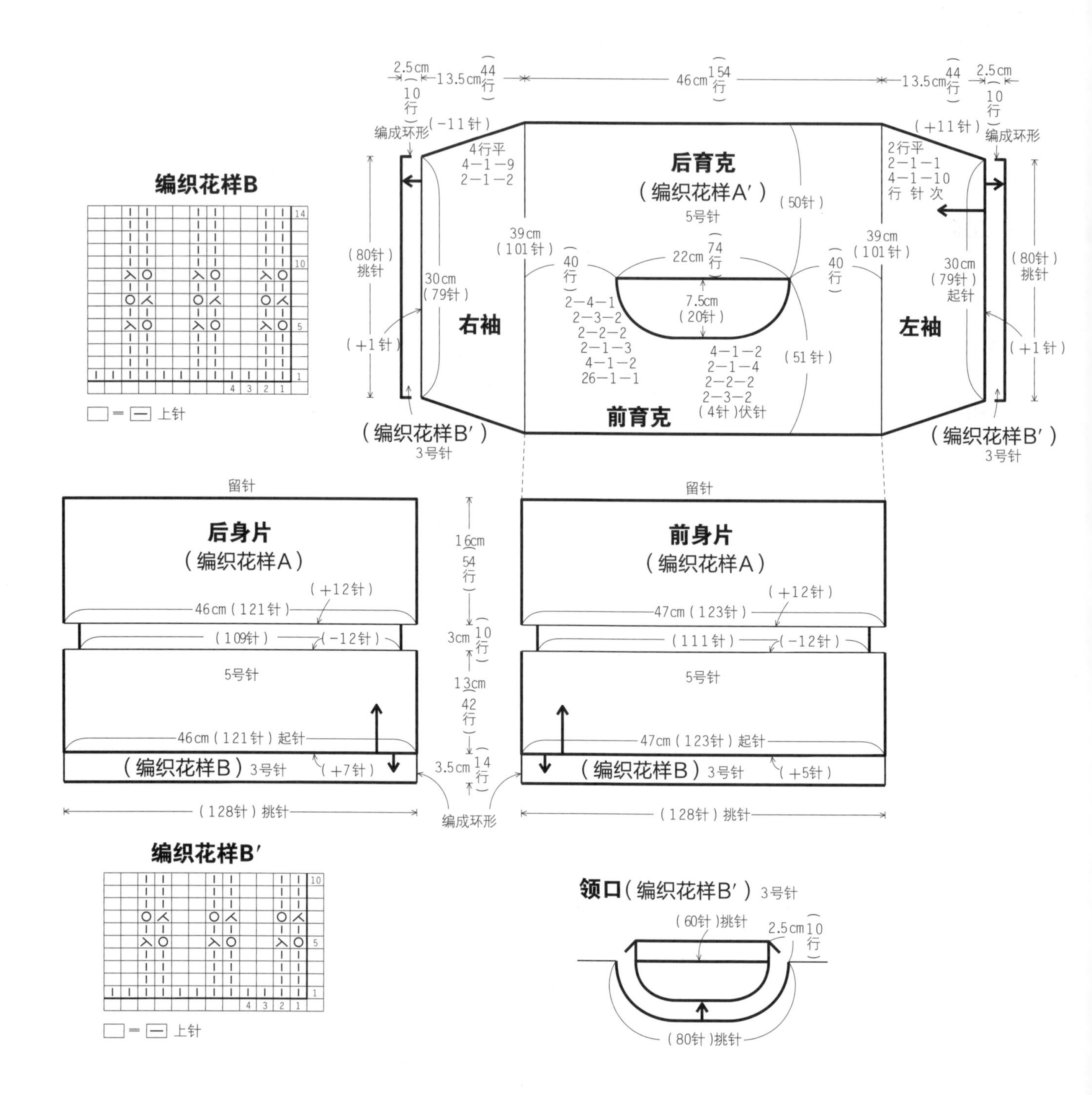

分散加减针的做法

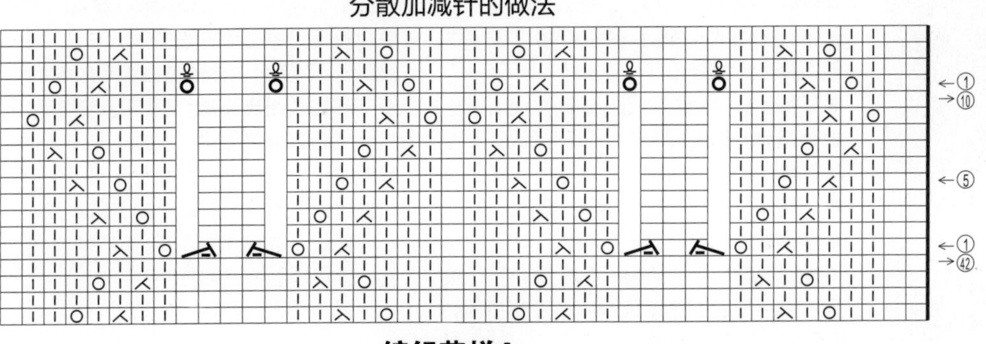
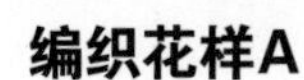

编织花样A

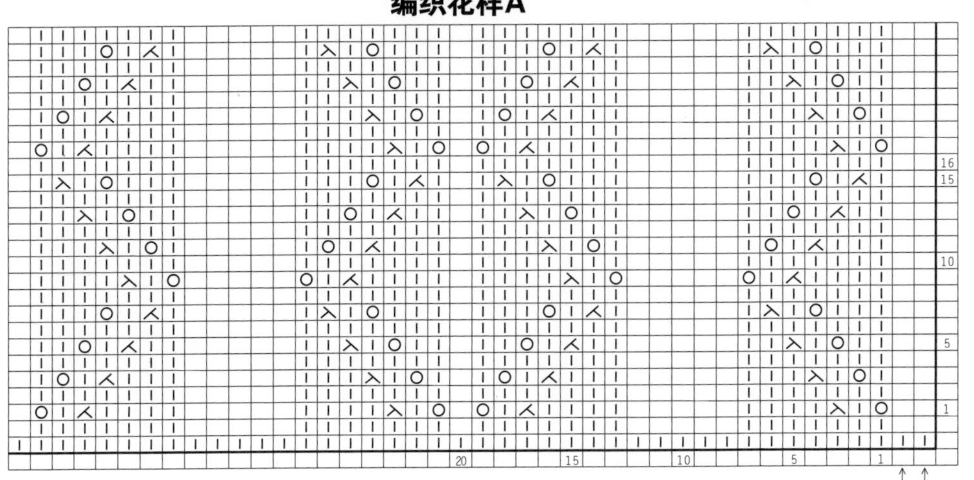

□ = ⊟ 上针

后身片 前身片
编织起点

编织花样A′

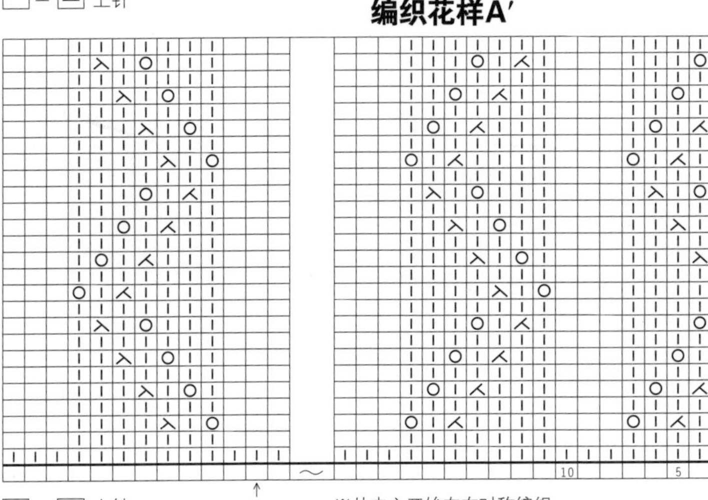

□ = ⊟ 上针

中心

※从中心开始左右对称编织

针目与行的拼接

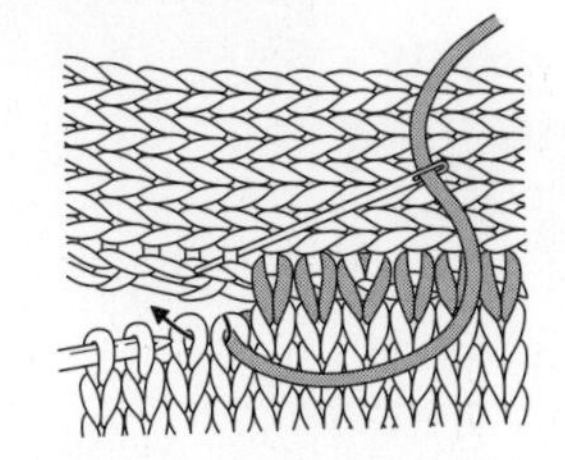

1 挑取1行，在前面的2针中插入缝针（每1针要入针2次）。

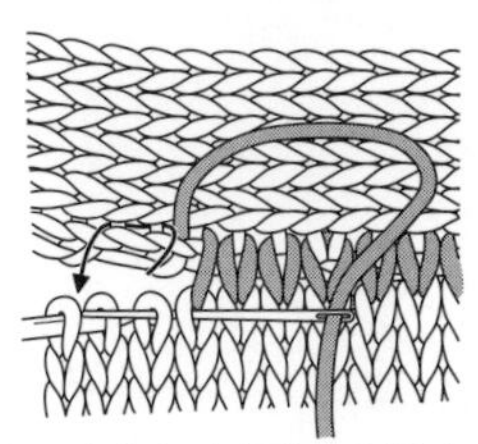

2 为了调整行（行的一侧较多时）和针目，也会挑取2行。

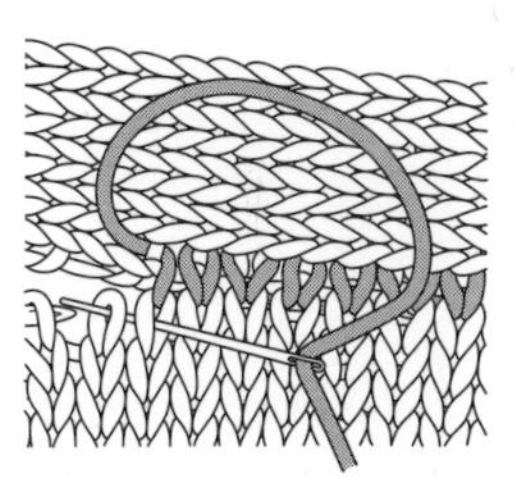

3 一边调整行数，一边交替着在针目和行上插入缝针。拼接线要拉紧，以免露在外面。

绕两圈线的打结

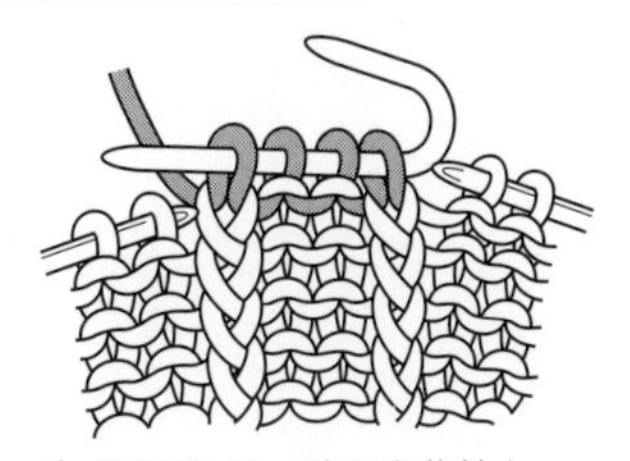

1 编织4针后，移至麻花针上。

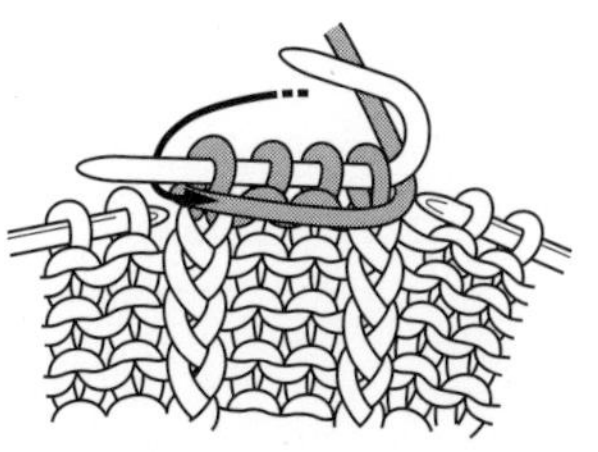

2 在移好的4针上按箭头方向绕线。

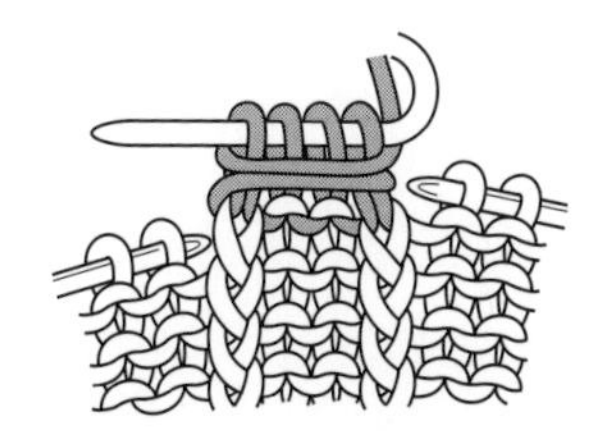

3 逆时针方向绕上两圈线。

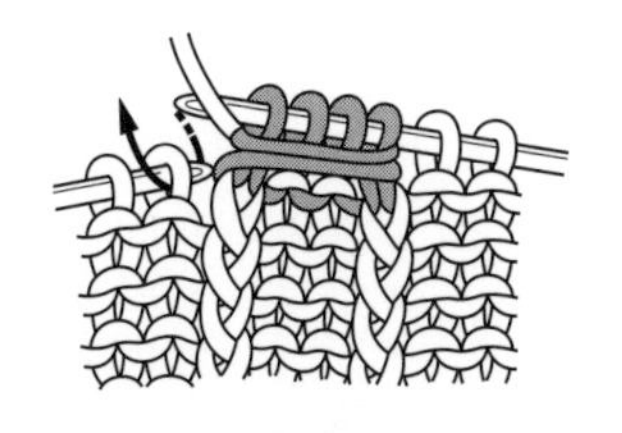

4 将完成的针目保持原状从麻花针移到右针上。

page19

12

●**材料** DIA LUGLIO（粗）黄绿色、紫色系的段染线（702）210g/7团

●**工具** 棒针6号、5号、4号

●**完成尺寸** 胸围92cm，背肩宽35cm，身长62.5cm，袖长22.5cm

●**密度** 10cm×10cm面积内 下针：24针，30行；编织花样：24针，33行

●**编织方法·组合方法** **身片** 在下摆处另线锁针起针，按照编织花样织22行。接着做下针编织、往返编织和肋部的减针。换成编织花样，袖窿按照图示利用花样减针，做领窝的减针。下摆，解开另线锁针起针编织平针，松松地织上针的伏针收针。

袖 和身片一样起针，按照图示编织花样。

组合 肩部做无缝拼接，肋部、袖下做挑缀缝合。衣领环形编织平针，再织上针的伏针收针。将衣袖引拔缝合于身片。

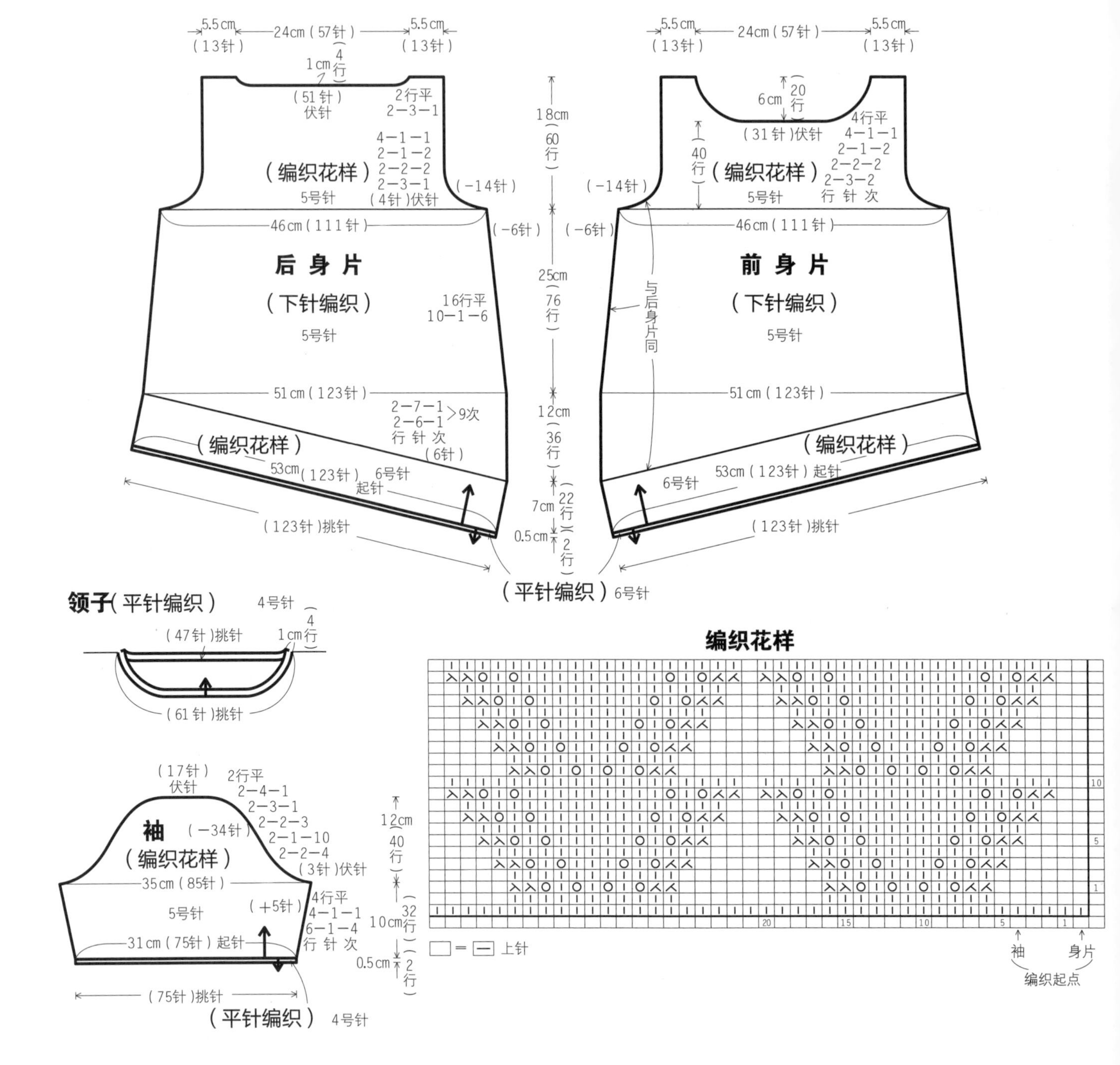

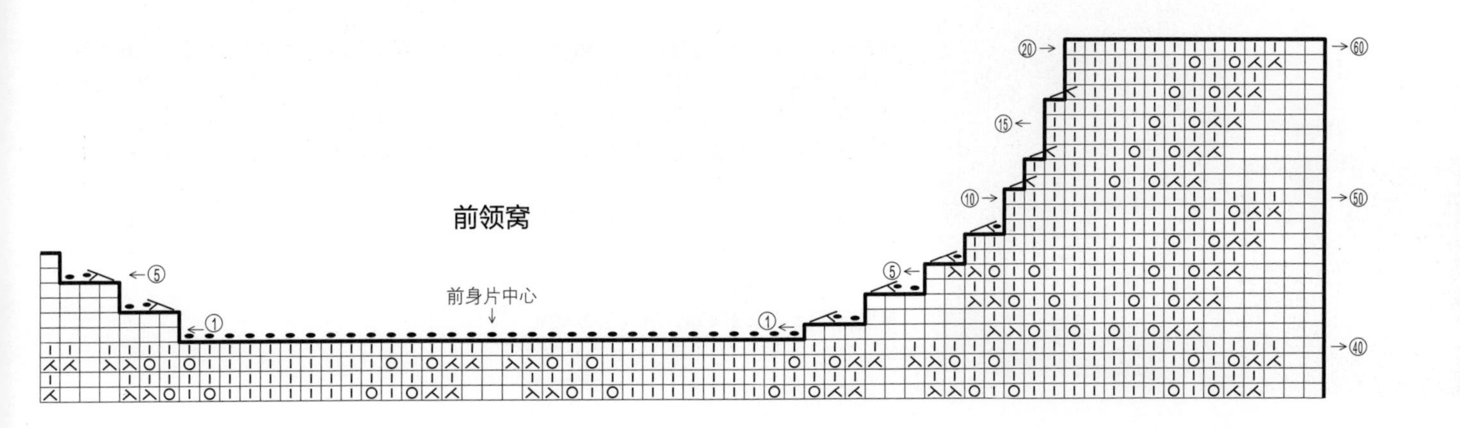

前领窝
前身片中心

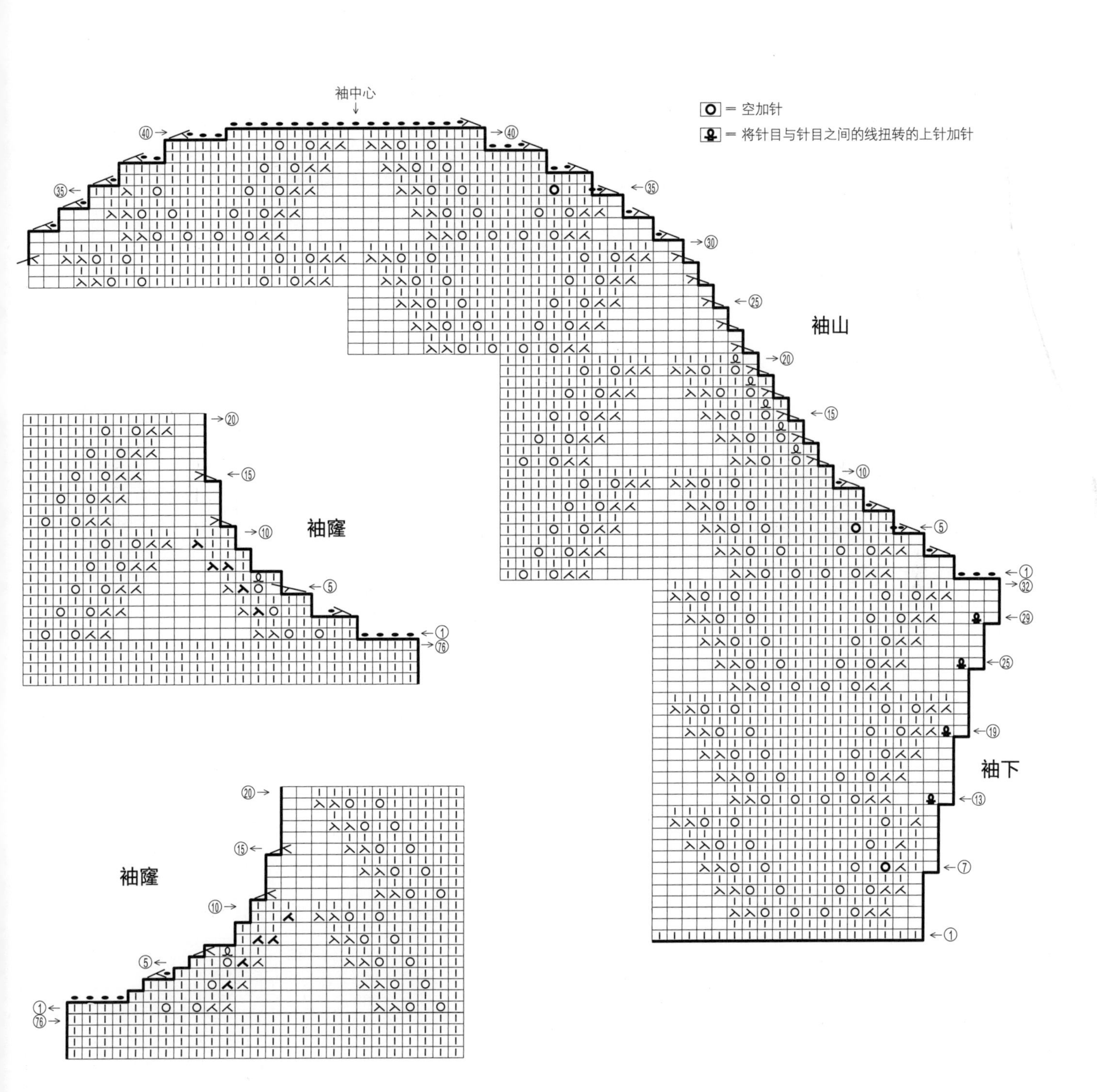

袖中心
= 空加针
= 将针目与针目之间的线扭转的上针加针
袖山
袖窿
袖下
袖窿

page21

13

●材料　COTTON MODA（粗）含金线的黑色线（308）280g/12团

●工具　钩针4/0号、3/0号

●完成尺寸　胸围92cm，身长64.5cm，袖长30.5cm

●密度　10cm×10cm面积内　编织花样A：31针，13.5行；编织花样B：28针，11行

●编织方法·组合方法　**育克**　锁针起针，按照图示环形编织花样A。**身片**　将育克的花样按照图示分开做腋下的起针，从腋下和育克挑针，前后连续编织花样B、B′。接着换成3/0号针编织收边。**组合**　衣领从育克的起针挑针，环形编织收边。袖窿从腋下起针和育克挑针，编织收边和短针。

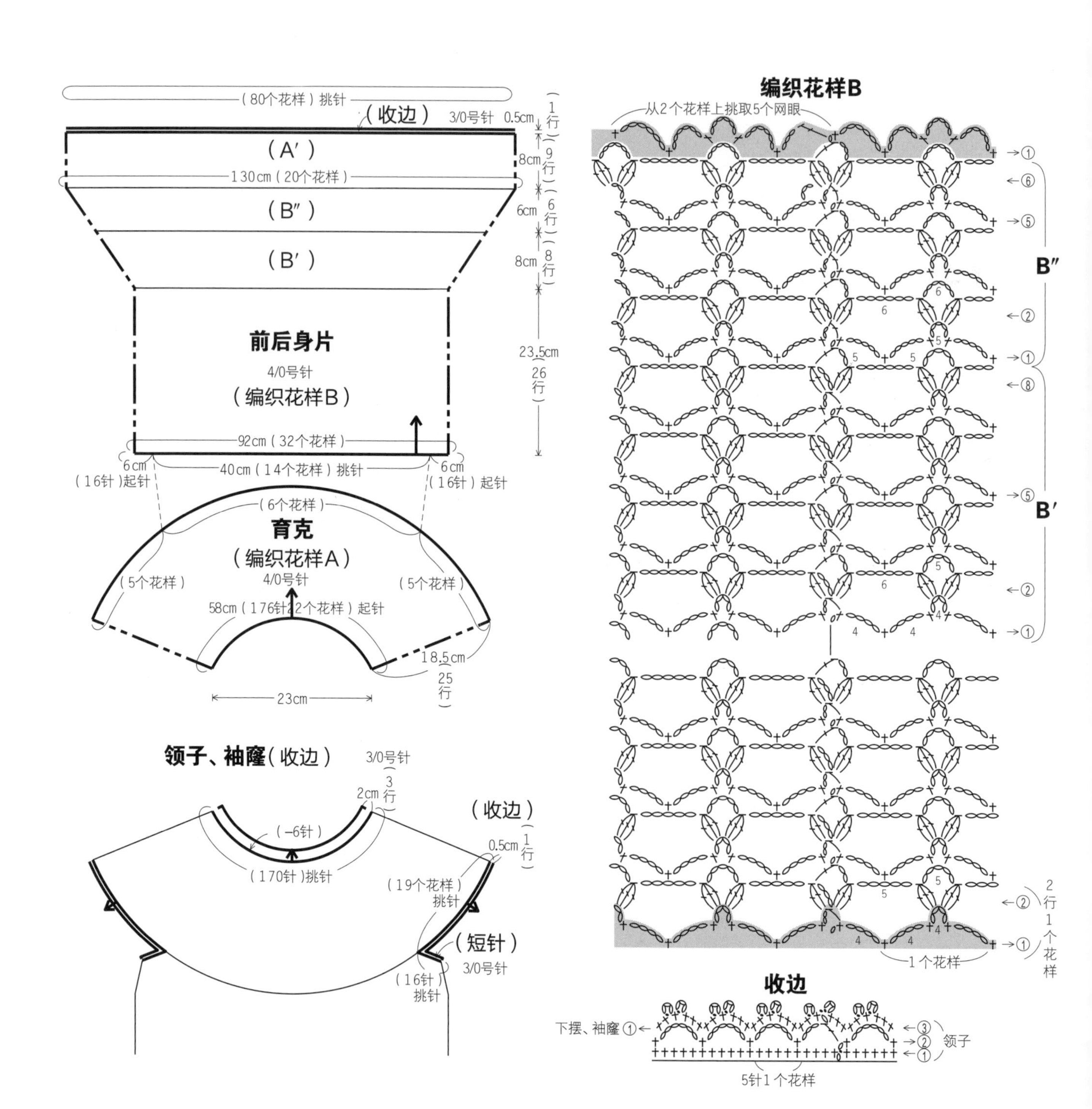

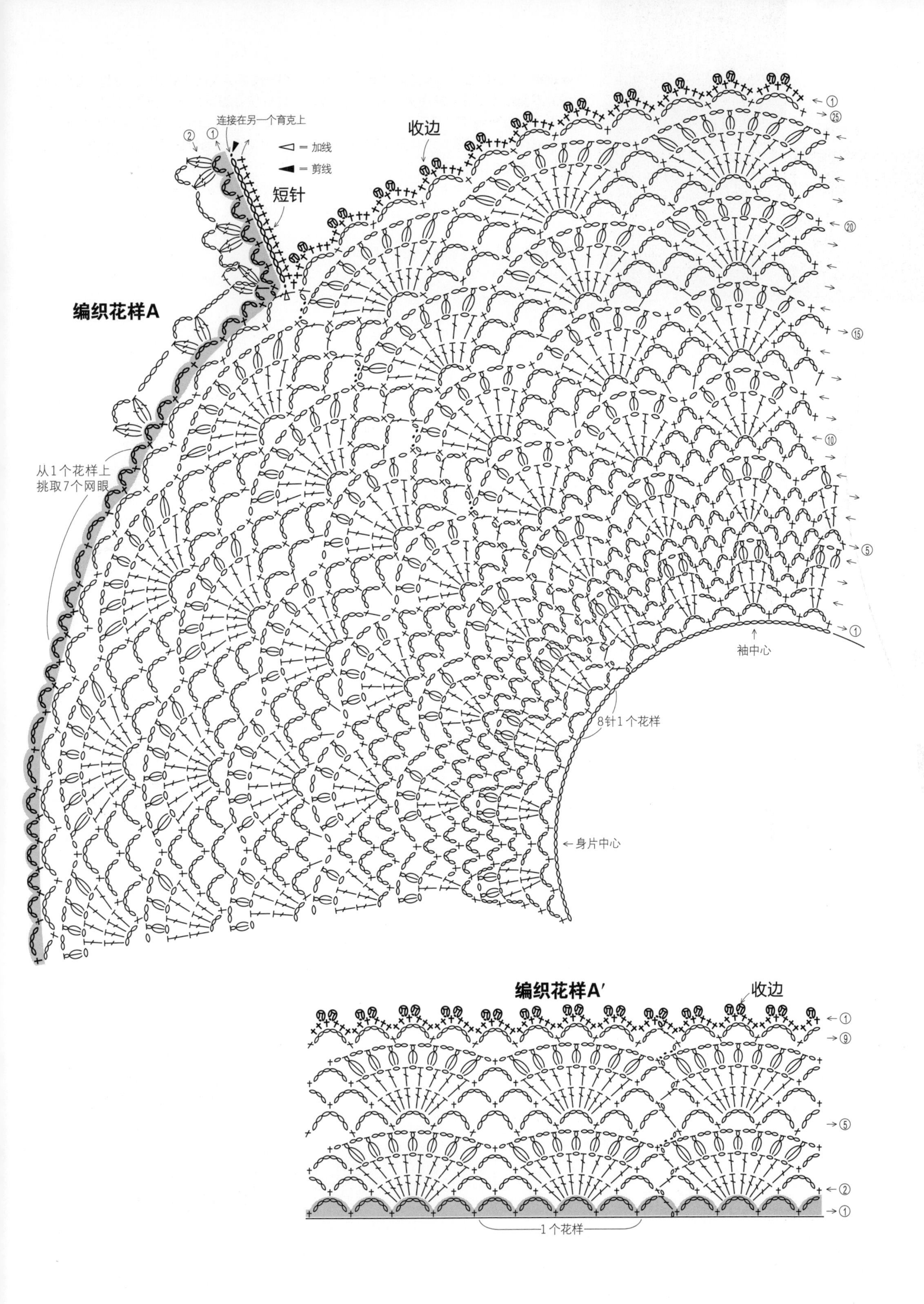

连接在另一个育克上
②
①
收边
◁ = 加线
◀ = 剪线
短针
编织花样A
从1个花样上
挑取7个网眼
㉕
⑳
⑮
⑩
⑤
①
袖中心
8针1个花样
身片中心
编织花样A′
收边
①
⑨
⑤
②
①
1个花样

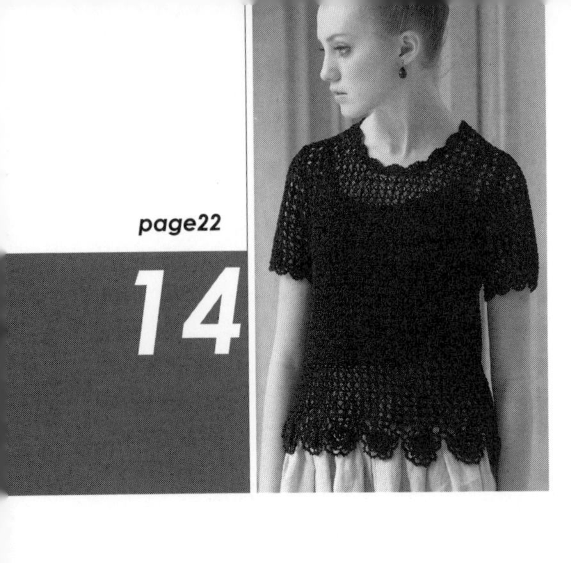

●**材料** MASTER SEED COTTON（细）黑色（315）260g/9团，黑色大圆珠814个

●**工具** 钩针3/0号、2/0号

●**完成尺寸** 胸围92cm，背肩宽35cm，身长52cm，袖长9.5cm

●**密度** 10cm×10cm面积内 编织花样：30针，14.5行

●**编织方法·组合方法** **身片** 在下摆处锁针起针，编织花样要在腰部换针，袖窿、领窝、肩按照图1～图4减针编织。**袖** 参照图5，编织袖下、袖山的加减针。**组合** 肩部做锁针拼接，胁部、袖下做锁针缝合。在线上穿珠子，花片的最终行和收边的2行和第4行要加入珠子。下摆环形编织短针，花片编织14片，按照图示连接在下摆的短针上。从第2片开始用引拔针连接在下摆的短针和之前的花片上。衣领环形编织收边A′，袖口环形编织收边A。将衣袖锁针缝合于身片。

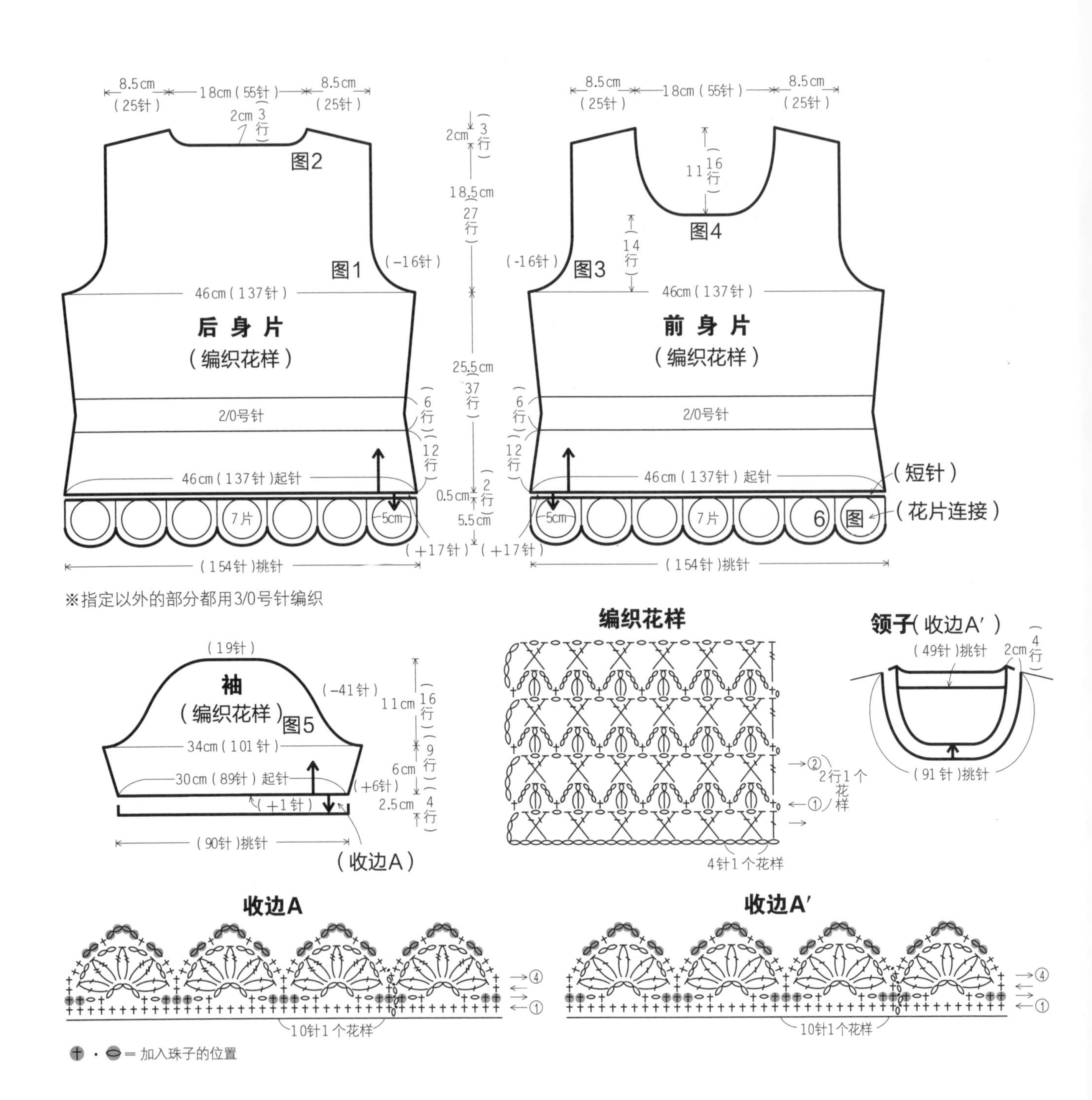

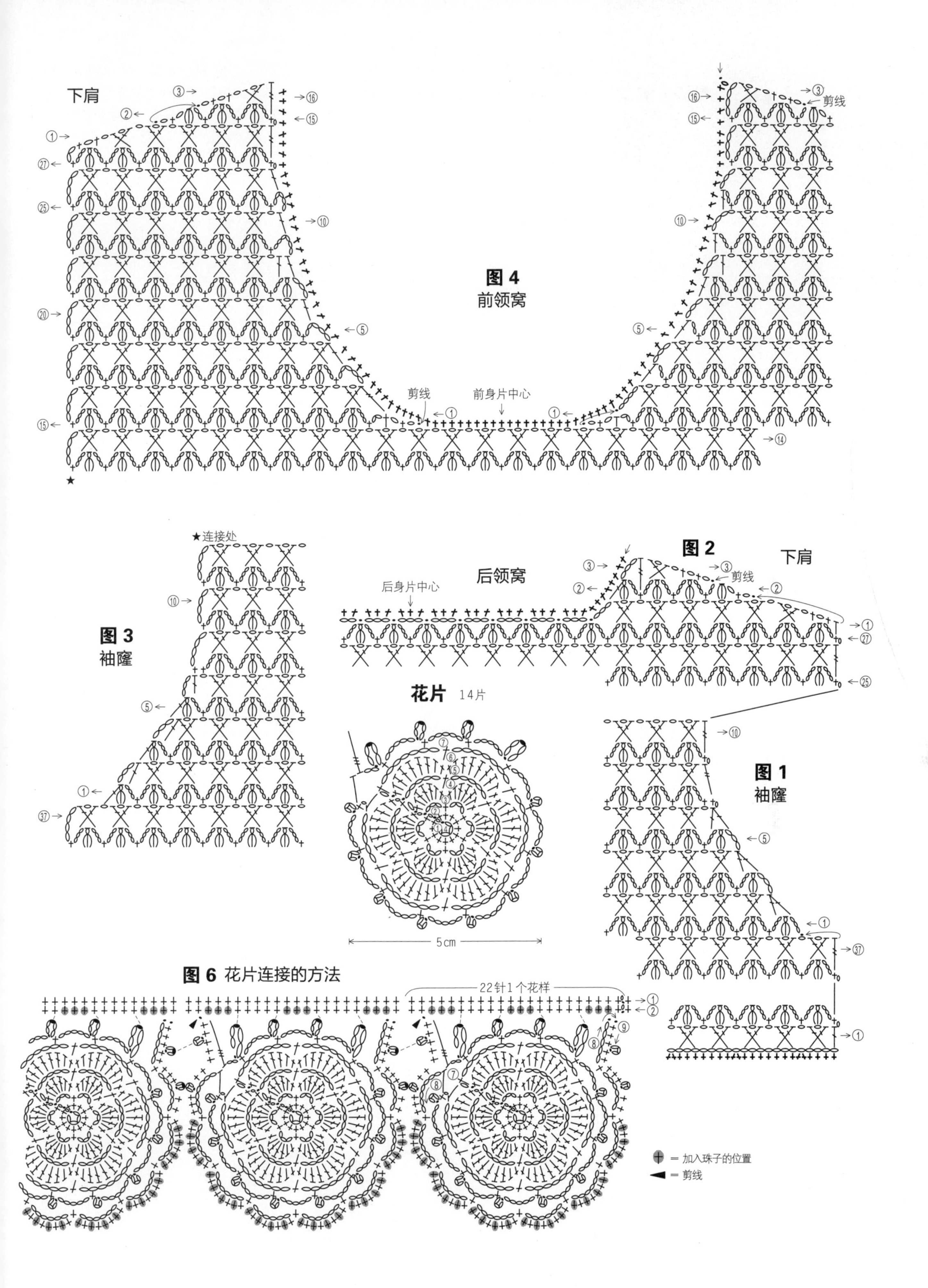

下肩
图 4
前领窝
剪线
前身片中心
剪线
★
★连接处
图 3
袖窿
图 2
下肩
后领窝
后身片中心
剪线
花片 14片
5cm
图 1
袖窿
图 6 花片连接的方法
22针1个花样
= 加入珠子的位置
= 剪线

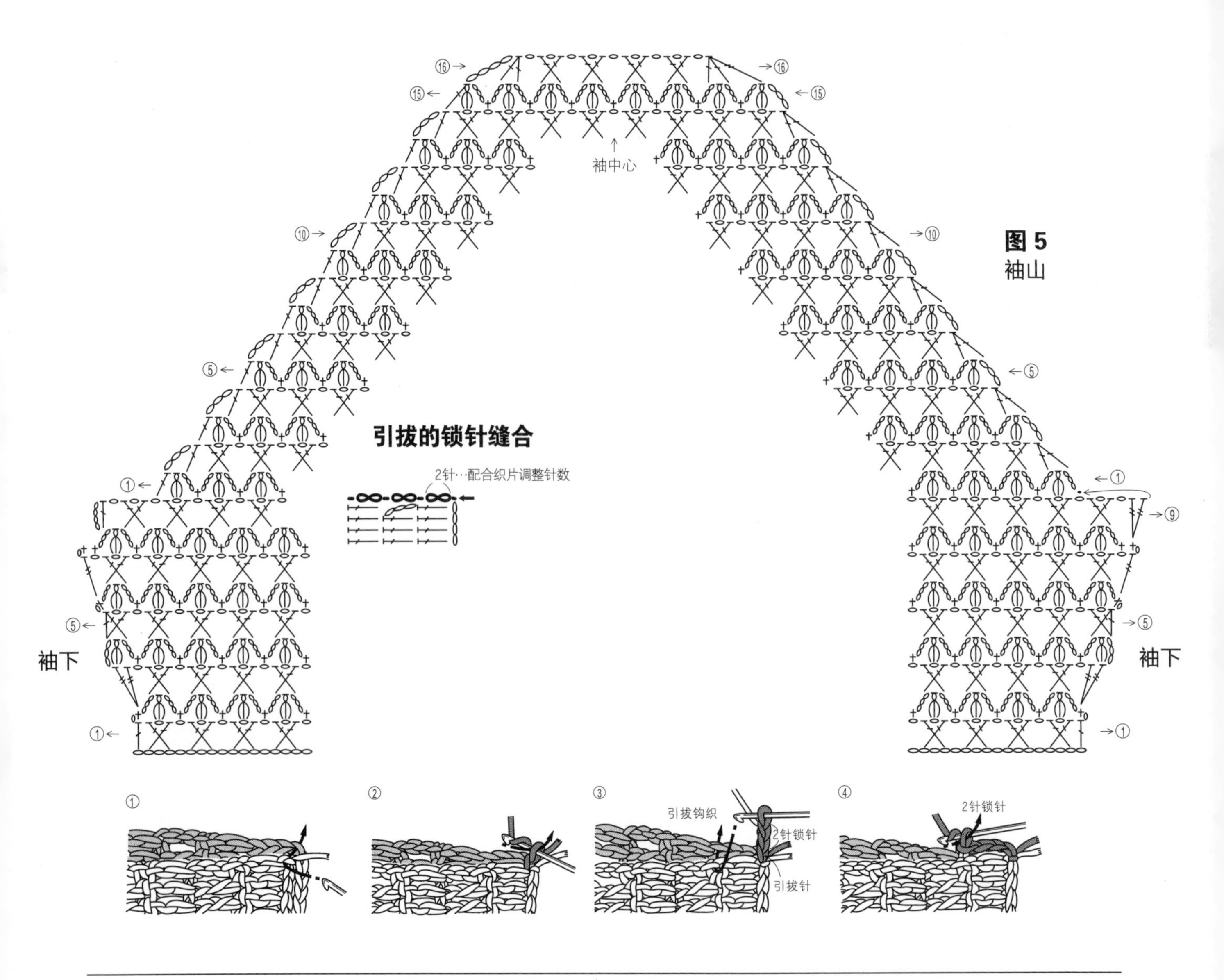

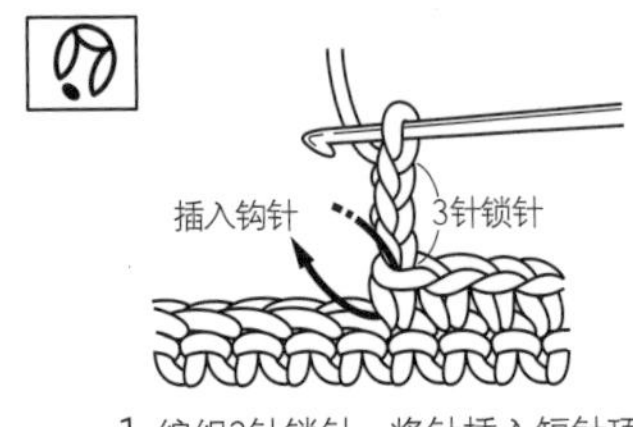

1 编织3针锁针，将针插入短针顶部半针和底部的1根线中。

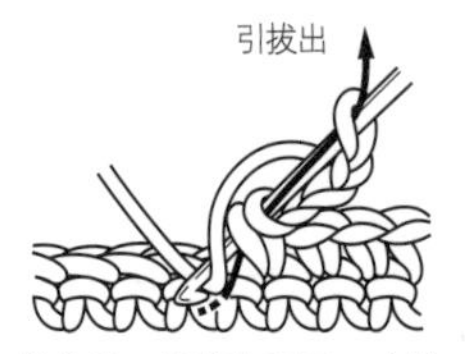

2 钩线，按箭头所示一次性引拔出。

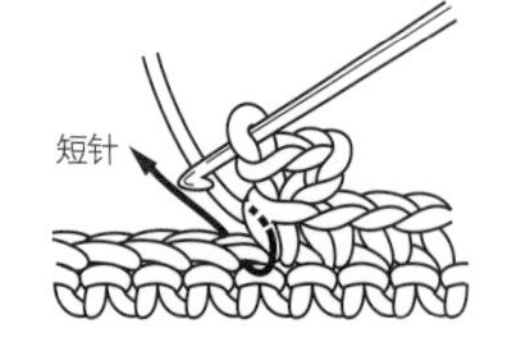

3 引拔狗牙针完成。编织下一针使狗牙针牢固。

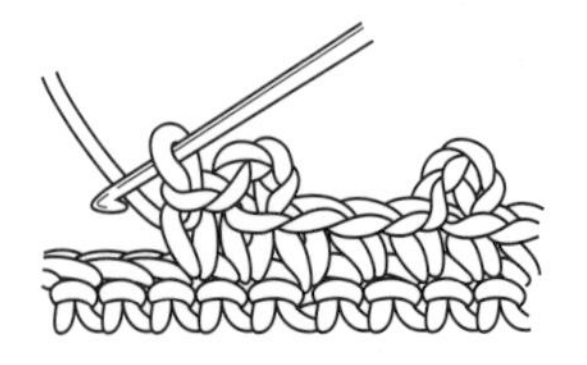

4 保持间隔地编织完成下一个引拔狗牙针的情形。

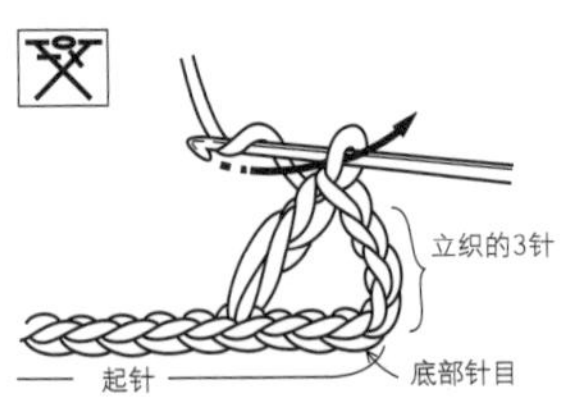

1 在底部的针目的第3针上编织长针，即交叉的左侧针目。

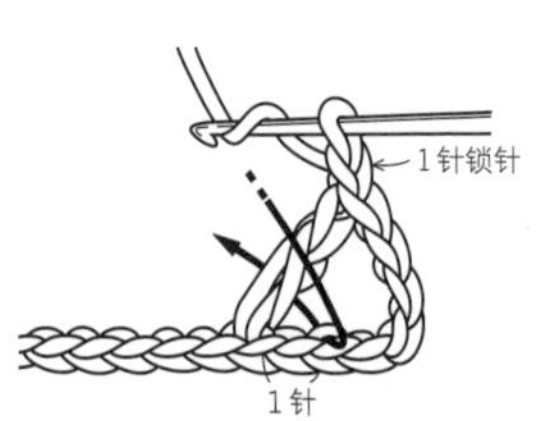

2 编织1针锁针，钩线，将钩针插入2针前的针目中。

3 拉出线环，钩线，2个线环2个线环地引拔出，编出长针。

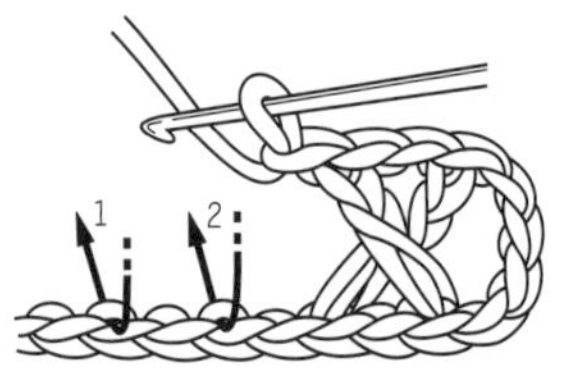

4 第1个完成了。间隔1个锁针，编织下一个的情形。

page24

16

●**材料** MASTER SEED COTTON（细）原色（301）310g/11团，直径1.5cm的包扣1个

●**工具** 钩针3/0号、2/0号

●**完成尺寸** 胸围97.5cm，身长49.5cm，袖长56.5cm

●**密度** 边长8cm的四边形花片（3/0号针）

●**编织方法·组合方法** **身片、袖** 花片A，锁针起针，参照图示编织11行。编织必要的片数。花片B，编织8针锁针，编成环形起针，编织8行。按照图示布局，在第8行参照图示连接在相邻的花片上。袖口的花片要换针编织。**组合** 袖下的花片A、A′织“1针引拔针，3针锁针”的锁针缝合。下摆、前襟、领口的收边要连起来，织成环形。袖口的收边也要织成环形。制作包扣，固定在左前襟上。

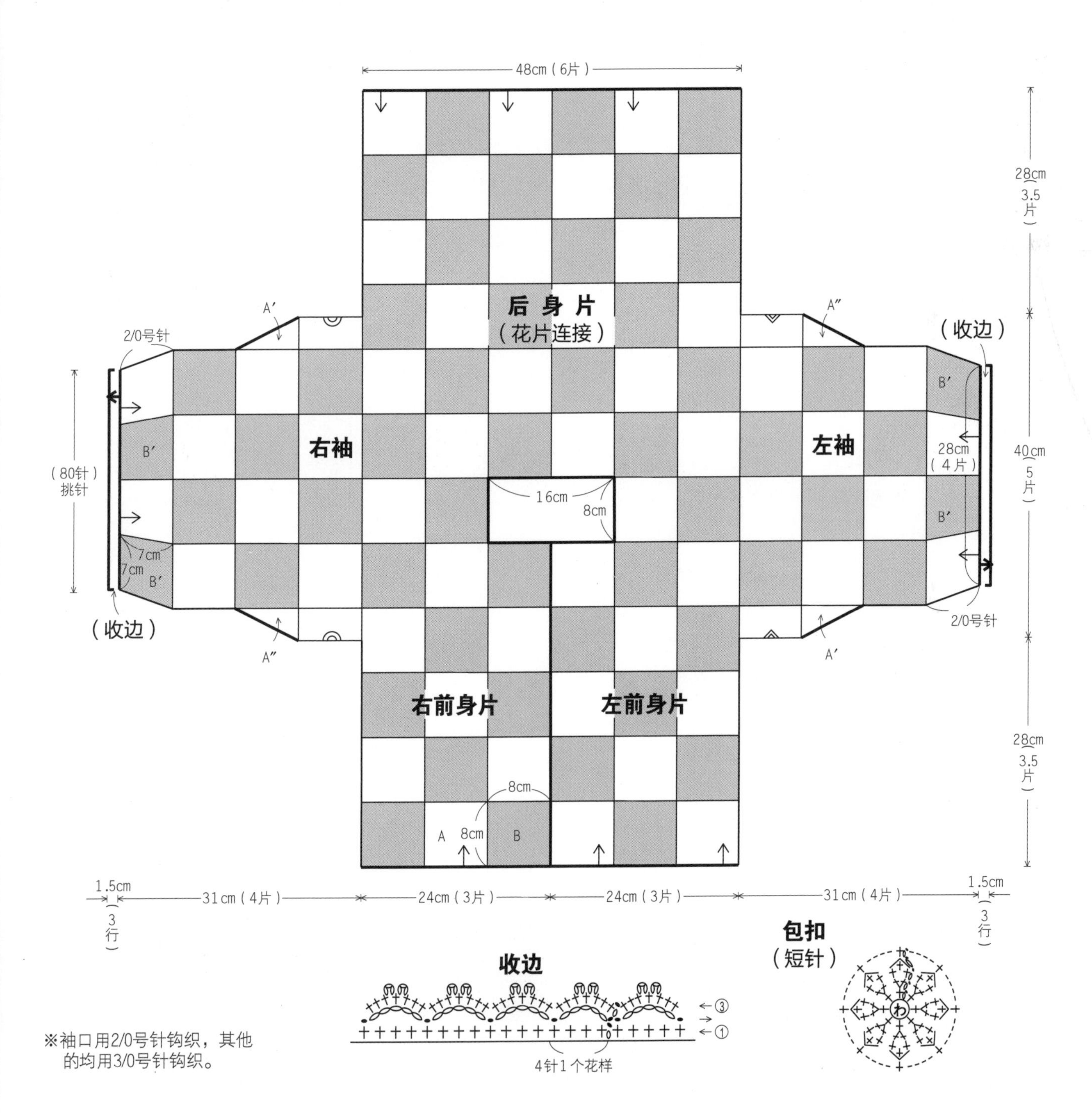

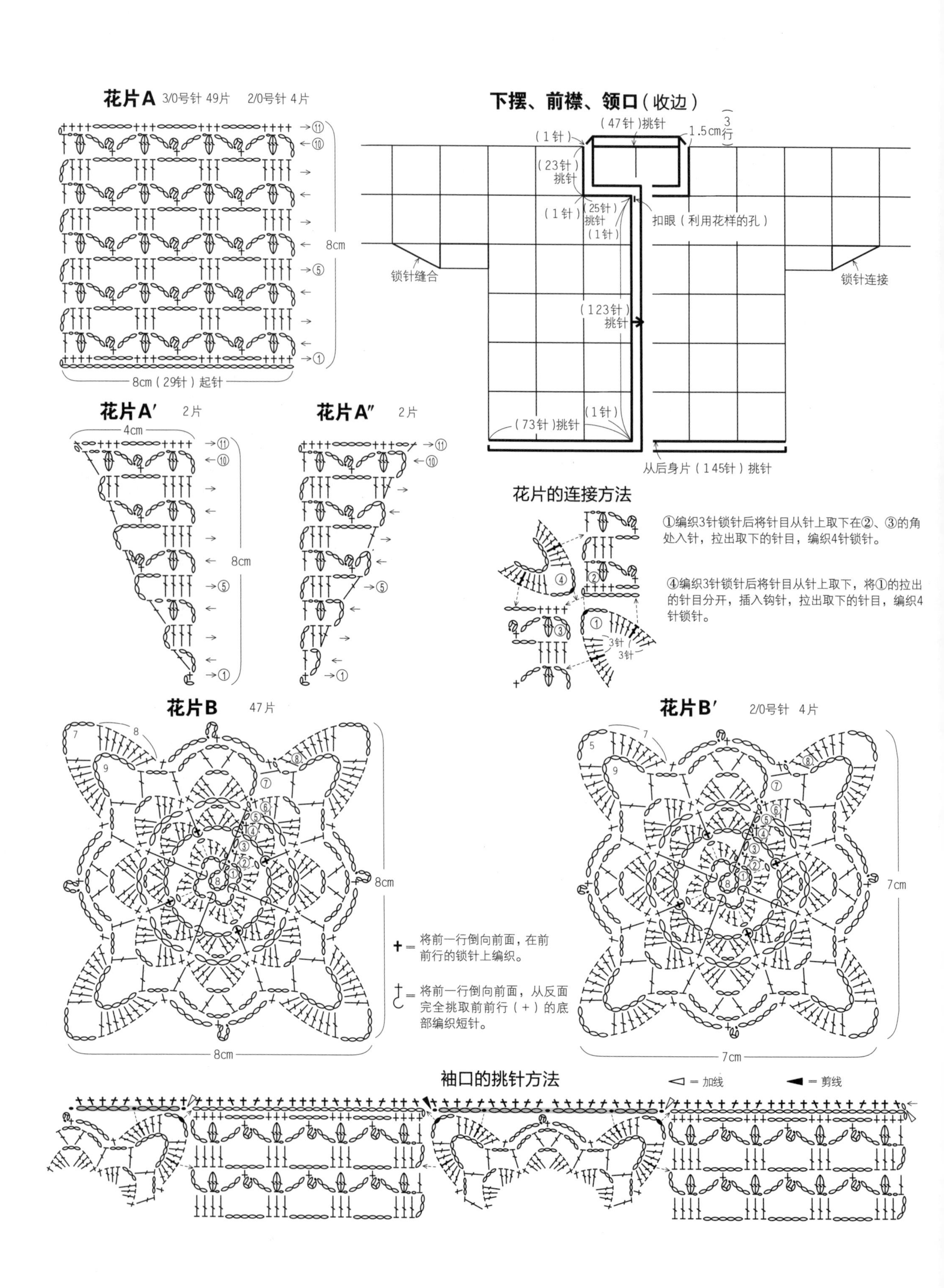

花片A 3/0号针 49片 2/0号针 4片
8cm
8cm（29针）起针
花片A′ 2片
4cm
8cm
花片A″ 2片
下摆、前襟、领口（收边）
（47针）挑针
（1针）
1.5cm 3行
（23针）挑针
（1针）
（25针）挑针
（1针）
扣眼（利用花样的孔）
锁针缝合
锁针连接
（123针）挑针
（1针）
（73针）挑针
从后身片（145针）挑针
花片的连接方法
3针
3针
①编织3针锁针后将针目从针上取下在②、③的角处入针，拉出取下的针目，编织4针锁针。
④编织3针锁针后将针目从针上取下，将①的拉出的针目分开，插入钩针，拉出取下的针目，编织4针锁针。
花片B 47片
8cm
8cm
花片B′ 2/0号针 4片
7cm
7cm
＝将前一行倒向前面，在前前行的锁针上编织。
＝将前一行倒向前面，从反面完全挑取前前行（＋）的底部编织短针。
袖口的挑针方法
＝加线
＝剪线

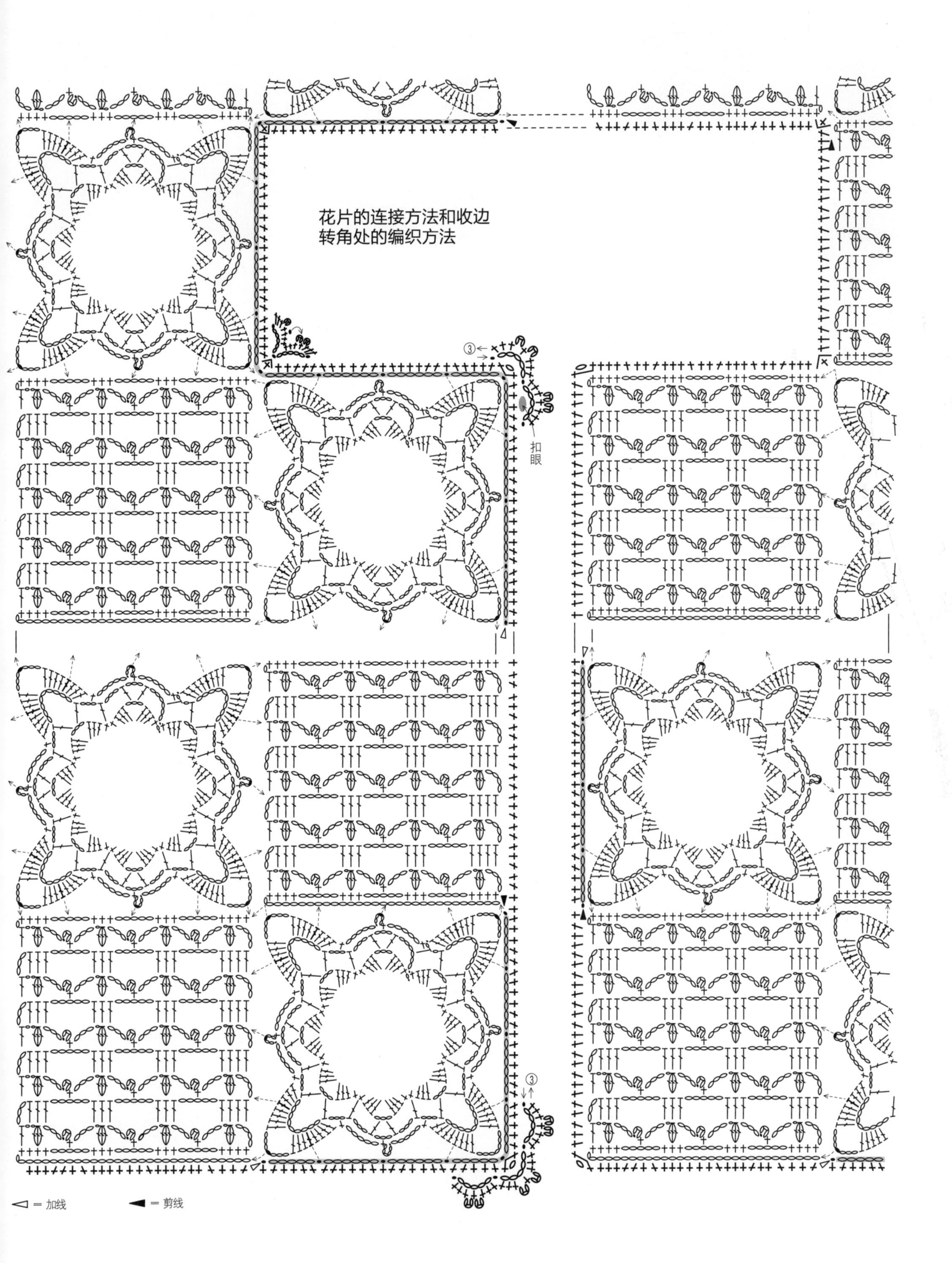
花片的连接方法和收边
转角处的编织方法
扣眼
③
③
◁ = 加线
◀ = 剪线

page23

15

●**材料** MASTER SEED COTTON（细）黑色（315）75g/3团

●**工具** 钩针3/0号

●**完成尺寸** 参照图

●**密度** 花片大径5.5cm，中径4.5cm，小径3.5cm

●**编织方法·组合方法** **衣领** 将各花片编织指定的片数。**花** 按照图示编织2片小花（5行）、中花（7行）、大花（9行）。**叶** 按图示编织大叶片18片、小叶片16片。**三叶草** 按图示编织6片。**葡萄** 按照图示编织，制作6片3个葡萄连在一起的成品。**组合** 花片参照制作图从中心开始左右对称地将各花片的接点连接起来。叶片和叶片用卷针缝缝合，叶片上的花要缝合固定花瓣的根部。为了填充间隙而放置的花（小）要卷针缝缝合花瓣尖。三叶草、葡萄要与叶片和花卷针缝缝合在一起。最后固定扣眼和扣子。

衣领（爱尔兰式钩针编织）

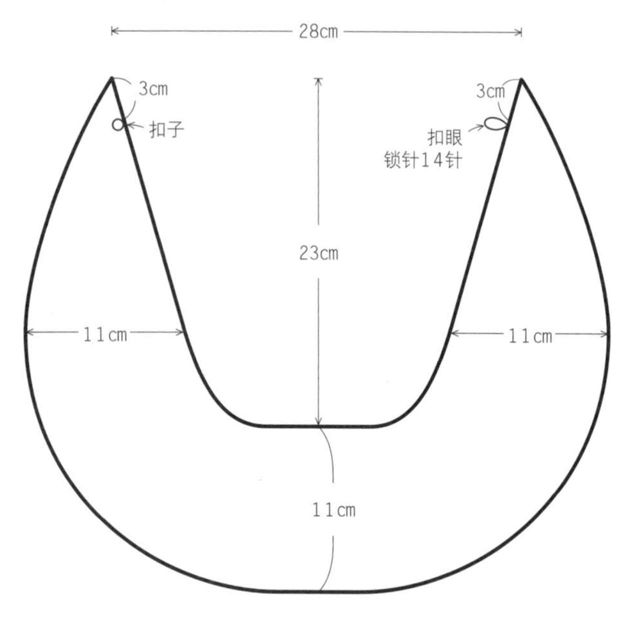

花

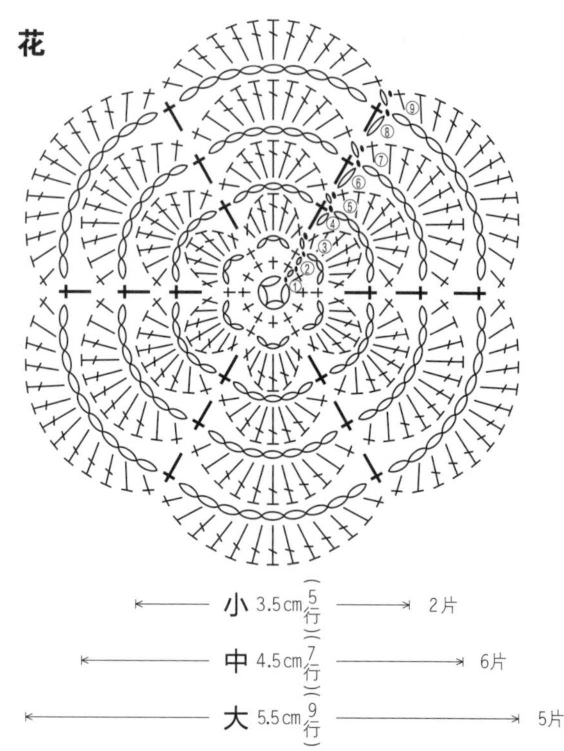

† ＝从前一行的后面整行挑取前前行的短针，编织短针

小叶 16片

大叶 18片

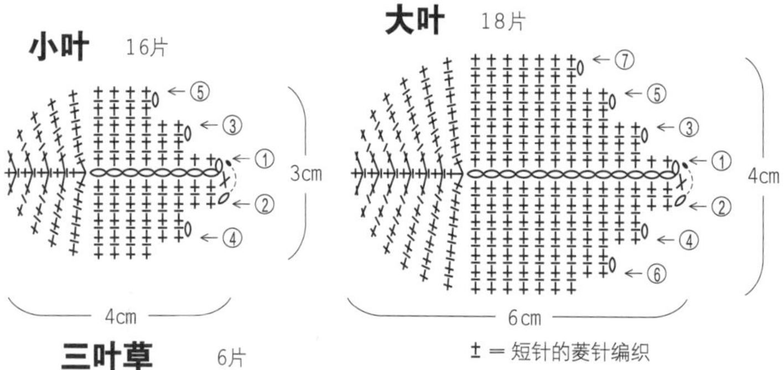

± ＝短针的菱针编织

三叶草 6片

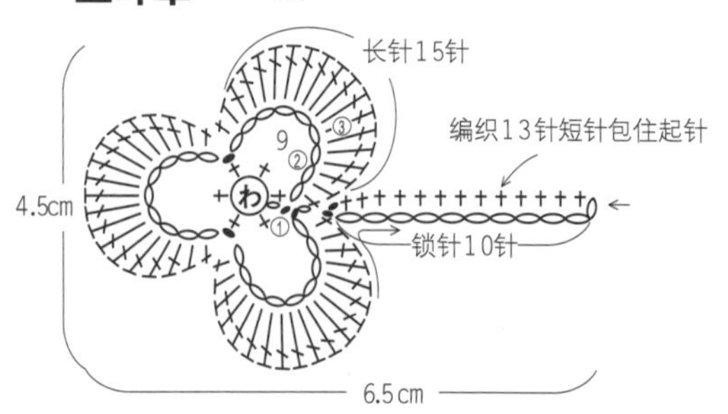

葡萄 6片

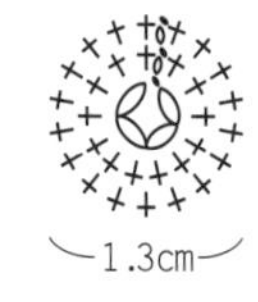

第1行短针13针

第2行编织18针短针包住第1行的短针

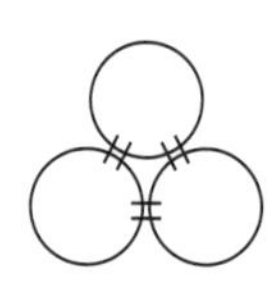

将反面作为正面，用分开的线将3个葡萄没有缝隙地连接在正面

※用一个葡萄做成纽扣。

●卷针缝拼接

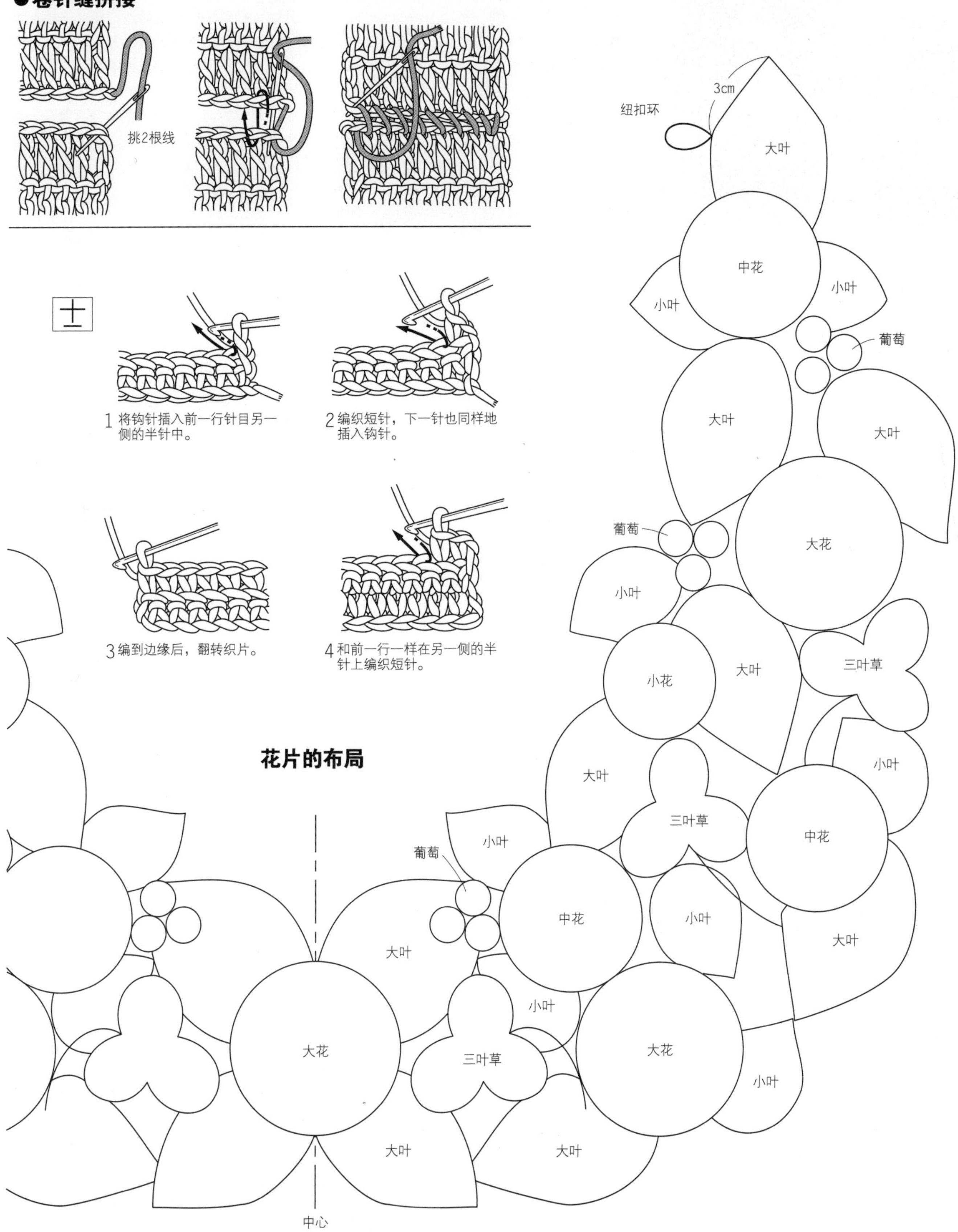
挑2根线
十
1 将钩针插入前一行针目另一侧的半针中。
2 编织短针，下一针也同样地插入钩针。
3 编到边缘后，翻转织片。
4 和前一行一样在另一侧的半针上编织短针。
花片的布局
3cm
纽扣环
大叶
中花
小叶
葡萄
大花
三叶草
小花
中心

※从中心开始左右对称布局。

page27

17

●**材料** MASTER SEED COTTON（粗）灰色（122）290g/10团，直径1cm的纽扣1个，银白色大圆珠258个，6mm龟甲形亮片258个，枣形珍珠3mm×6mm230个

●**工具** 棒针4号、3号、2号，钩针3/0号

●**完成尺寸** 胸围92cm，背肩宽34cm，身长54.5cm，袖长33.5cm。

●**密度** 10cm×10cm面积内 编织花样A：30针，34行

●**编织方法·组合方法** **身片** 在下摆处另线锁针起针，编织花样A′和花样A，腰部参照图示做分散加减针，袖窿、领窝做减针编织。下摆，解开另线锁针起针编织平针，再编织上针的伏针收针。**袖** 和身片一样起针，编织袖下的加针，袖山要利用花样按照图示编织。**组合** 肩部做无缝拼接，胁部、袖下做挑缀缝合。按照花样B编织领口，在背部的开口上编织短针。固定珠子和亮片。

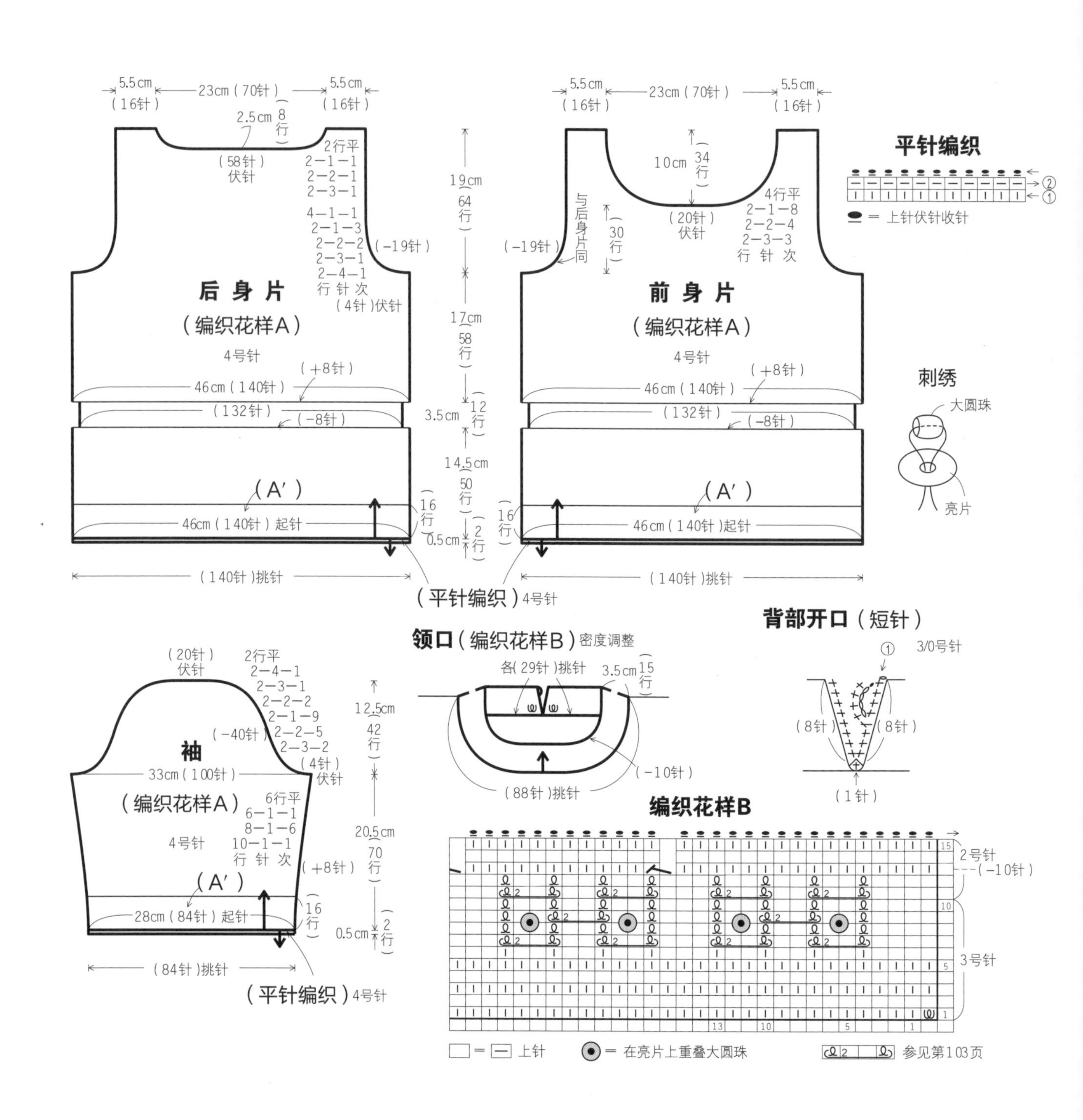

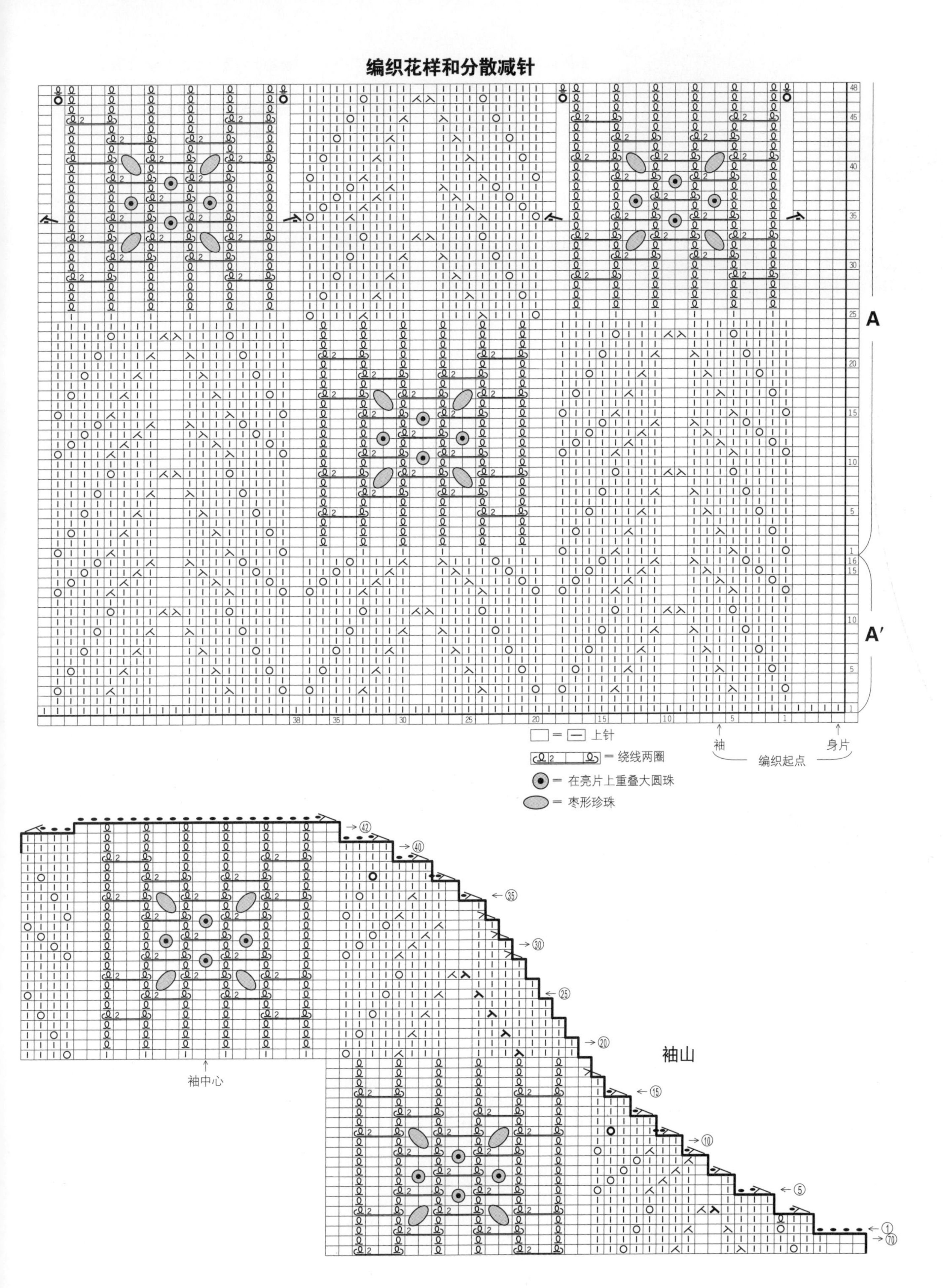
编织花样和分散减针
A
A′
上针
绕线两圈
在亮片上重叠大圆珠
枣形珍珠
袖
身片
编织起点
袖山
袖中心

page28

18

●**材料** MASTER SEED COTTON〈LILY〉(粗)米色(602)190g/7团，直径2cm的包扣3个

●**工具** 棒针6号、4号

●**完成尺寸** 长35cm

●**密度** 10cm×10cm面积内 编织花样A：27针，35行

●**编织方法·组合方法** **披肩** 在下摆处做另线锁针起针，编织花样A，按照图示分散减针，最后的针目织伏针收针。**组合** 挑针，按照花样C编织前襟，从反面织伏针收针。解开主体下摆的另线锁针，移到棒针上，下摆一周的花样B要用手指起针，一边编织一边连接到主体下摆上。按照图示和主体的针目编织2针并1针，编织结尾做伏针收针。**衣领** 手指起针，编织花样B′，编织结尾做伏针收针，挑缀缝合于前襟上，做针目与行的拼接固定在领窝上。制作包扣，固定在前襟上。参照图示做刺绣。

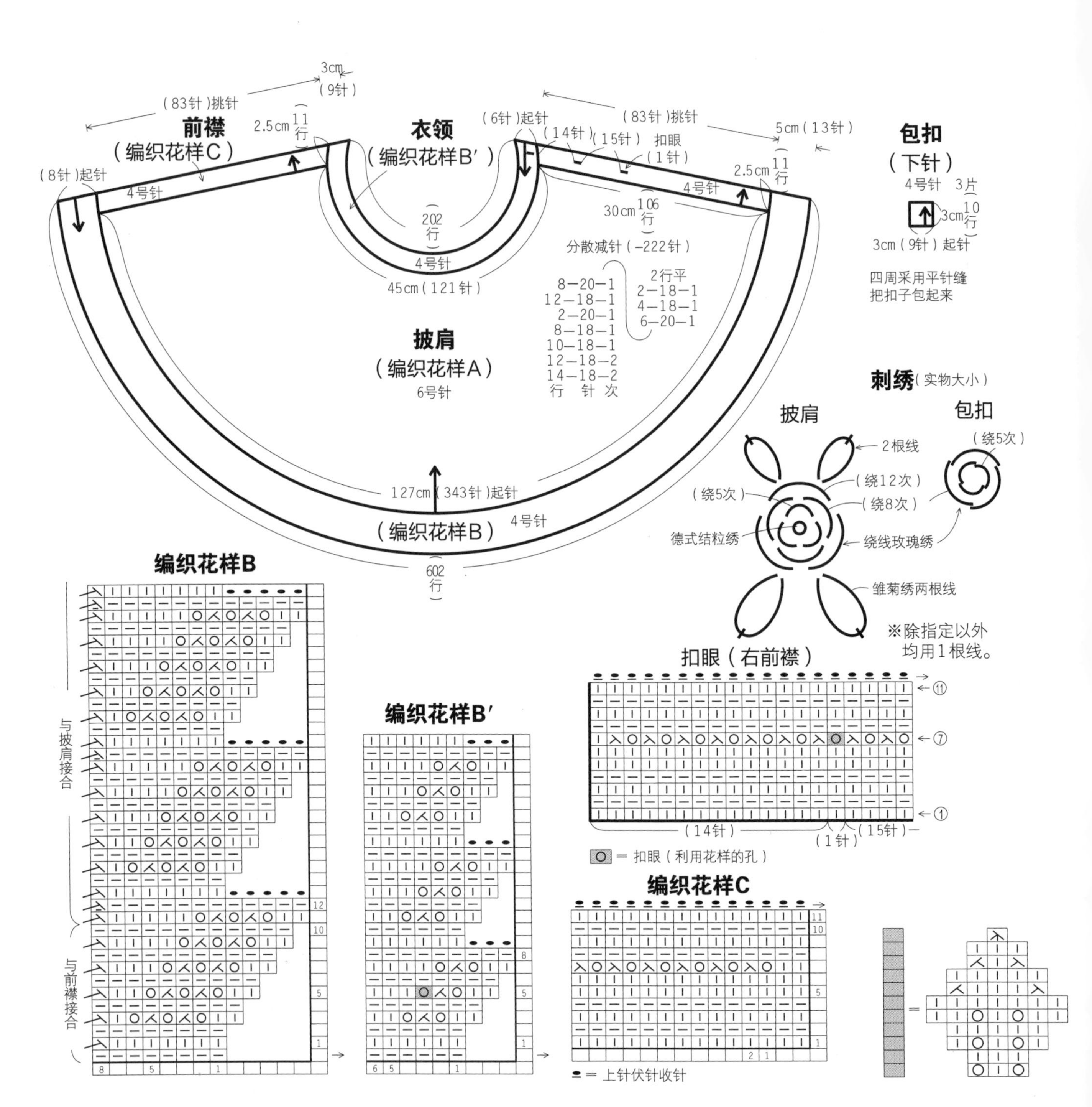

编织花样A

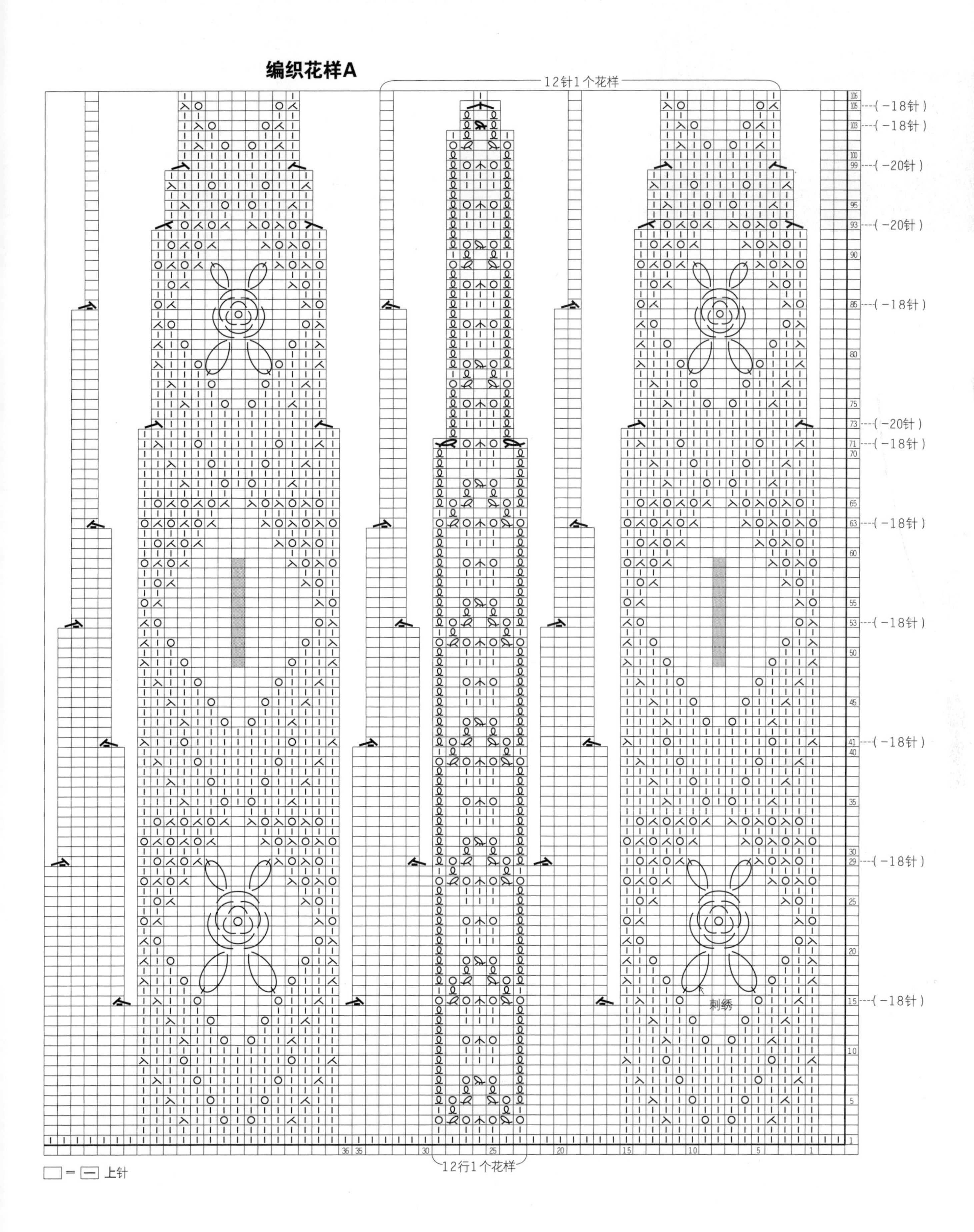
12针1个花样
(−18针)
(−18针)
(−20针)
(−20针)
(−18针)
(−20针)
(−18针)
(−18针)
(−18针)
(−18针)
(−18针)
(−18针)
刺绣
12行1个花样

□ = — 上针

page29

19

●**材料** MASTER SEED COTTON〈LILY〉（粗） 米色（602）210g/7团

●**工具** 棒针6号、5号、4号

●**完成尺寸** 胸围91cm，背肩宽36cm，身长55.5cm

●**密度** 10cm×10cm面积内 编织花样A：25针，35行（6号针）

●**编织方法·组合方法** **身片** 在下摆处另线锁针起针，编织花样A。腰部的14行要换针编织。参照图示做袖窿、领窝的减针，前领窝要利用花样按照图示编织。下摆，解开另线锁针起针编织平针，再织上针的伏针收针。**组合** 肩部做无缝拼接。领口环形编织，袖口做往返编织的环形花样B。编织结尾做上针的伏针收针。胁部、袖口的边缘做挑缀缝合。在花样A的上针位置上参照图示做刺绣。

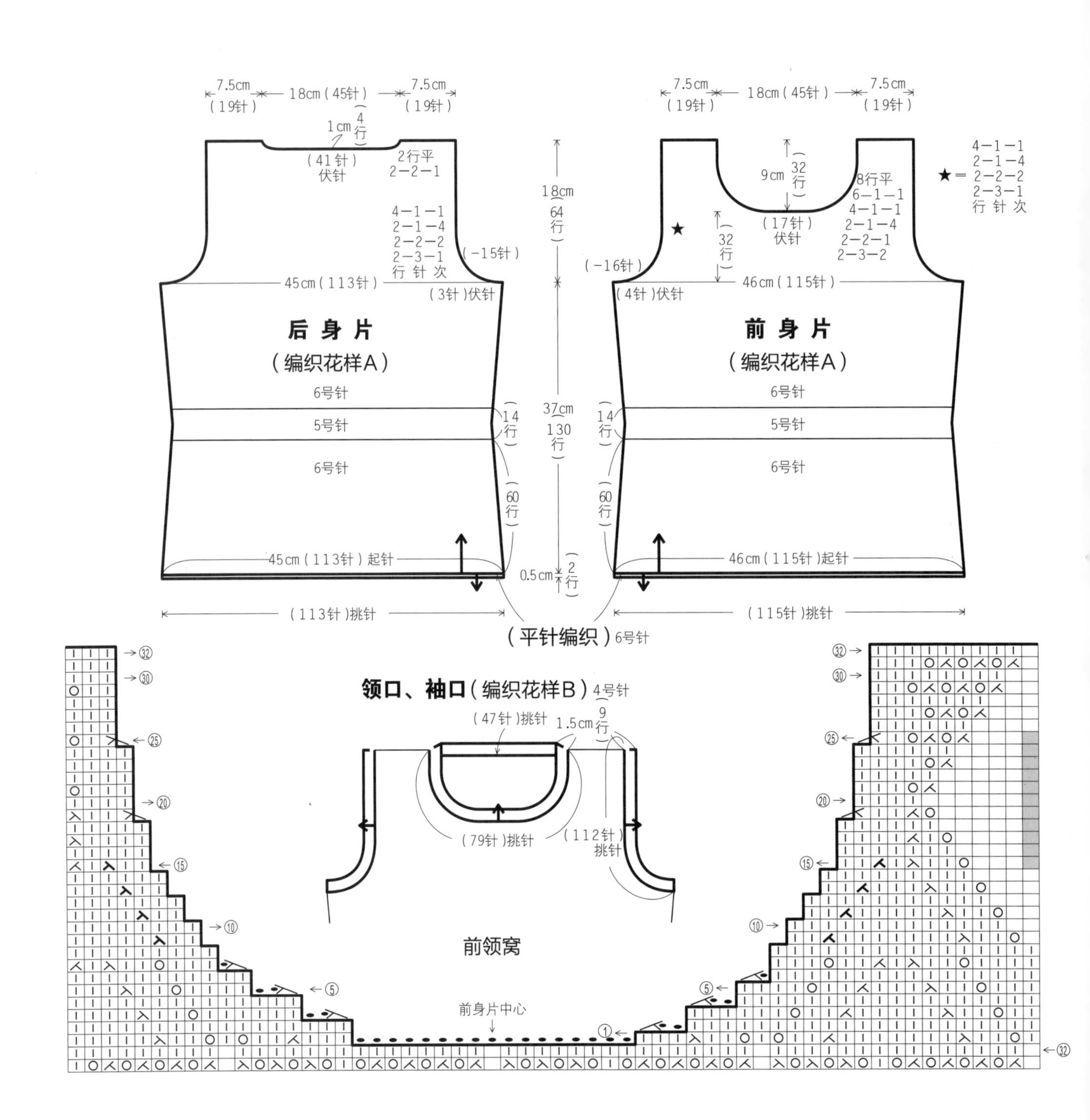

编织花样A

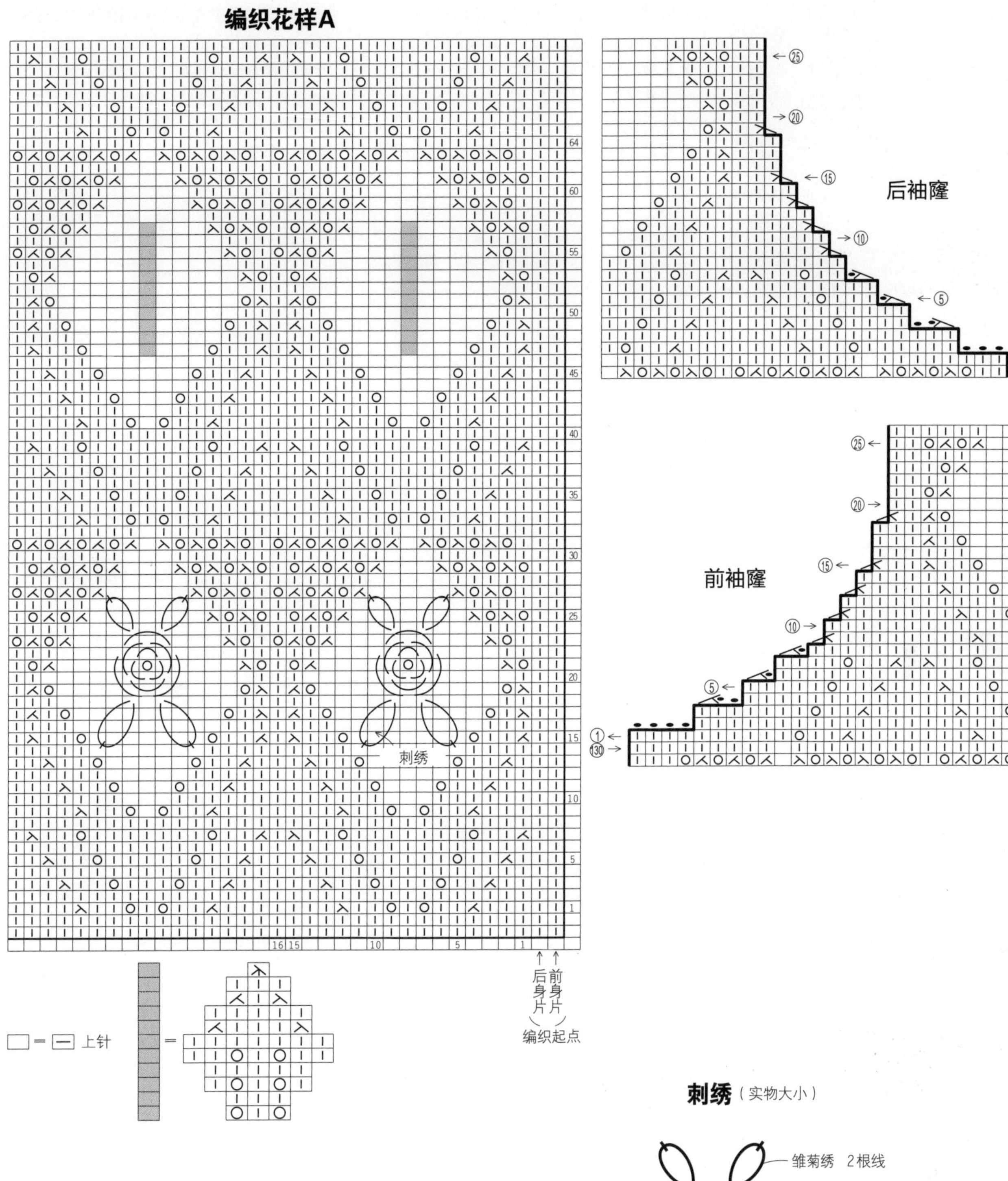

编织花样B

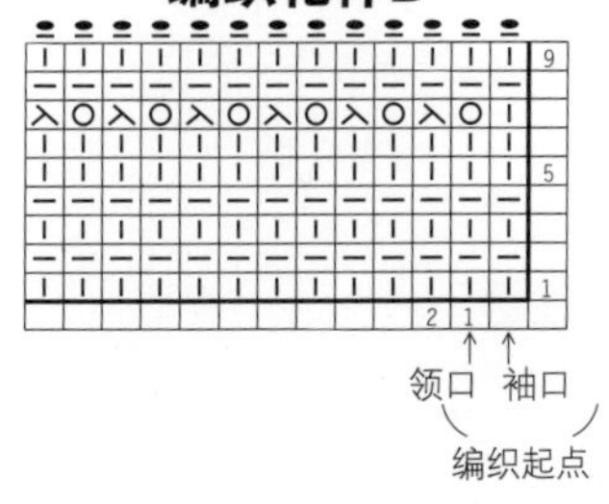

平针编织

● =上针伏针收针

刺绣（实物大小）

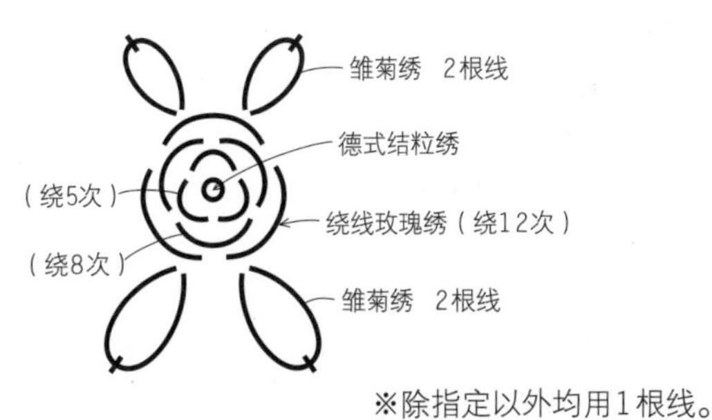

※除指定以外均用1根线。

page30

20

●**材料**　DIA PITTORE（粗）紫色、绿色、黄色段染线（201）330g/11团

●**工具**　棒针5号，钩针6/0号、5/0号

●**完成尺寸**　胸围92cm，身长66.5cm，袖长27cm

●**密度**　10cm×10cm面积内　编织花样A：26针，32行；编织花样B：27.5针，13行

●**编织方法·组合方法**　**上身片**　在下摆处手指起针，编织花样A。编织胁部的加针，袖下的左右要编织卷针的起针。袖口做无加减针的编织，领窝做减针编织。下肩做往返编织。**组合**　肩部前后片正面相对合起，做无缝拼接。胁部做挑缀缝合，袖下做弹性拼接。领口、袖口编织环形收边。**下身片**　从上身片的第1行平均地加针，前后连续挑针。按照图示分散加针编织花样B。

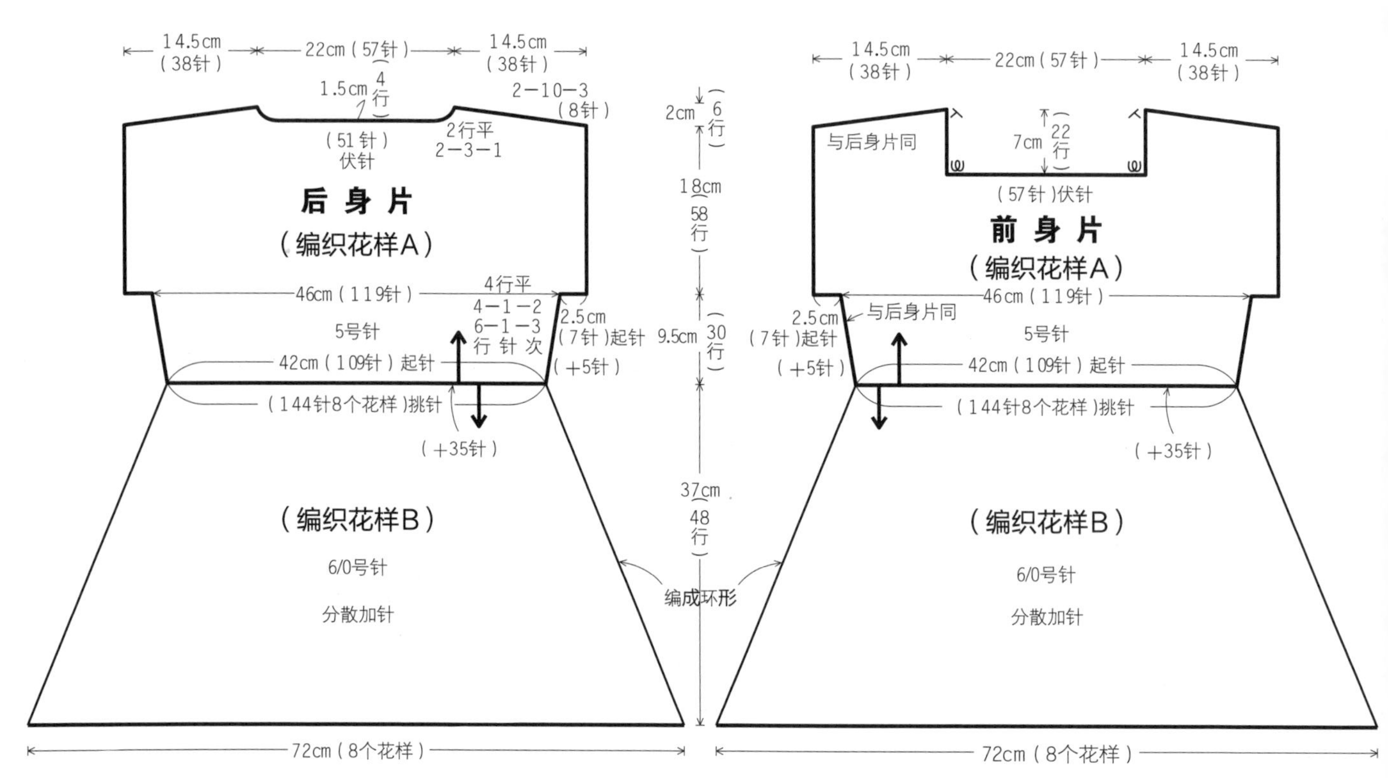

编织花样A

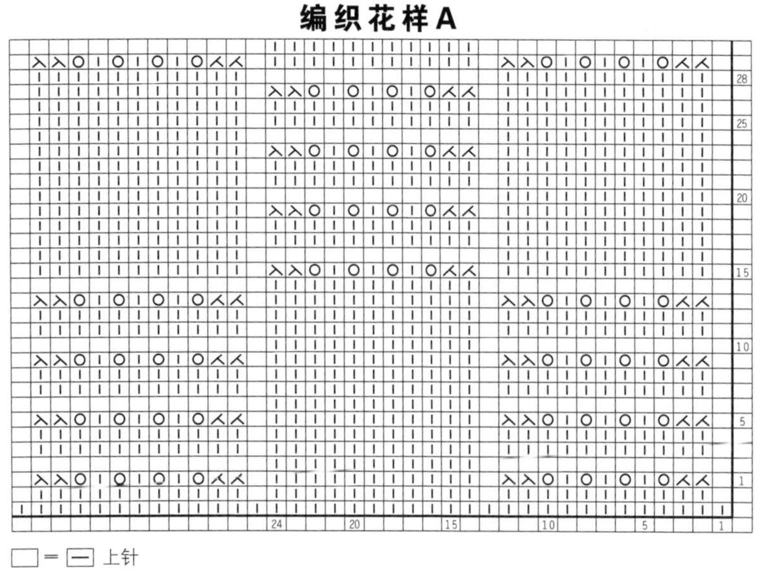

领口、袖口（收边）

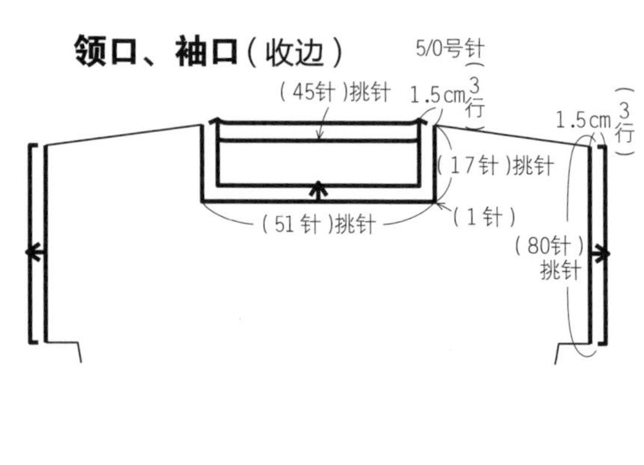

收边

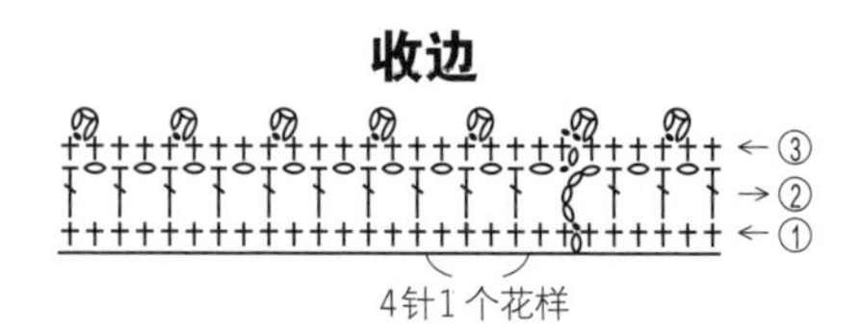

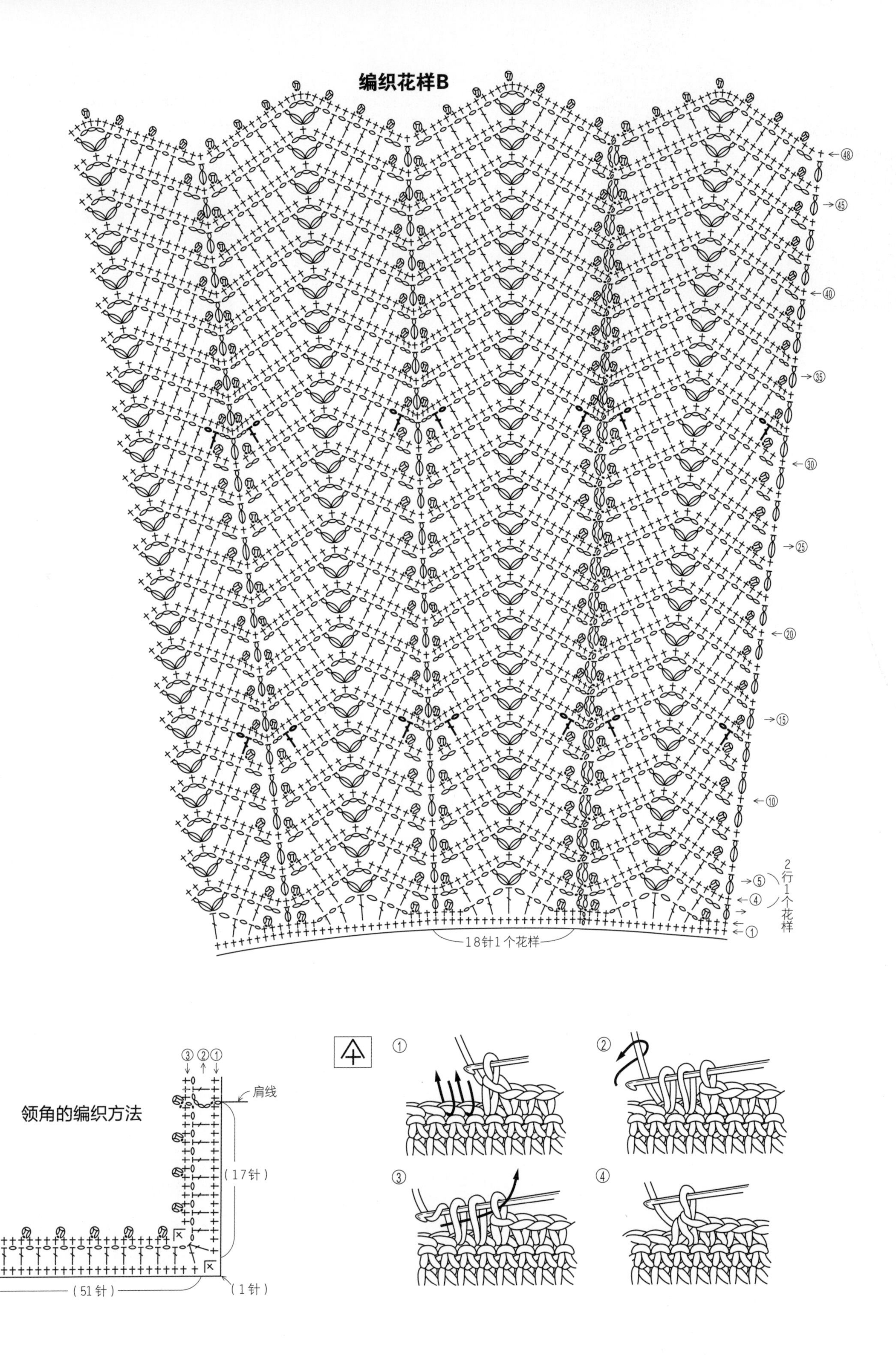
编织花样B
48
45
40
35
30
25
20
15
10
5
4
1
2行1个花样
18针1个花样
领角的编织方法
③ ② ①
肩线
(17针)
(51针)
(1针)
① ② ③ ④

page35

22

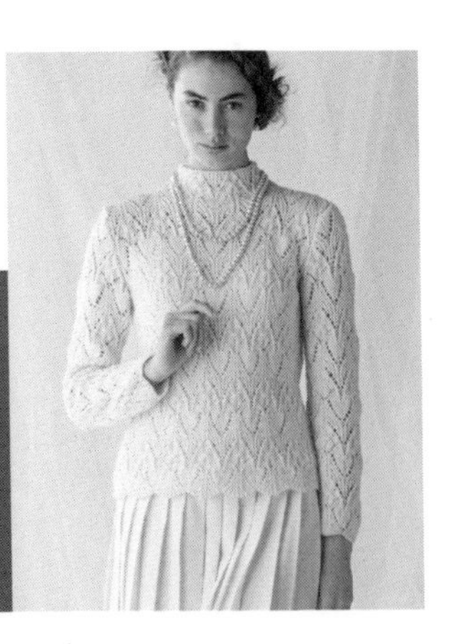

●**材料** DIAEXCEED〈SILKMOHAIR〉（中粗）原色（101）360g/9团

●**工具** 棒针6号、4号、5号、3号

●**成品尺寸** 胸围93cm，背肩宽35cm，身长55cm，袖长55cm

●**密度** 10cm×10cm面积内 编织花样A：28针，31行（6号针）

●**编织方法·组合方法** **身片** 前后身片的下摆处，另线锁针的单罗纹针起针，开始编织。在衣服的整体上布局花样A，用6号针编织，腰部用4号针编织，调整密度。参照图1～图3，袖窿、领窝编织伏针和侧边1针立式减针，前领窝的31针在另线上留针。**袖** 在袖口处做另线锁针的单罗纹针起针，开始编织，参照图4，袖下编织扭加针，袖山编织伏针和侧边1针立式减针。**组合** 肩部前后片正面相对合起，做无缝拼接。衣领，从前后领窝挑取112针，成环形，换棒针号数的同时也要调整密度。编织结尾的针目要做环形的扭针单罗纹针收针。胁部、袖下做挑缀缝合，将衣袖引拔缝合于身片。

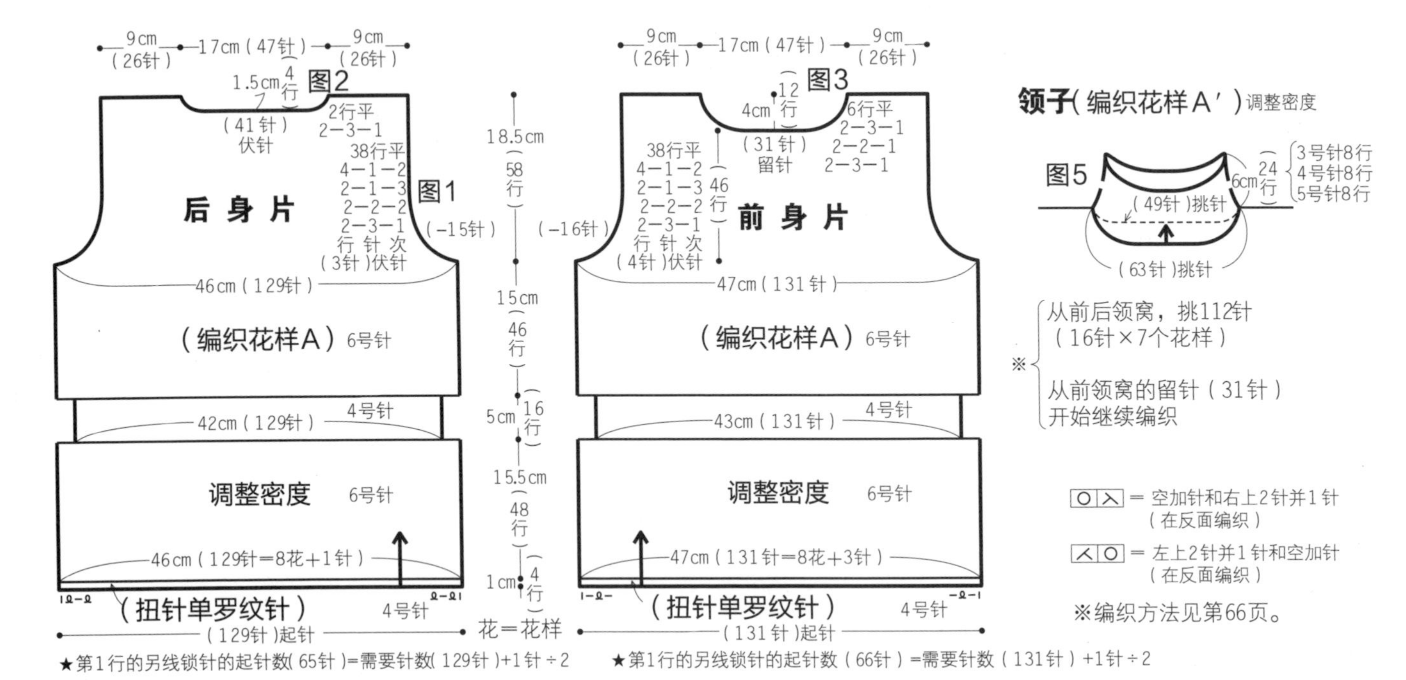

★第1行的另线锁针的起针数（65针）=需要针数（129针）+1针÷2

★第1行的另线锁针的起针数（66针）=需要针数（131针）+1针÷2

○⋌ = 空加针和右上2针并1针（在反面编织）

⋋○ = 左上2针并1针和空加针（在反面编织）

※编织方法见第66页。

袖（编织花样A） 6号针

图4

（19针）伏针　2行平 2-4-1 2-3-1 2-2-5 2-1-7 2-2-3 2-3-1

（-37针）　（4针）伏针

29cm（81针=5花+1针）　2cm（6针）

33cm（93针）

6行平 6-1-2 8-1-9 10-1-2 20-1-1 行 针 次

（+14针）

（扭针单罗纹针编织）

23cm（65针=4花+1针）　（-1针）

（扭针单罗纹针编织） 4号针

（66针）起针

12cm 38行　42cm 130行　1cm 4行

★第1行的另线锁针的起针数（33针）=需要针数（66针）÷2

编织花样A、扭针单罗纹针

编织花样A（30行1个花样）

另线锁针的罗纹针起针

□=□ 上针　◁3|||||▷ = 绕3圈线的打结 见第66页

后身片　前身片　编织起点

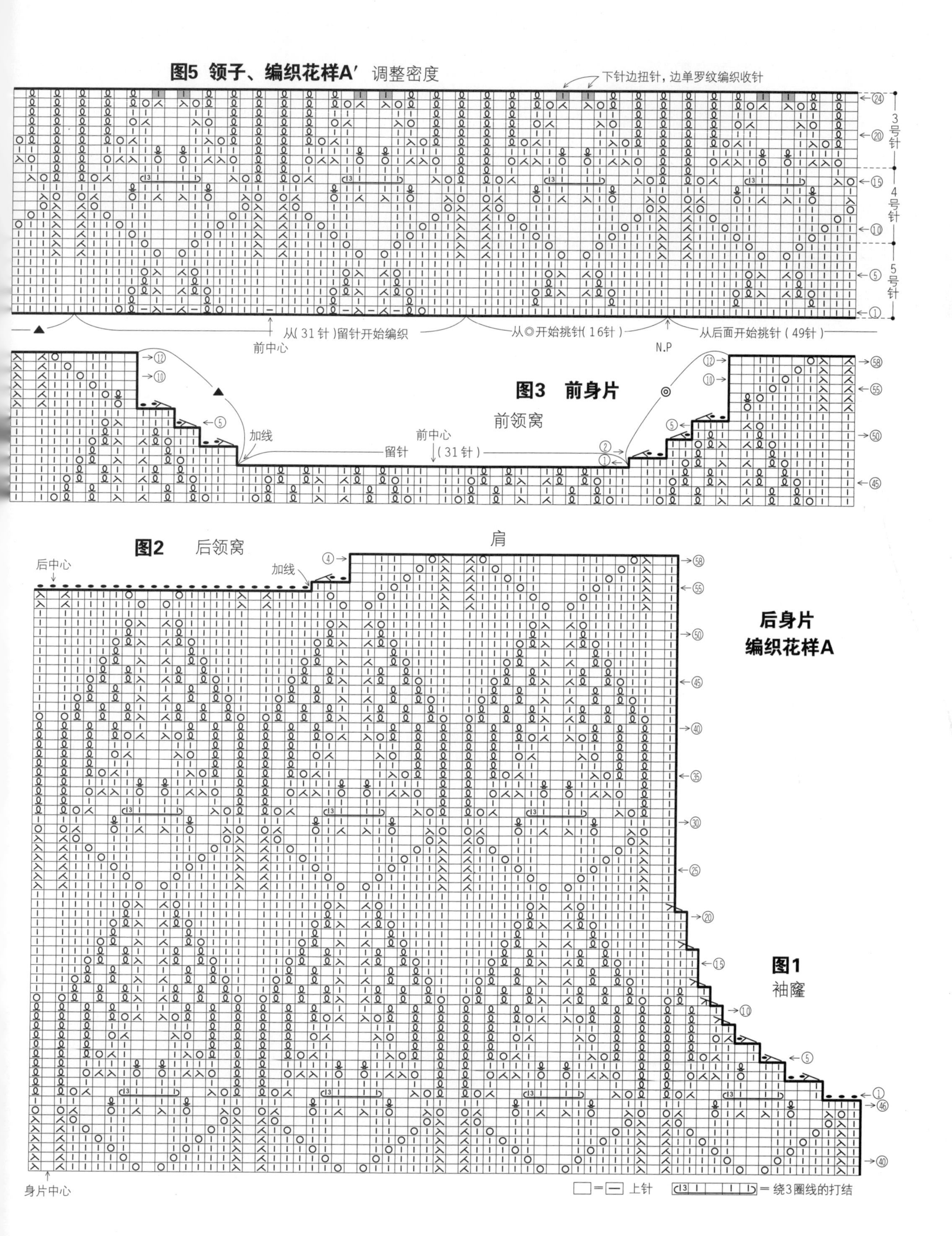

图5 领子、编织花样A′ 调整密度
下针边扭针，边单罗纹编织收针
3号针
4号针
5号针
从(31针)留针开始编织
前中心
从◎开始挑针(16针)
N.P
从后面开始挑针(49针)
图3 前身片
前领窝
加线
前中心
留针
(31针)
图2 后领窝
后中心
加线
肩
后身片
编织花样A
图1
袖窿
身片中心
□=− 上针
=绕3圈线的打结

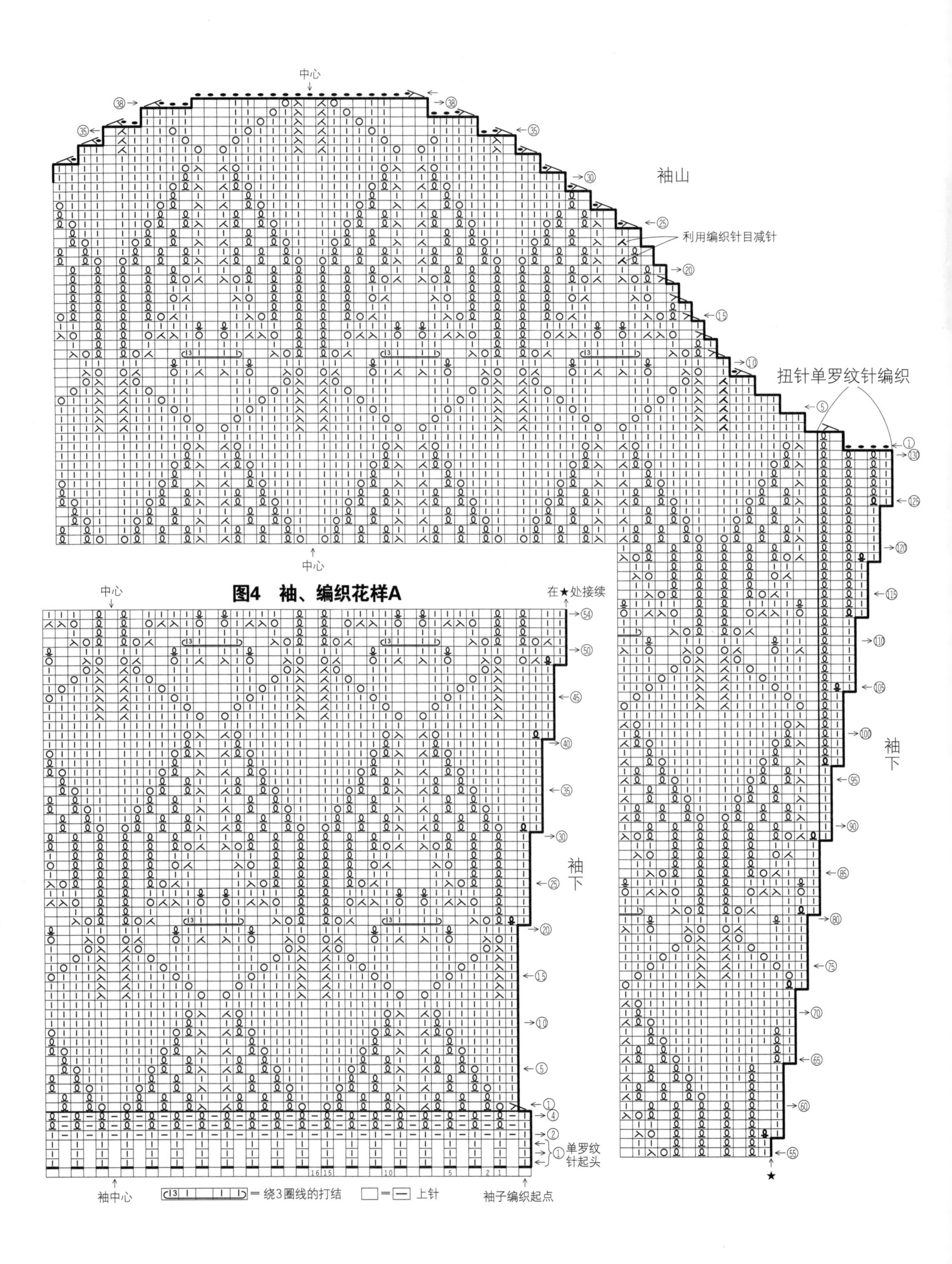
中心
袖山
利用编织针目减针
扭针单罗纹针编织
中心
图4 袖、编织花样A
在★处接续
袖下
袖下
单罗纹针起头
袖中心
=绕3圈线的打结
= 上针
袖子编织起点

page36

23

●**材料** DIASILKSUFURE（中粗）原色（301） 套衫 300g/9团，手套50g/2团

●**工具** 棒针6号、5号、4号、3号

●**成品尺寸** 胸围92cm，肩宽33cm，身长54cm，袖长23cm；手掌周长18cm，长23.5cm

●**密度** 10cm×10cm面积内 编织花样A：（套衫）30针，31行

●**编织方法・组合方法 身片** 在身片下摆处做另线锁针的单罗纹针起针，开始编织，在腰部做分散减针和加针。袖窿和领窝参照图1和图2减针编织。**袖** 按照和身片相同的要领做单罗纹针起针，袖下的加针、袖山的减针参照图3编织。

组合 肩部前后片正面相对合起，做无缝拼接，胁部、袖下做挑缀缝合。将衣袖引拔缝合于身片。衣领要挑针编织花样B，终点的针目，一边将下针扭转一边做单罗纹针收针。手套参照第130页的图4～图6编织。

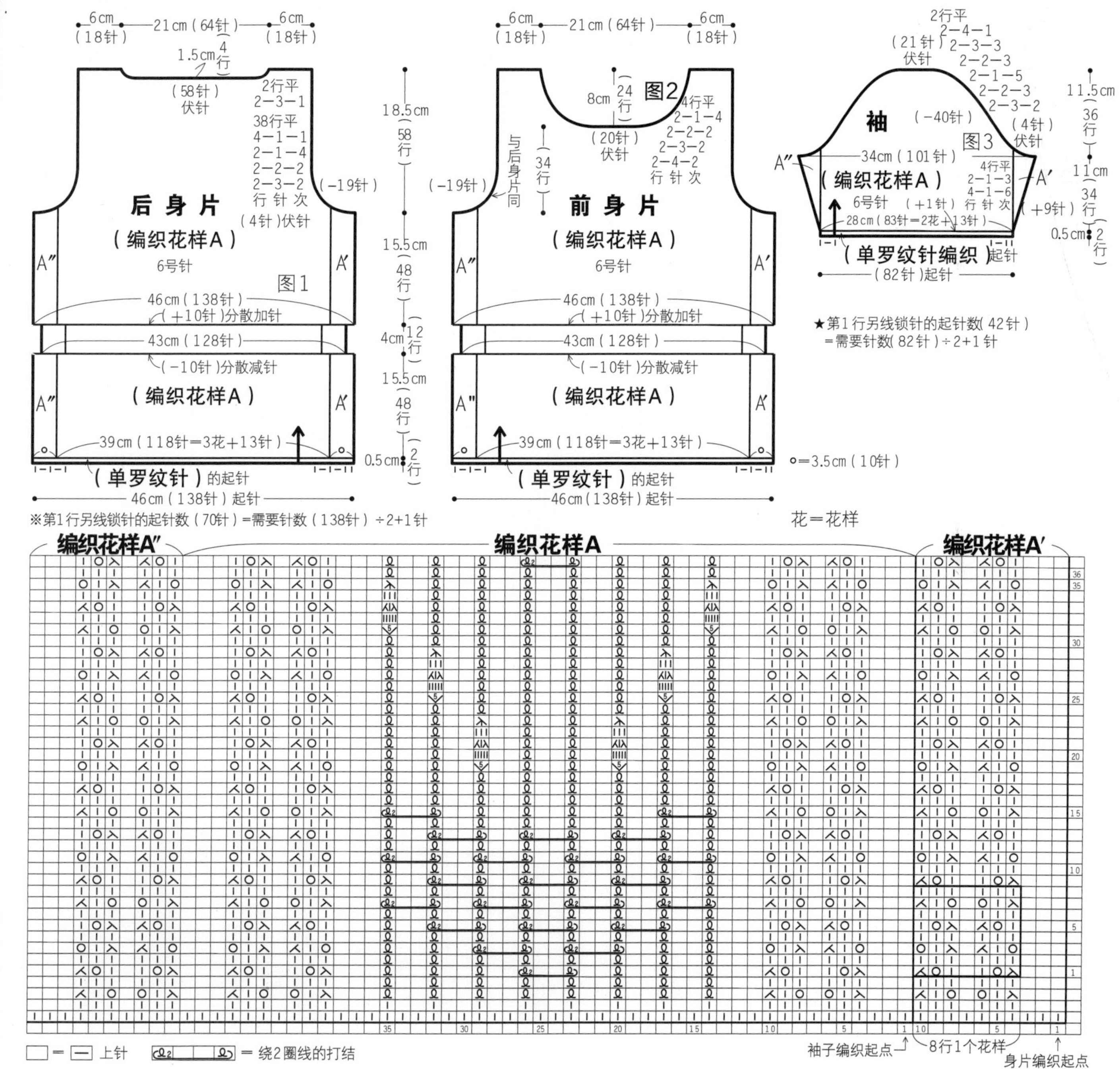

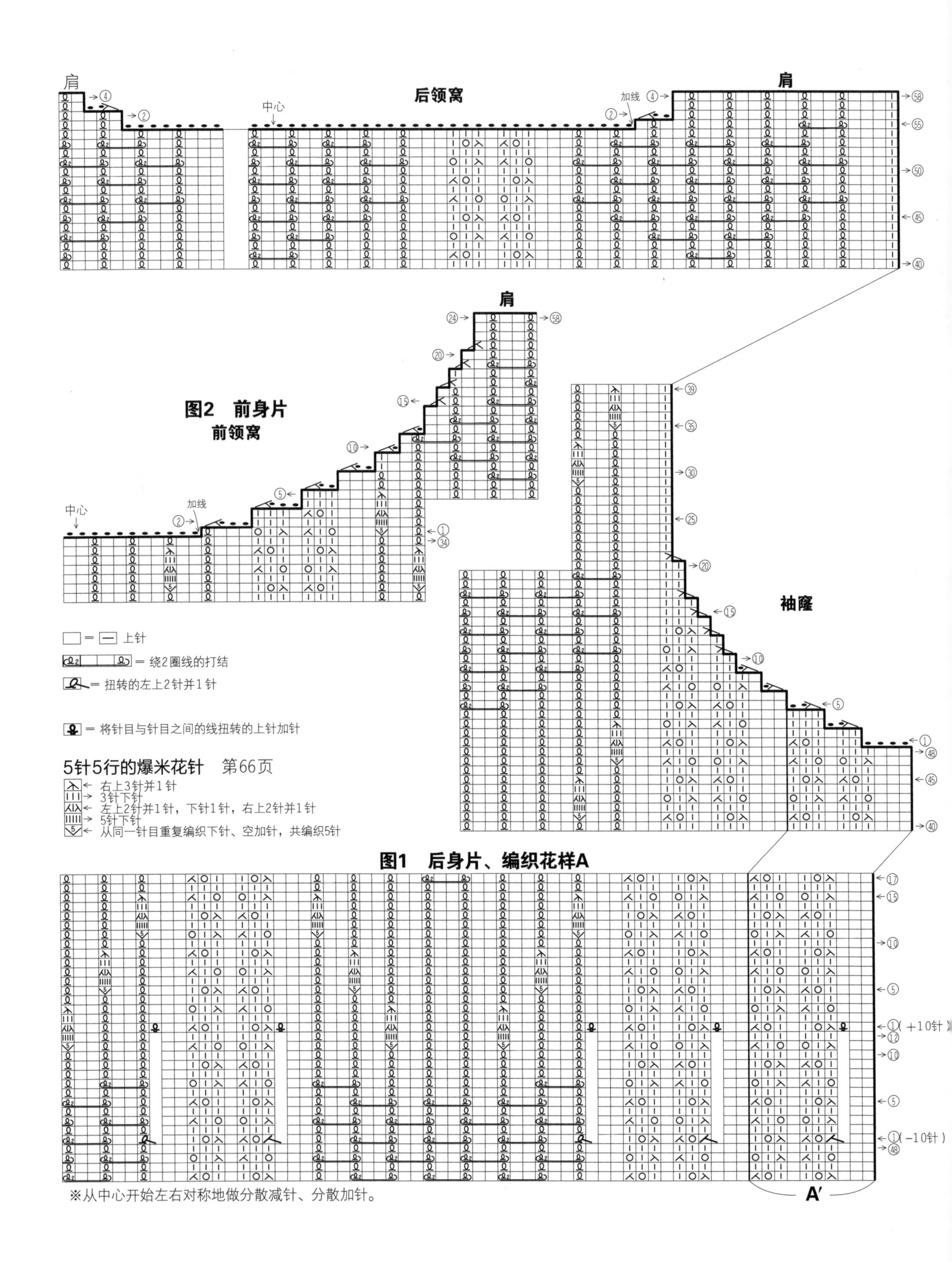

※从中心开始左右对称地做分散减针、分散加针。

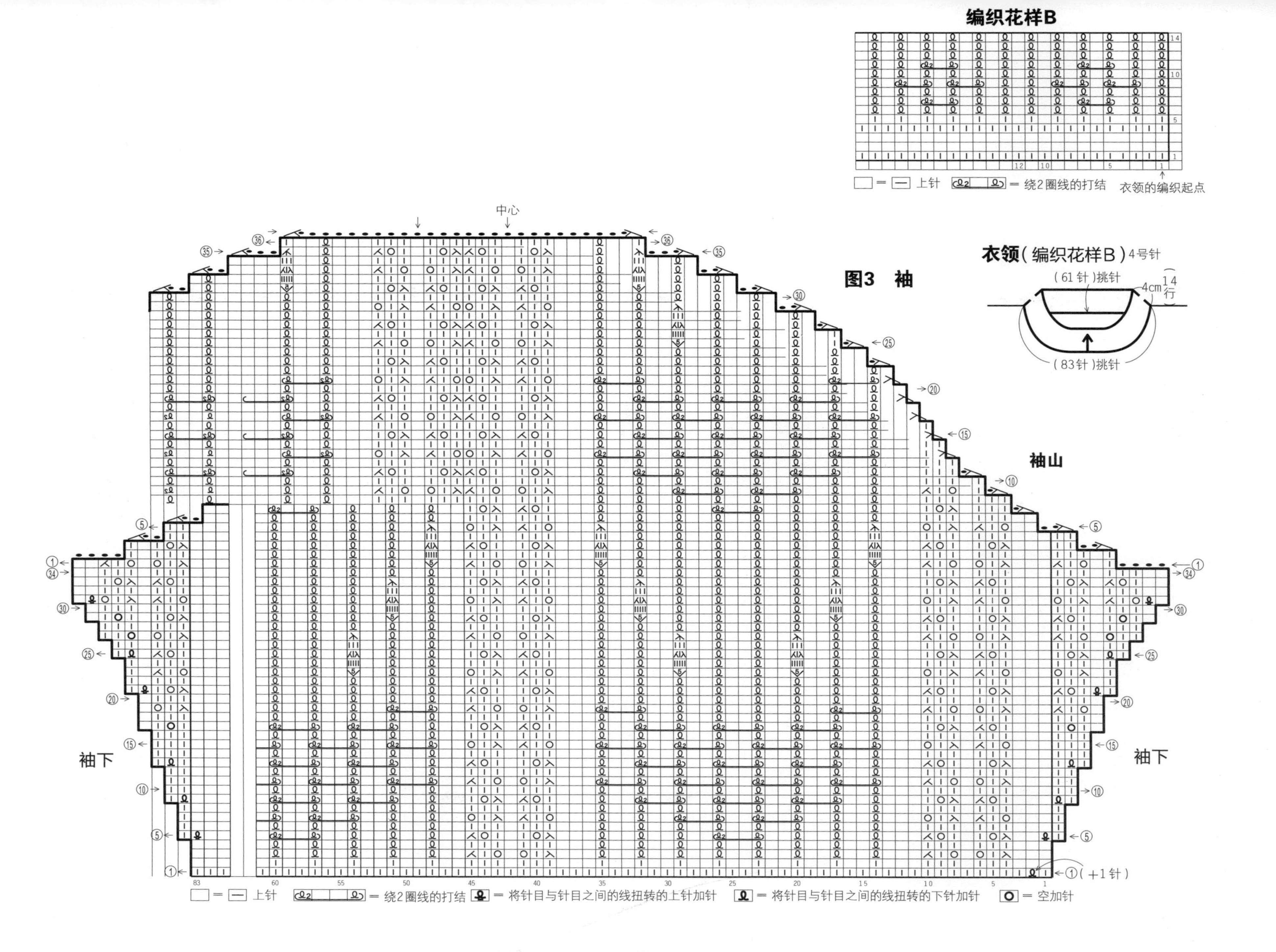
编织花样B
□ = − 上针 ⌒2 = 绕2圈线的打结
衣领的编织起点
衣领（编织花样B）4号针
（61针）挑针
4cm 14行
（83针）挑针
图3 袖
中心
袖山
袖下
袖下
（+1针）
□ = − 上针 ⌒2 = 绕2圈线的打结 = 将针目与针目之间的线扭转的上针加针 = 将针目与针目之间的线扭转的下针加针 ○ = 空加针

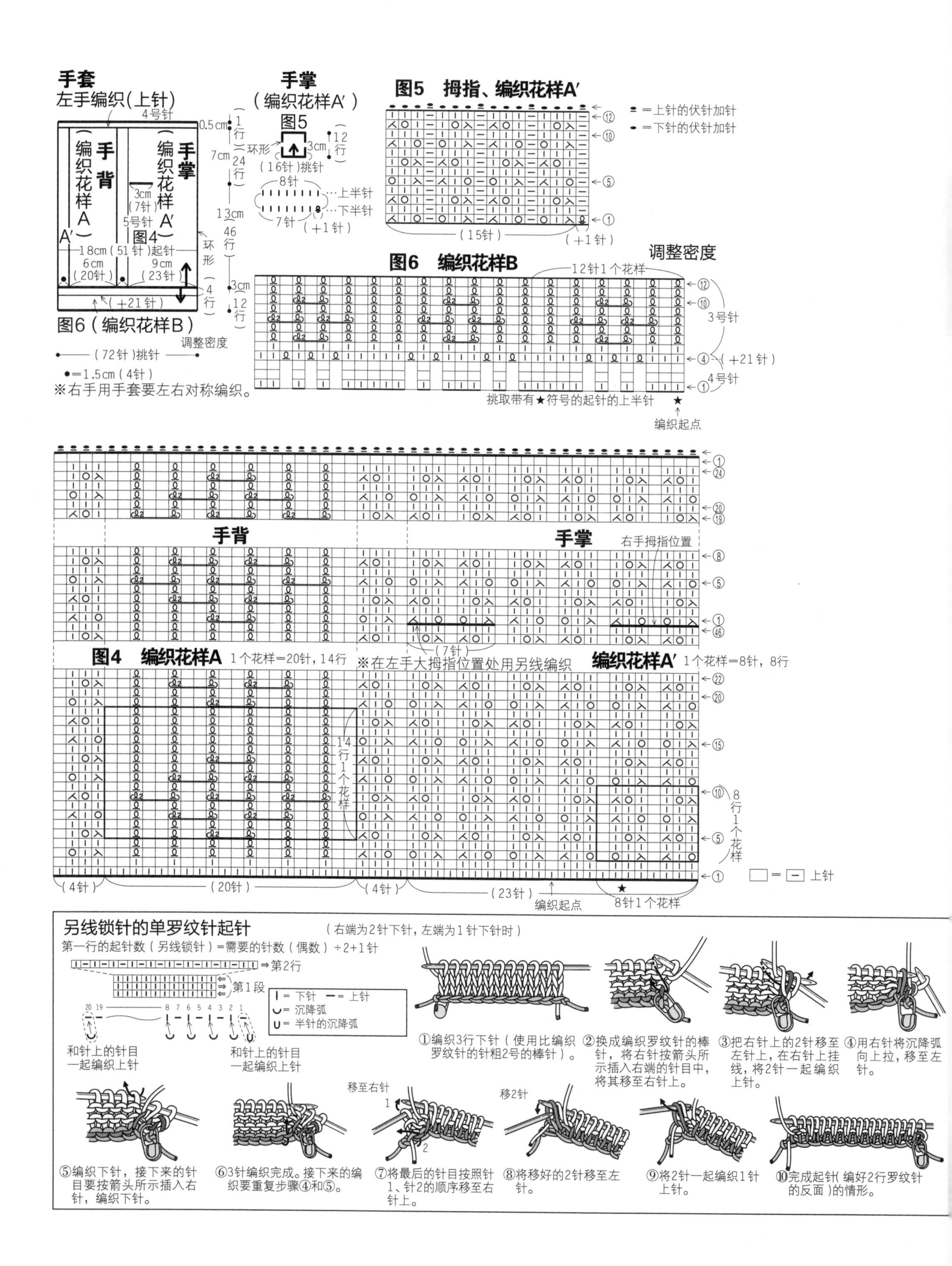
手套
左手编织(上针)
4号针
(编织花样A′) 手背
(编织花样A′) 手掌
3cm (7针)
5号针 图4
18cm(51针)起针
6cm (20针)
9cm (23针)
环形
(+21针)
图6(编织花样B)
调整密度
(72针)挑针
●=1.5cm(4针)
※右手用手套要左右对称编织。
0.5cm 1行
7cm 24行
13cm 46行
3cm 12行
4行
手掌
(编织花样A′)
图5
3cm
环形
(16针)挑针
12行
8针
…上半针
…下半针
7针
(+1针)
图5 拇指、编织花样A′
(15针)
(+1针)
=上针的伏针加针
=下针的伏针加针
图6 编织花样B
调整密度
12针1个花样
3号针
(+21针)
4号针
挑取带有★符号的起针的上半针
编织起点
手背
手掌
右手拇指位置
(7针)
图4 编织花样A 1个花样=20针,14行
※在左手大拇指位置处用另线编织
编织花样A′ 1个花样=8针,8行
14行1个花样
8行1个花样
=上针
(4针)
(20针)
(4针)
(23针)
编织起点
8针1个花样
另线锁针的单罗纹针起针
(右端为2针下针,左端为1针下针时)
第一行的起针数(另线锁针)=需要的针数(偶数)÷2+1针
⇒第2行
⇒第1段
| = 下针 — = 上针
◡= 沉降弧
∪= 半针的沉降弧
和针上的针目一起编织上针
和针上的针目一起编织上针
①编织3行下针(使用比编织罗纹针的针粗2号的棒针)。
②换成编织罗纹针的棒针,将右针按箭头所示插入右端的针目中,将其移至右针上。
③把右针上的2针移至左针上,在右针上挂线,将2针一起编织上针。
④用右针将沉降弧向上拉,移至左针。
⑤编织下针,接下来的针目要按箭头所示插入右针,编织下针。
⑥3针编织完成。接下来的编织要重复步骤④和⑤。
移至右针
⑦将最后的针目按照针1、针2的顺序移至右针上。
移2针
⑧将移好的2针移至左针。
⑨将2针一起编织1针上针。
⑩完成起针(编好2行罗纹针的反面)的情形。

page38

24

●**材料** TASMANIAN MERINO〈LAME〉(中粗)加入金银线的原色(601)230g/6团，直径1cm的纽扣、卡扣各2个

●**工具** 棒针5号、4号、3号

●**成品尺寸** 胸围92cm，背肩宽36cm，身长55.5cm

●**密度** 10cm×10cm面积内 编织花样A、B均为27针，33行

●**编织方法・组合方法** **身片** 在身片下摆处另线锁针起针，开始编织，腰部换用较细的4号棒针编织，调整密度。胁部在1针内侧编织扭针的加针，袖窿、领窝的减针参照图1和图2编织。下摆的平针，解开另线锁针的起针，挑针，编织两行，最后的针目，从正面织上针伏针收针。**组合** 将肩部前后片正面相对合起，做无缝拼接，胁部做挑缀缝合。衣领从身片领窝上挑针，编织花样C。编织终点的针目，一边将下针扭转一边织单罗纹针收针。袖口要环形挑针，编织花样D，下针要一边扭转一边织单罗纹针收针。

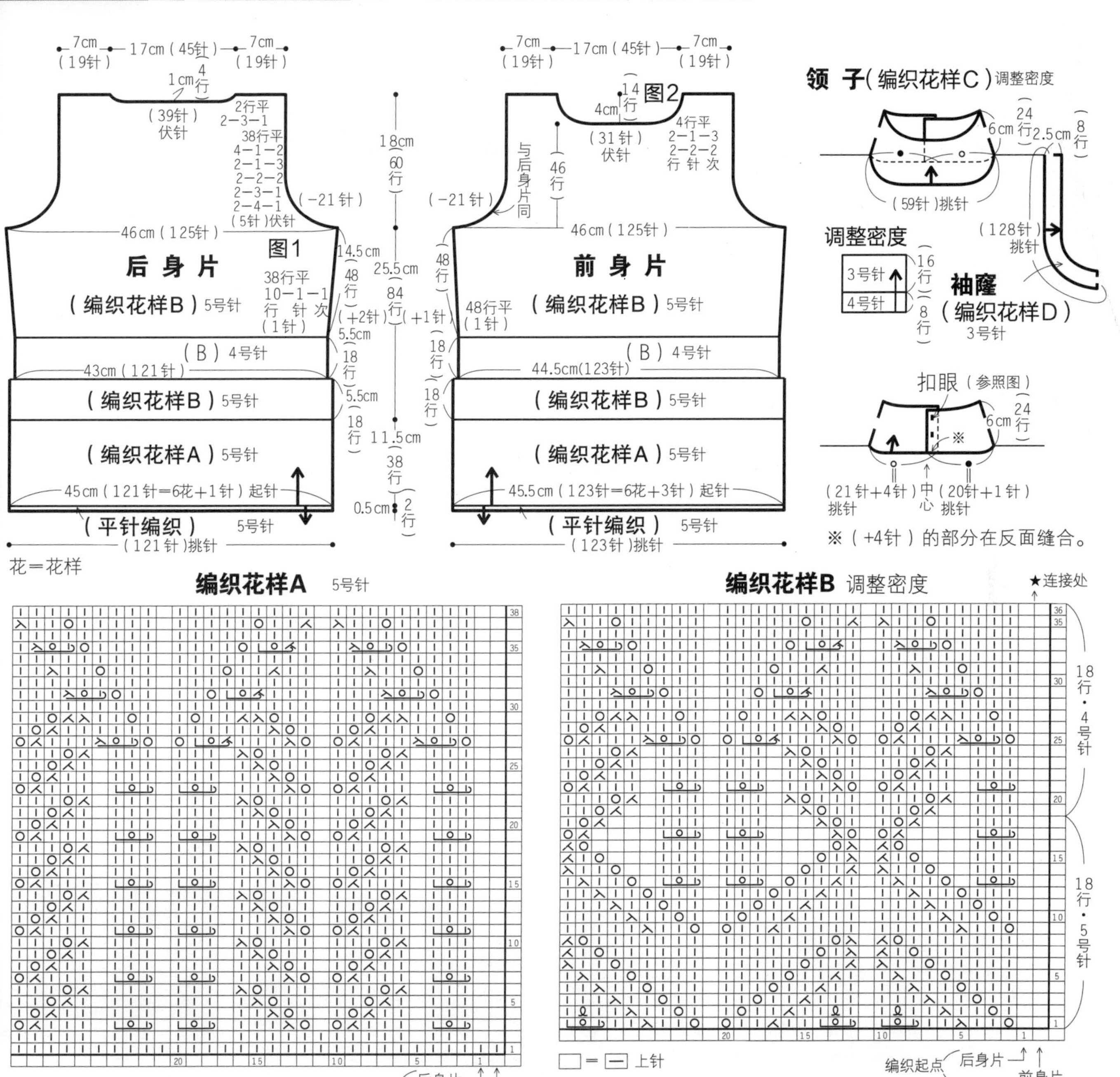

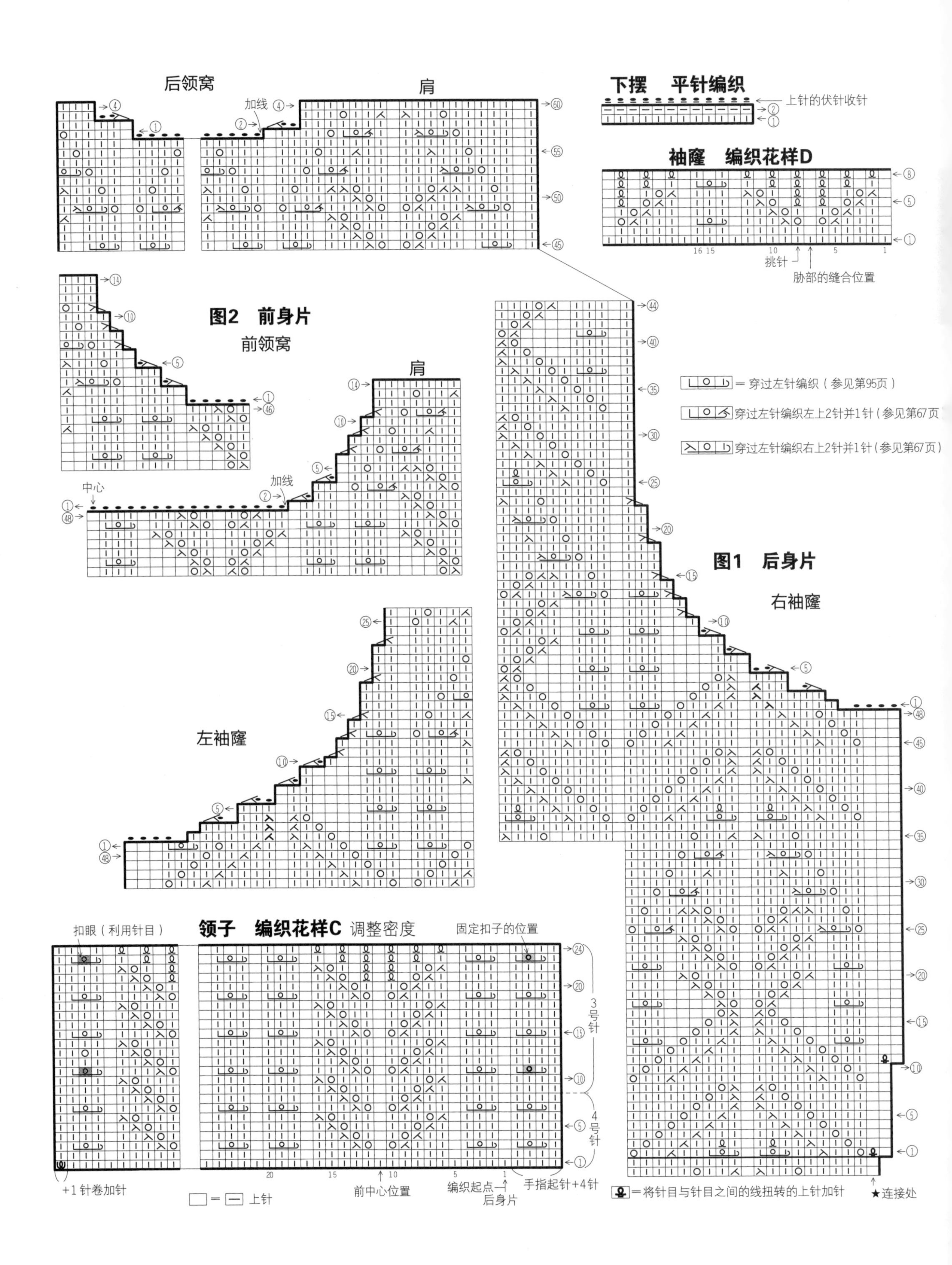

后领窝
肩
下摆 平针编织
上针的伏针收针
袖窿 编织花样D
16 15
10
5
1
挑针
胁部的缝合位置
图2 前身片
前领窝
肩
加线
中心
图1 后身片
右袖窿
= 穿过左针编织（参见第95页）
穿过左针编织左上2针并1针（参见第67页）
穿过左针编织右上2针并1针（参见第67页）
左袖窿
领子 编织花样C 调整密度
扣眼（利用针目）
固定扣子的位置
3号针
4号针
+1针卷加针
= 上针
20
15
10
5
1
前中心位置
编织起点
后身片
手指起针+4针
=将针目与针目之间的线扭转的上针加针
★连接处

page40

25

●**材料** TASMANIAN MERINO〈LAME〉（中粗）加入金银线的原色（601）279g / 7团

●**工具** 棒针5号、4号

●**成品尺寸** 胸围94cm，背肩宽33cm，身长41.5cm，袖长56cm

●**密度** 10cm×10cm面积内 编织花样A、B均为27针，33行

●**编织方法·组合方法** **身片** 在身片下摆处另线锁针起针，开始编织，布局花样A与花样B。袖窿、领窝的减针要编织针和侧边1针立式减针。下摆，一边解开另线锁针的起针一边挑针，将平针编织1个山，做上针的伏针收针。**袖** 按照和身片一样的要领起针，开始编织，参照图6，在花样A′和花样B的切换位置上加2针。袖下要在一针内侧编织扭针的加针，袖山编织伏针和侧边1针立式减针。**组合** 将肩部前后片正面相对合起，做无缝拼接，胁部、袖下做挑缀缝合。前襟、衣领要从身片挑针编织，终点的针目织上针的伏针收针。将衣袖引拔缝合于身片袖窿。

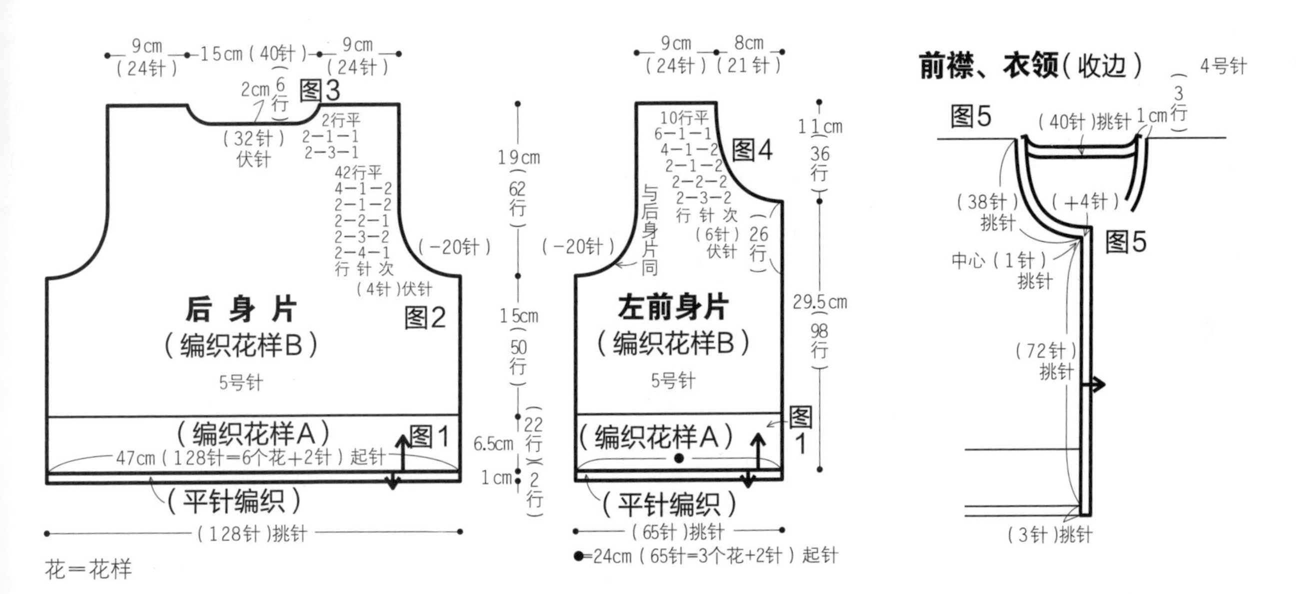

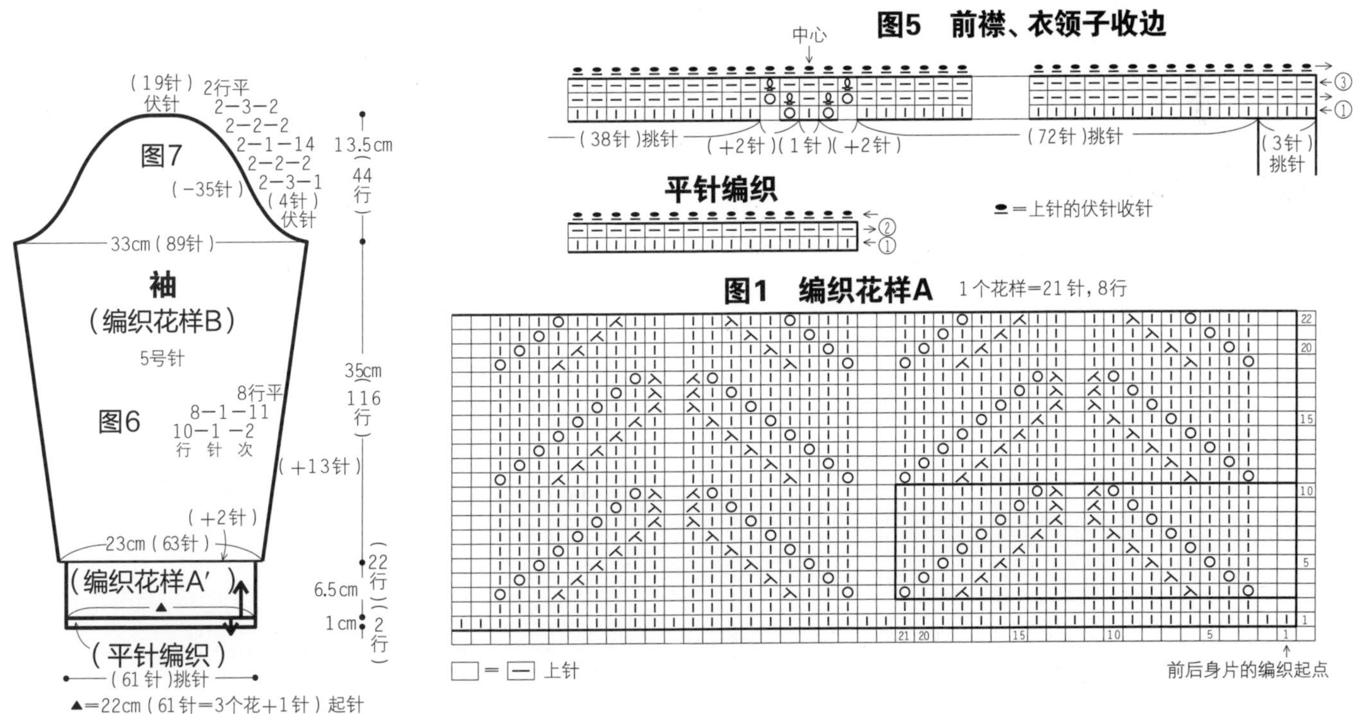

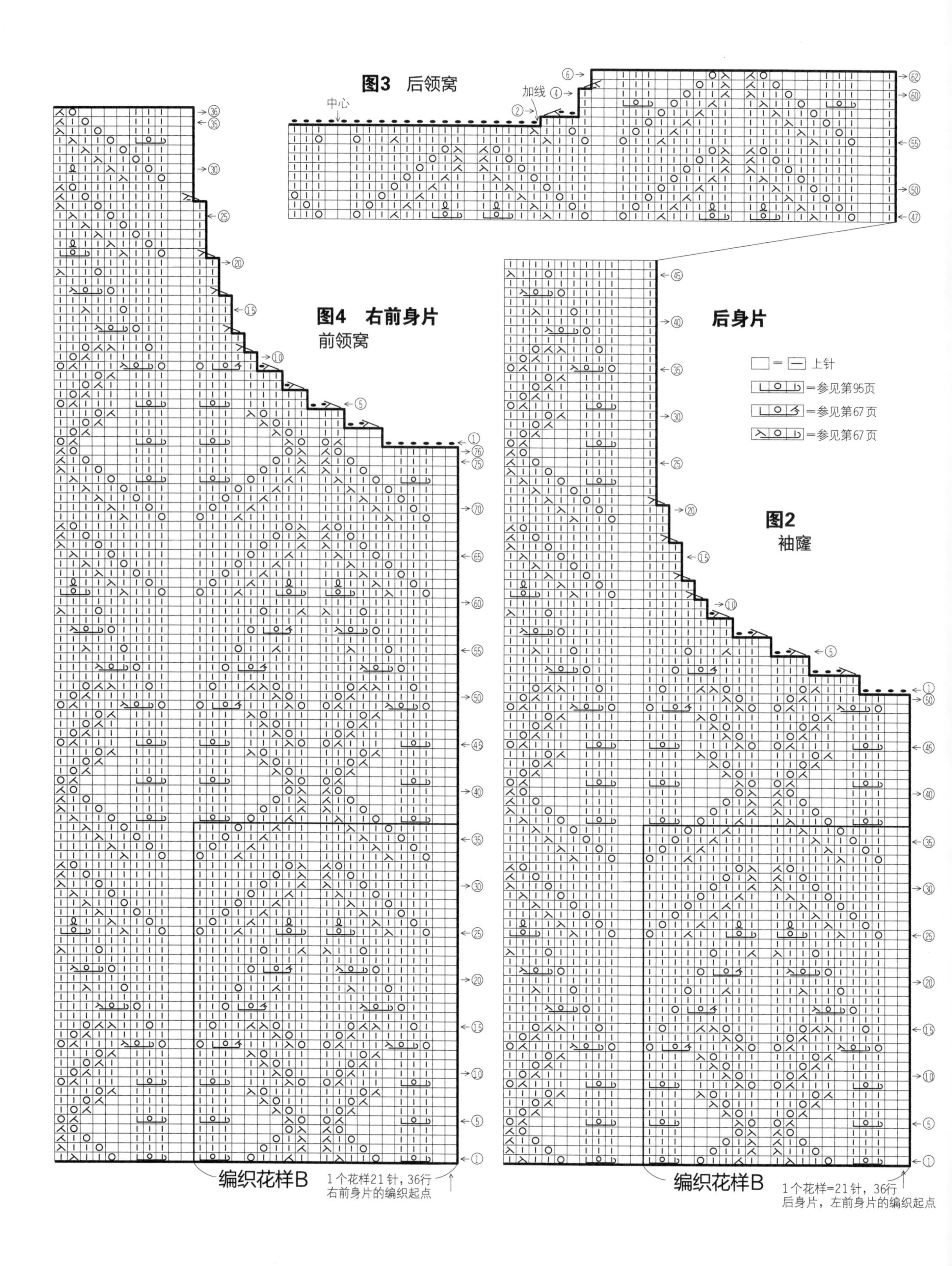
图3 后领窝
中心
加线
图4 右前身片
前领窝
后身片
图2
袖窿
= 上针
=参见第95页
=参见第67页
=参见第67页
编织花样B
1个花样21针，36行
右前身片的编织起点
编织花样B
1个花样=21针，36行
后身片，左前身片的编织起点

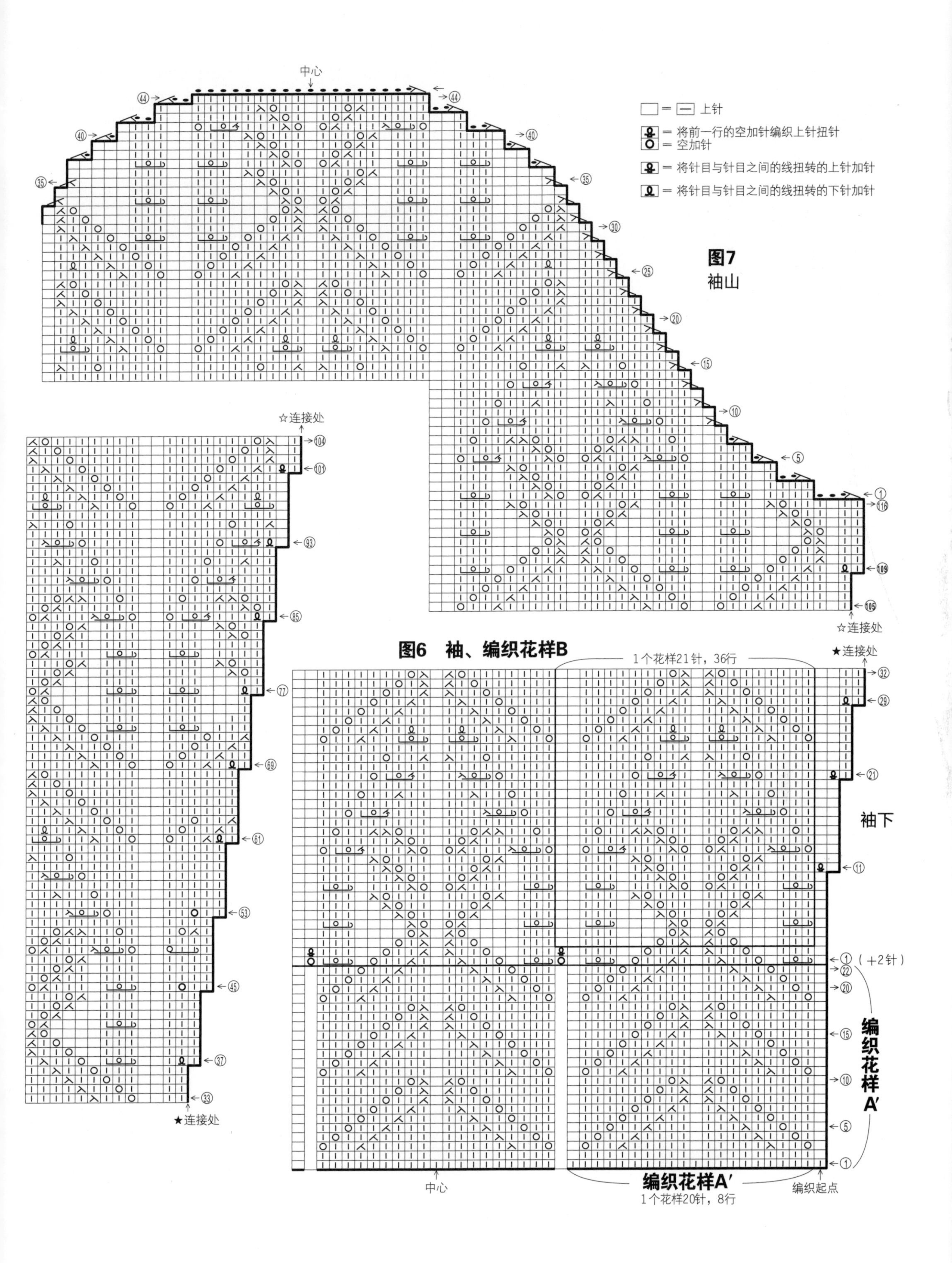
中心
44
40
35
30
25
20
15
10
5
1
116
109
105
☆连接处
□ = ⊟ 上针
= 将前一行的空加针编织上针扭针
○ = 空加针
= 将针目与针目之间的线扭转的上针加针
= 将针目与针目之间的线扭转的下针加针
图7
袖山
☆连接处
104
101
93
85
77
69
61
53
45
37
33
★连接处
图6 袖、编织花样B
1个花样21针，36行
★连接处
32
29
21
袖下
11
1 （+2针）
22
20
15
10
5
1
编织花样A'
中心
编织花样A'
1个花样20针，8行
编织起点

●**材料** TASMANIAN MERINO（中粗）白色（701）440g/11团，直径1.8cm的纽扣6个

●**工具** 棒针6号、4号

●**成品尺寸** 胸围97cm，身长52.5cm，袖长70.5cm

●**密度** 10cm×10cm面积内 编织花样A、A′均为27针，33行；编织花样B、B′、C均为27cm，37.5行

●**编织方法·组合方法** **身片** 前后身片和袖均为另线锁针起针，开始编织，参照图1～图4编织。腋下（5针）用另线留针。前后育克，按照右前身片、右袖、后身片、左袖、左前身片的顺序挑针，参照图5一边分散减针一边编织。育克之后，将衣领编织花样D，结尾的针目，一边扭转下针一边织单罗纹针收针。身片下摆、袖口的编织花样D，一边解开起针一边挑针编织，结尾的针目要按照和衣领相同的要领收针。**组合** 对准身片和袖的符号拼接，胁部、袖下做挑缀缝合。前襟处参照下图，一边在第5行制作扣眼一边编织。在左前襟上装上扣子，完成。

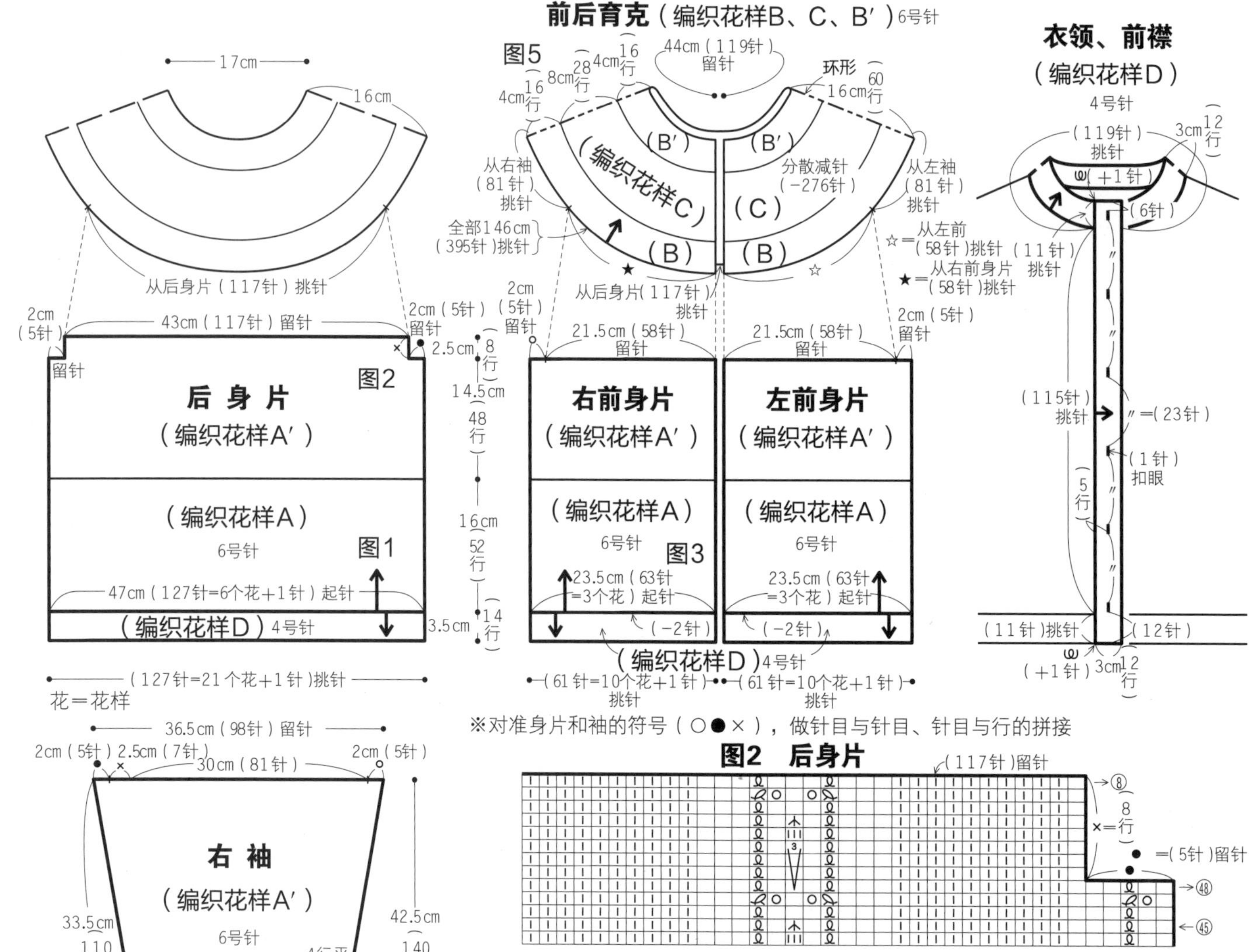

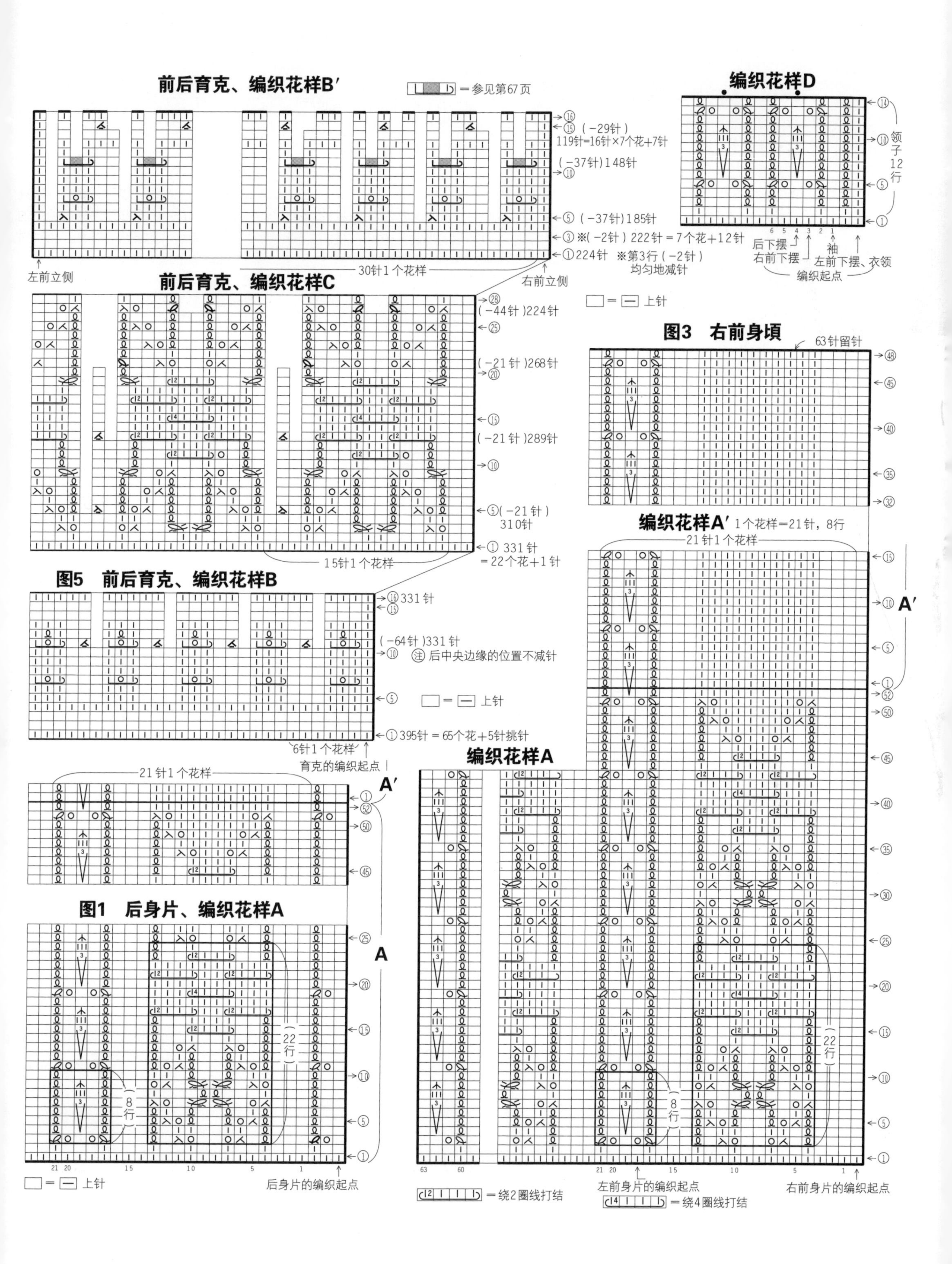
前后育克、编织花样B′
＝参见第67页
⑯
⑮（－29针）
119针＝16针×7个花＋7针
（－37针）148针
⑩
⑤（－37针）185针
③※（－2针）222针＝7个花＋12针
①224针 ※第3行（－2针）
均匀地减针
左前立侧
30针1个花样
右前立侧
编织花样D
⑭
⑩ 领子12行
⑤
①
后下摆
右前下摆
袖
左前下摆、衣领
编织起点
前后育克、编织花样C
㉘（－44针）224针
㉕
（－21针）268针
⑳
⑮
（－21针）289针
⑩
⑤（－21针）
310针
① 331针
＝22个花＋1针
15针1个花样
□＝㊀ 上针
图3 右前身頃
63针留针
编织花样A′ 1个花样＝21针，8行
21针1个花样
A′
图5 前后育克、编织花样B
⑯331针
⑮
（－64针）331针
⑩ 注 后中央边缘的位置不减针
⑤
①395针＝65个花＋5针挑针
6针1个花样
育克的编织起点
□＝㊀ 上针
21针1个花样
A′
编织花样A
图1 后身片、编织花样A
A
22行
8行
后身片的编织起点
□＝㊀ 上针
左前身片的编织起点
右前身片的编织起点
＝绕2圈线打结
＝绕4圈线打结

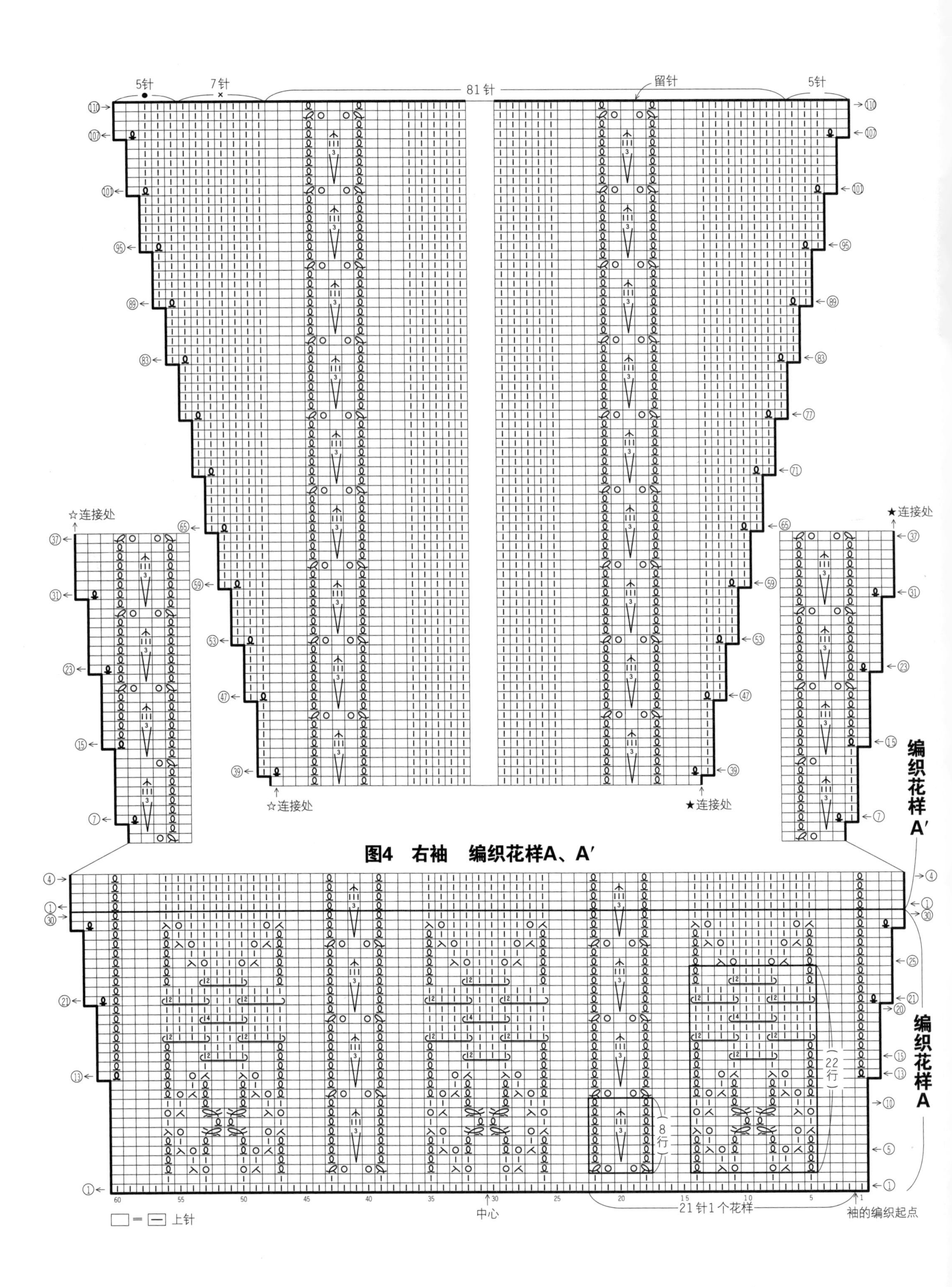

5针
7针
81针
留针
5针
☆连接处
★连接处
☆连接处
★连接处
图4 右袖 编织花样A、A′
编织花样A′
编织花样A
8行
22行
中心
21针1个花样
袖的编织起点
= 上针

page43

27

●**材料** DIANATALE（中粗）蓝色、红紫色系段染线（103）220g/8团

●**工具** 棒针7号、5号、4号、6号、8号

●**成品尺寸** 胸围94cm，背肩宽41cm，身长60.5cm，袖长9.5cm

●**密度** 10cm×10cm面积内 编织花样A：（7号针）24针，33行；编织花样B：（5号针）24针，30行

●**编织方法·组合方法 身片** 前后身片，另线锁针起针，开始编织，参照图示，一边换针号，一边布局编织花样A′、B、A。袖的腋下的8针用另线留针。下摆的双罗纹针，一边解开另线锁针的起针一边挑针编织，结尾的针目织双罗纹针收针。**组合** 将肩部前后片正面相对合起，做无缝拼接。袖，从身片挑针编织花样B′。袖的腋下做针目与行的拼接，胁部、袖下做挑缀缝合。衣领，从前后领窝挑取指定针数，挑针成环形，参照衣领的密度调整，一边变换针号一边按照花样C编织61行。最后，编织两行双罗纹针，终点的针目，配合织片编织双罗纹针收针，要织得稍微紧一些。

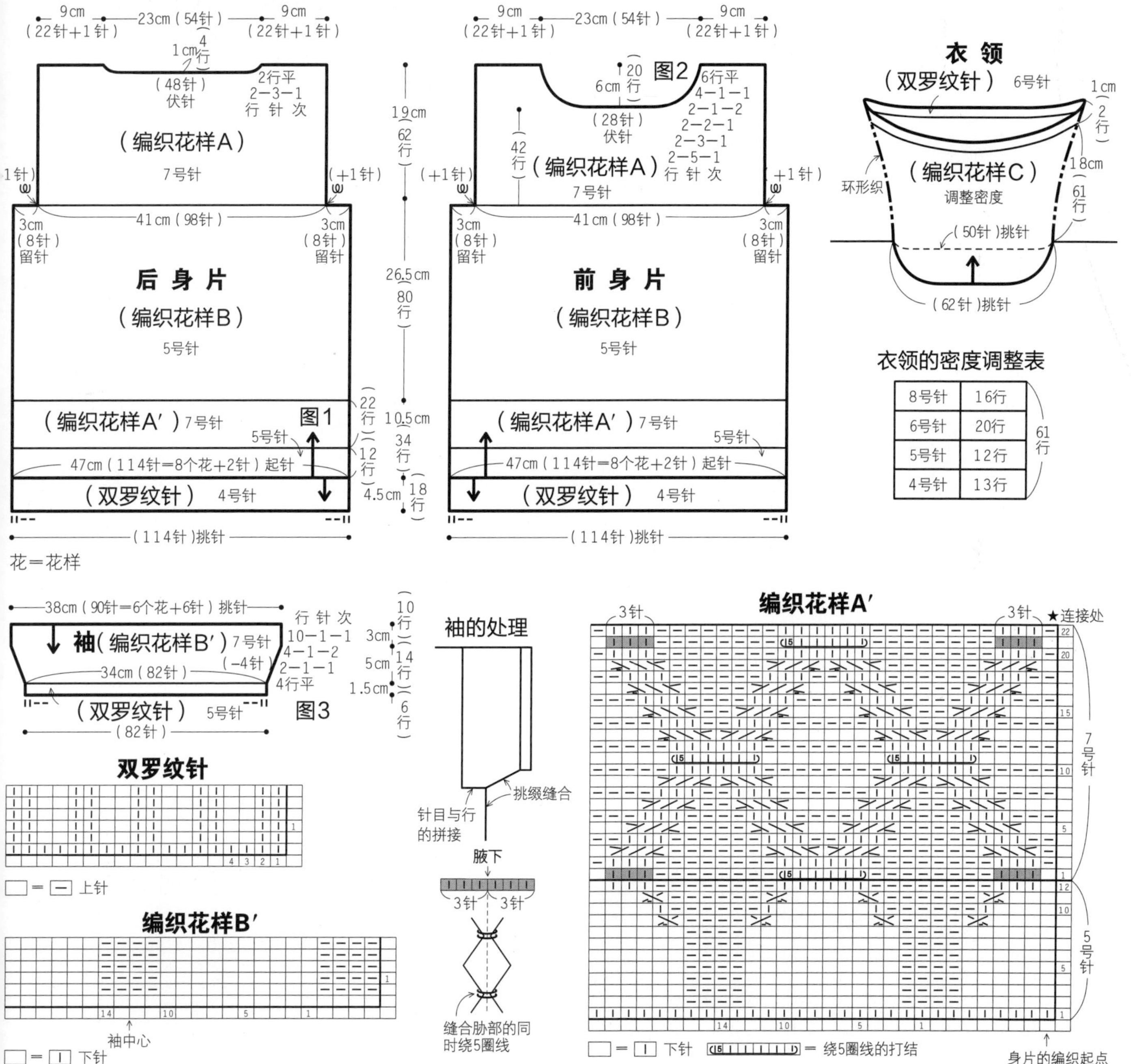

8号针	16行
6号针	20行
5号针	12行
4号针	13行

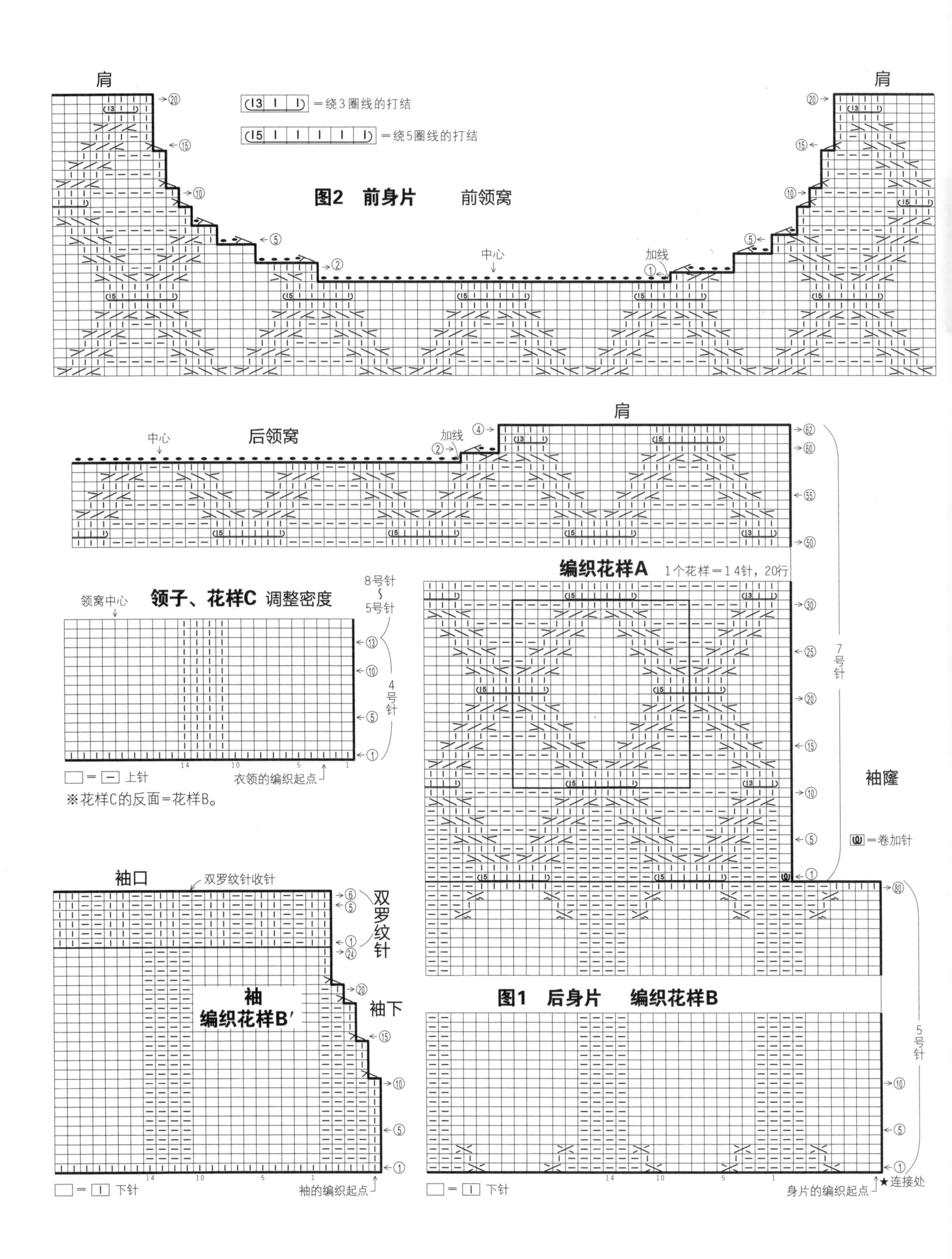

肩
肩
=绕3圈线的打结
=绕5圈线的打结
图2 前身片
前领窝
中心
加线
后领窝
中心
加线
肩
领子、花样C 调整密度
领窝中心
8号针
5号针
4号针
= 上针
衣领的编织起点
※花样C的反面=花样B。
编织花样A
1个花样=14针，20行
7号针
袖窿
=卷加针
袖口
双罗纹针收针
双罗纹针
袖
编织花样B′
袖下
= 下针
袖的编织起点
图1 后身片 编织花样B
5号针
= 下针
身片的编织起点
★连接处

page44

28

●**材料** TASMANIAN MERINO〈MULTI〉（中粗）红紫色系段染线（217）310g/8团

●**工具** 棒针5号

●**成品尺寸** 胸围92cm，背肩宽34cm，身长53.5cm，袖长55cm

●**针数** 10cm×10cm面积内 下针24针，31行；编织花样A：31针，31行；编织花样B：2cm=8针，10cm=32行

●**编织方法·组合方法** **身片** 前后身片下摆的收边，在后身片的中心位置手指起针，参照图1～图3编织，前身片的收边做往返编织。终点的针目用另线留针。前后身片分别从下摆的收边行挑针开始编织。前身片收边的接合方法参照图4。**袖** 手指起针，开始编织。袖口，另线锁针起针，编织花样B，和起针做弹性拼接。**组合** 将肩部前后片正面相对合起，做无缝拼接，胁部、袖下做挑缀缝合。衣领按照和袖口相同的要领编织，和领窝做针目与行的拼接。将衣袖引拔缝合于身片。

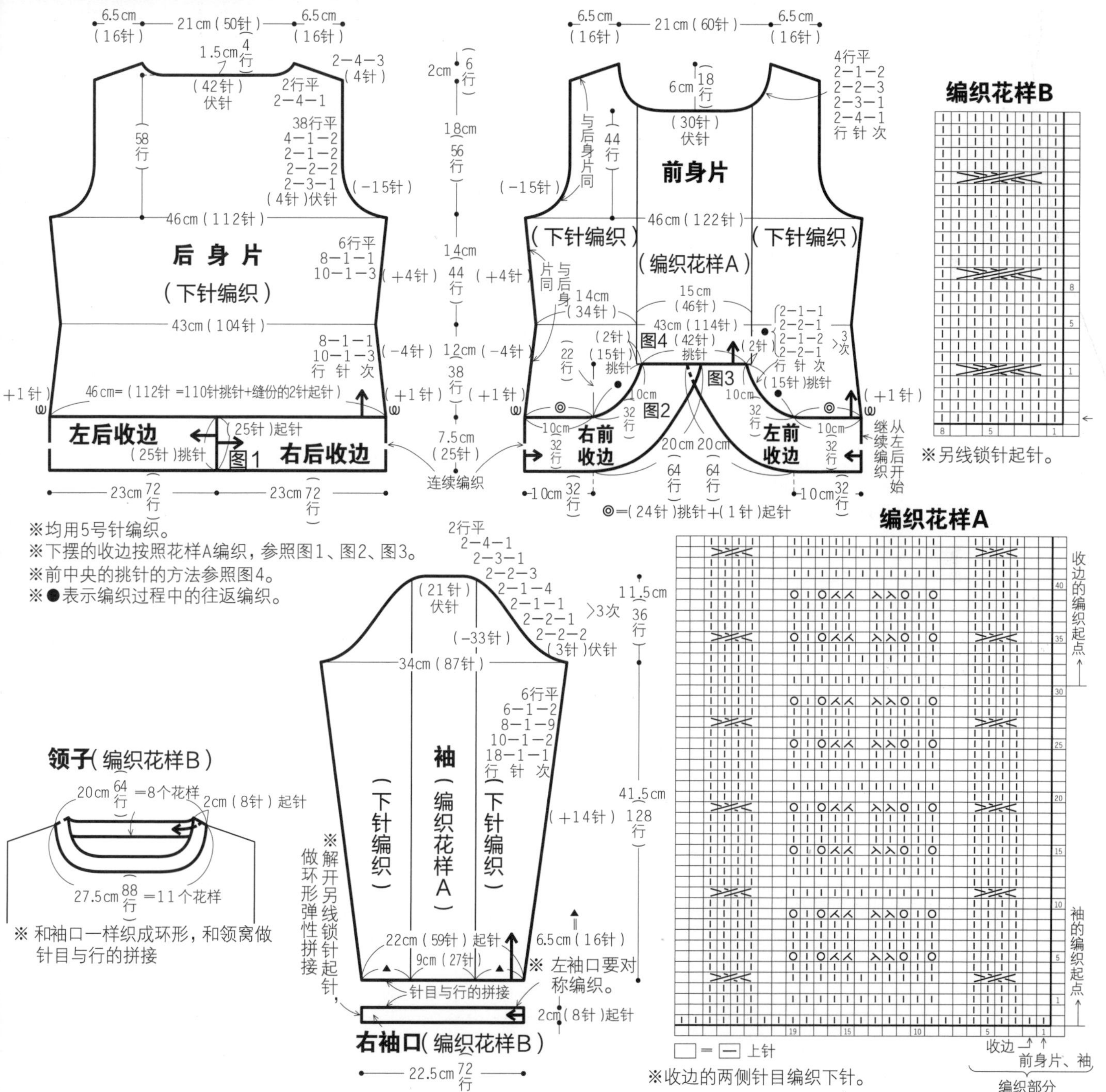

前身片收边的连接方法 图4

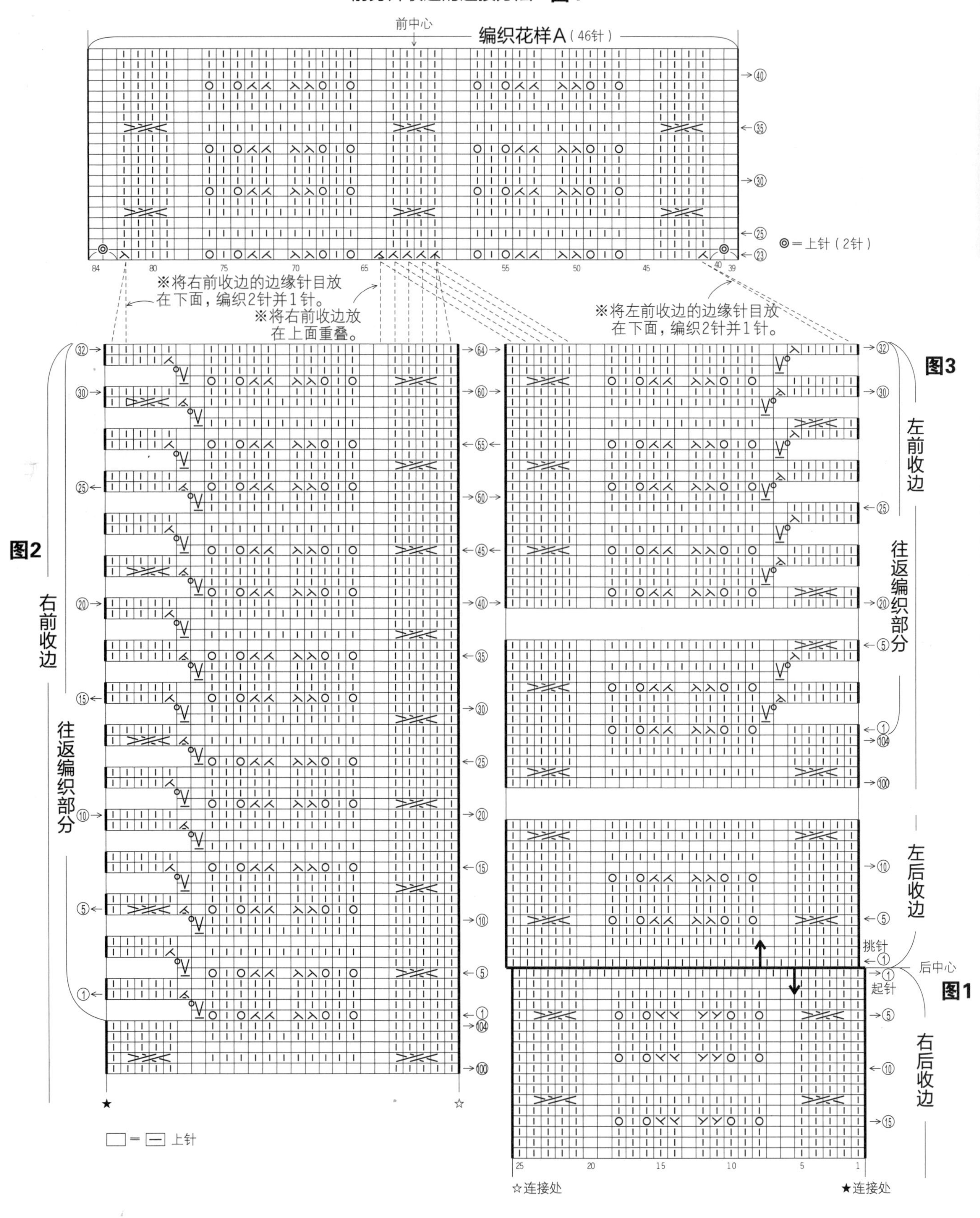

page46

30

●**材料** DIADOMINA（中粗） 灰色深浅段染线（336）360g/9团

●**工具** 棒针11号、8号

●**成品尺寸** 宽48.5cm，长168cm

●**密度** 10cm×10cm面积内 编织花样A：27.5针，23行；下针编织：17针，23行；平针编织：17针，26行

●**编织方法·组合方法** **身片** 在双罗纹针的切换位置处另线锁针起针，按照图示布局编织花样和下针。参照图1，在第53行的口袋位置处加入另线。参照图2，领尖，在和花样编织的分界处加减针。平针和花样编织的行数的密度差做往返编织。在第325行，另一侧的口袋位置加入另线。编织376行，编织双罗纹针，终点的针目参照第144页，织双罗纹针收针。**组合** 袋口，解开另线，编织双罗纹针，口袋的内片要挑针编织，缝合在主体上。一边解开另线锁针起针，一边挑针，编织双罗纹针。

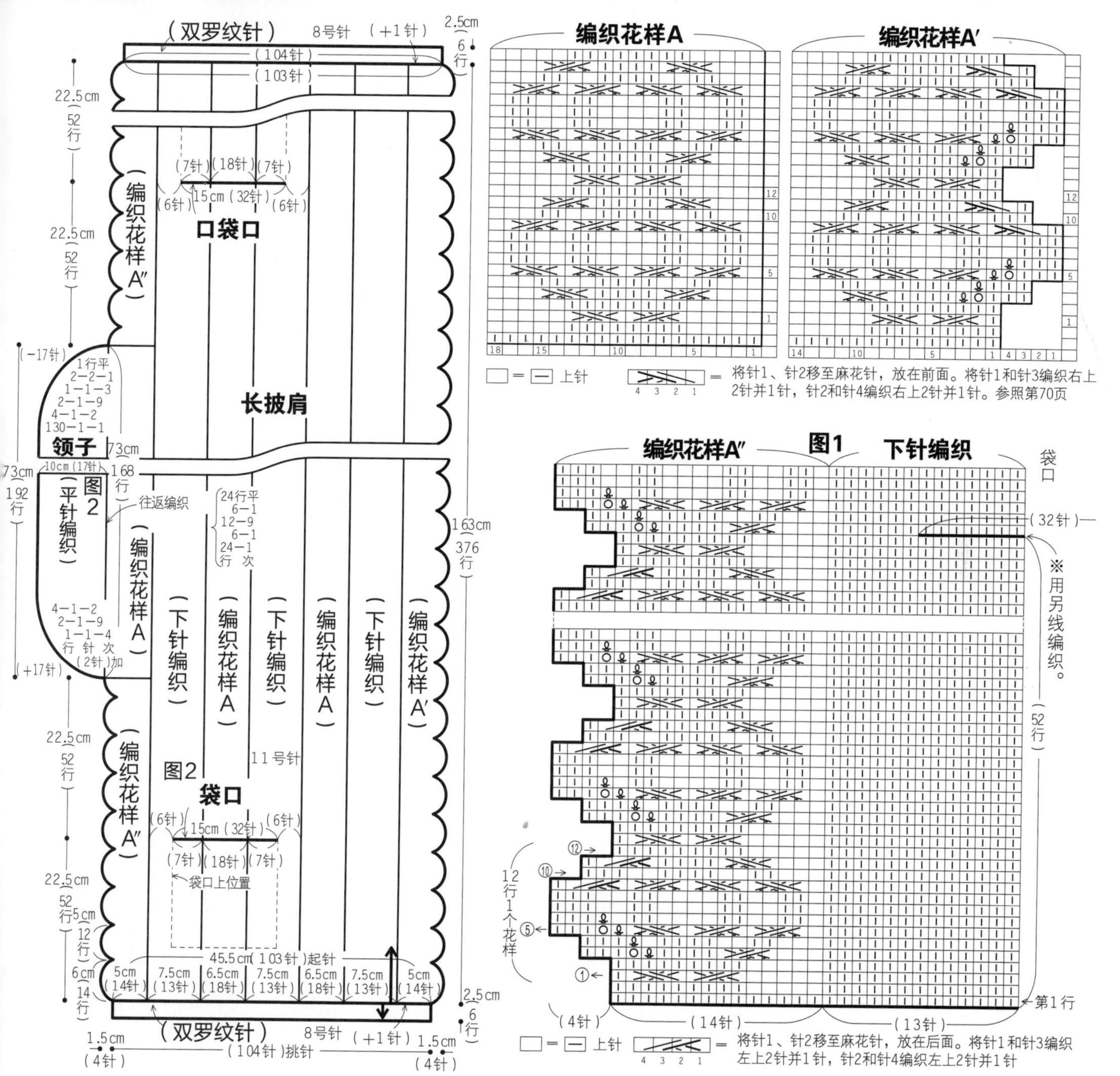

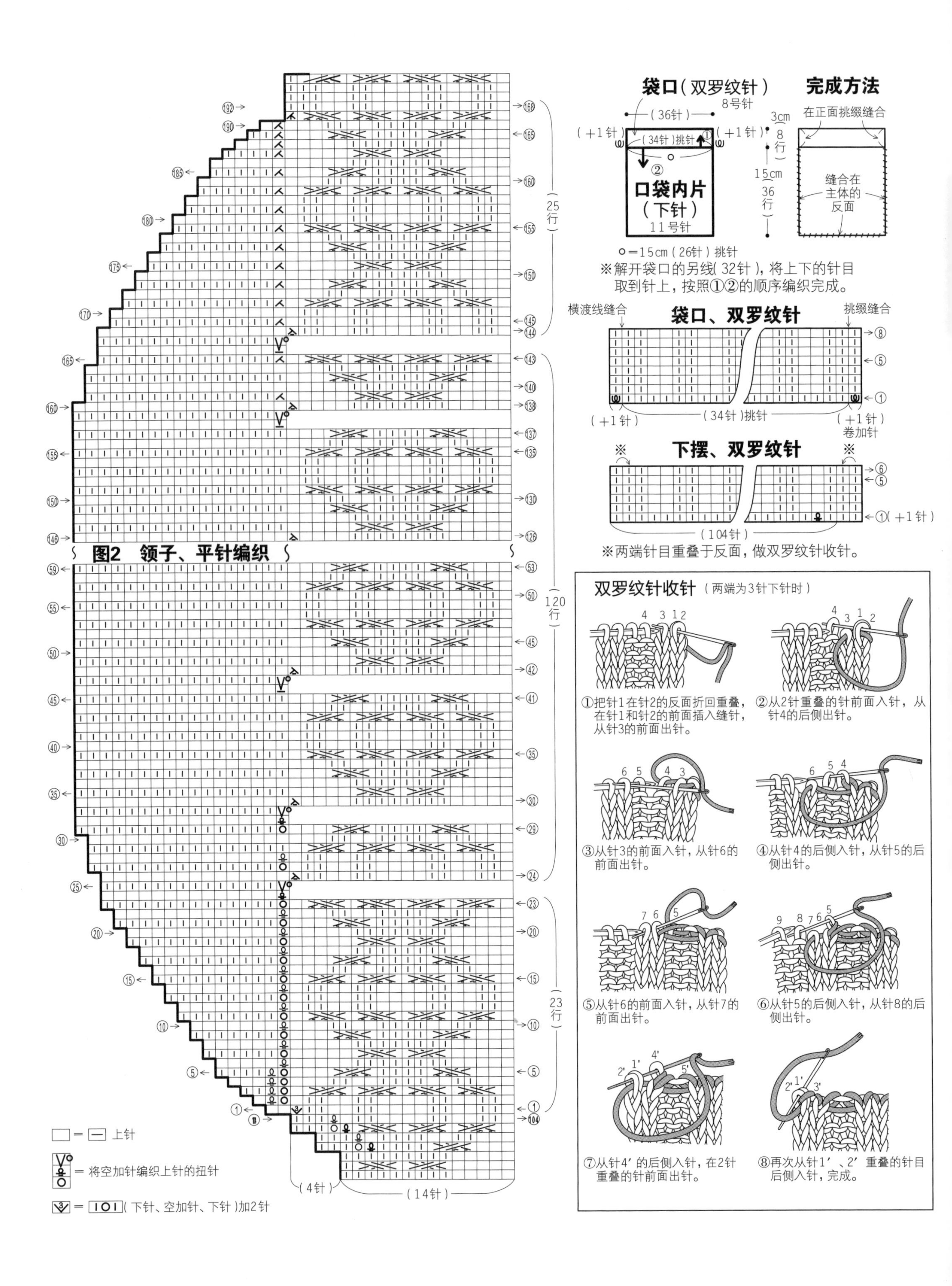
图2 领子、平针编织
25行
120行
23行
(4针)
(14针)
□=㊀ 上针
= 将空加针编织上针的扭针
= |Ⅰ〇Ⅰ|(下针、空加针、下针)加2针
袋口(双罗纹针)
8号针
(36针)
(+1针)
(34针)挑针
(+1针)
口袋内片
(下针)
11号针
○=15cm(26针)挑针
※解开袋口的另线(32针),将上下的针目取到针上,按照①②的顺序编织完成。
完成方法
在正面挑缀缝合
3cm
8行
15cm
36行
缝合在主体的反面
横渡线缝合
袋口、双罗纹针
挑缀缝合
(+1针)
(34针)挑针
(+1针)
卷加针
下摆、双罗纹针
(104针)
①(+1针)
※两端针目重叠于反面,做双罗纹针收针。
双罗纹针收针(两端为3针下针时)
①把针1在针2的反面折回重叠,在针1和针2的前面插入缝针,从针3的前面出针。
②从2针重叠的针前面入针,从针4的后侧出针。
③从针3的前面入针,从针6的前面出针。
④从针4的后侧入针,从针5的后侧出针。
⑤从针6的前面入针,从针7的前面出针。
⑥从针5的后侧入针,从针8的后侧出针。
⑦从针4′的后侧入针,在2针重叠的针前面出针。
⑧再次从针1′、2′重叠的针目后侧入针,完成。

●**材料** TASMANIAN MERINO〈AMORE〉（中粗）棕色系段染线（801）310g/9团
●**工具** 棒针7号、5号
●**成品尺寸** 胸围104cm，身长49cm，袖长71.5cm
●**密度** 10cm×10cm面积内 下针编织：21针，29行；编织花样：31针，29行
●**编织方法·组合方法** **身片** 在身片下摆处另线锁针起针，开始编织。前下摆，参照图1、图2，编织过程中做往返编织。腋下伏针收针，插肩线边缘立织1针，在其内侧减针，领窝编织伏针。**袖** 按照和身片相同的要领做另线锁针起针，开始编织，袖下编织扭针的加针，腋下、插肩线、领窝按照和身片相同的要领做减针。挑取身片下摆的起针，编织双罗纹针，终点的针目织双罗纹针收针。**组合** 胁部、插肩线、袖下做挑缀缝合，袖口的双罗纹针编成环形，再织环形的双罗纹针收针，折回正面。衣领，从身片领窝挑针，挑成环形，用5号针、7号针编织双罗纹针。

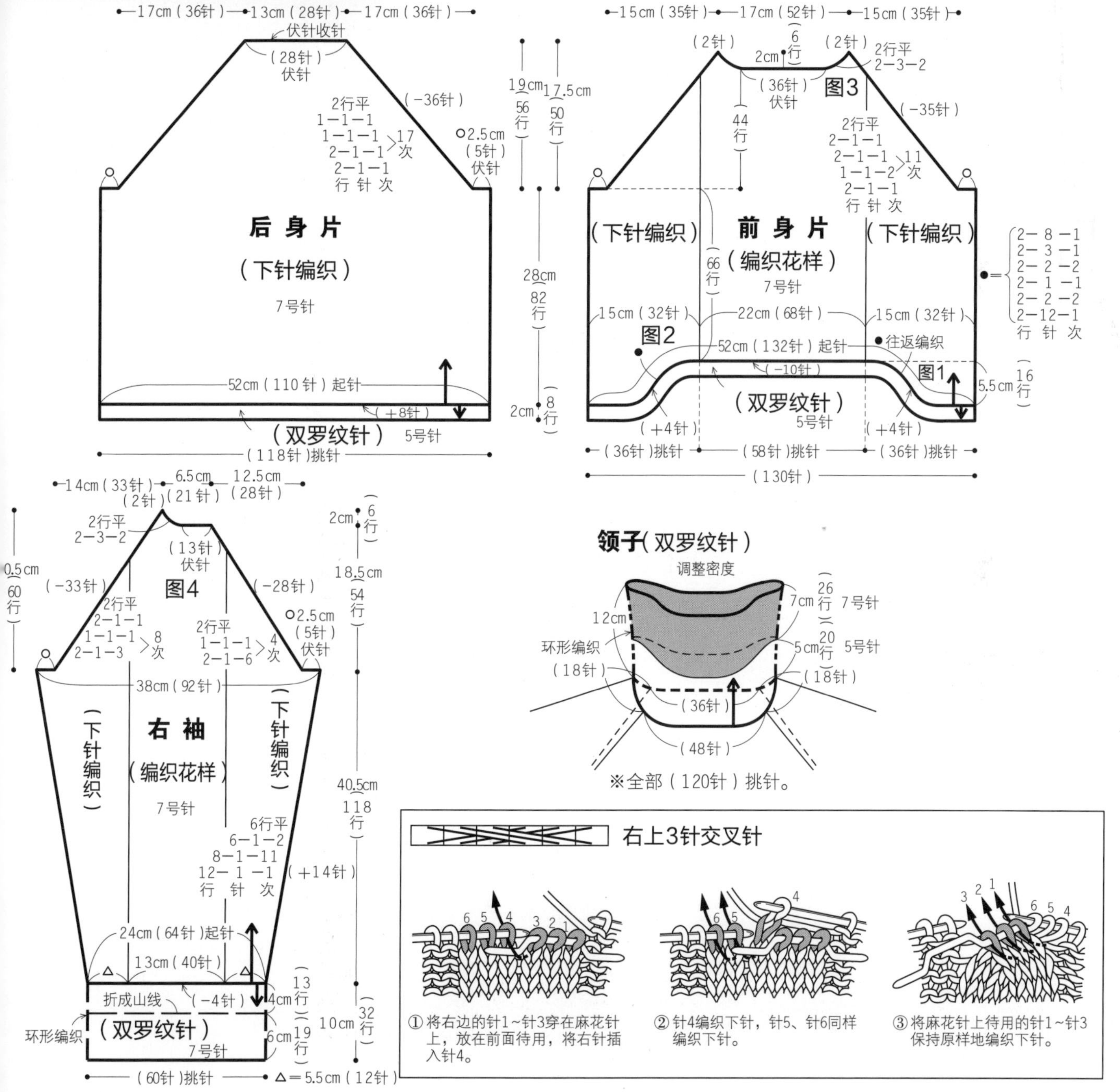

编织花样

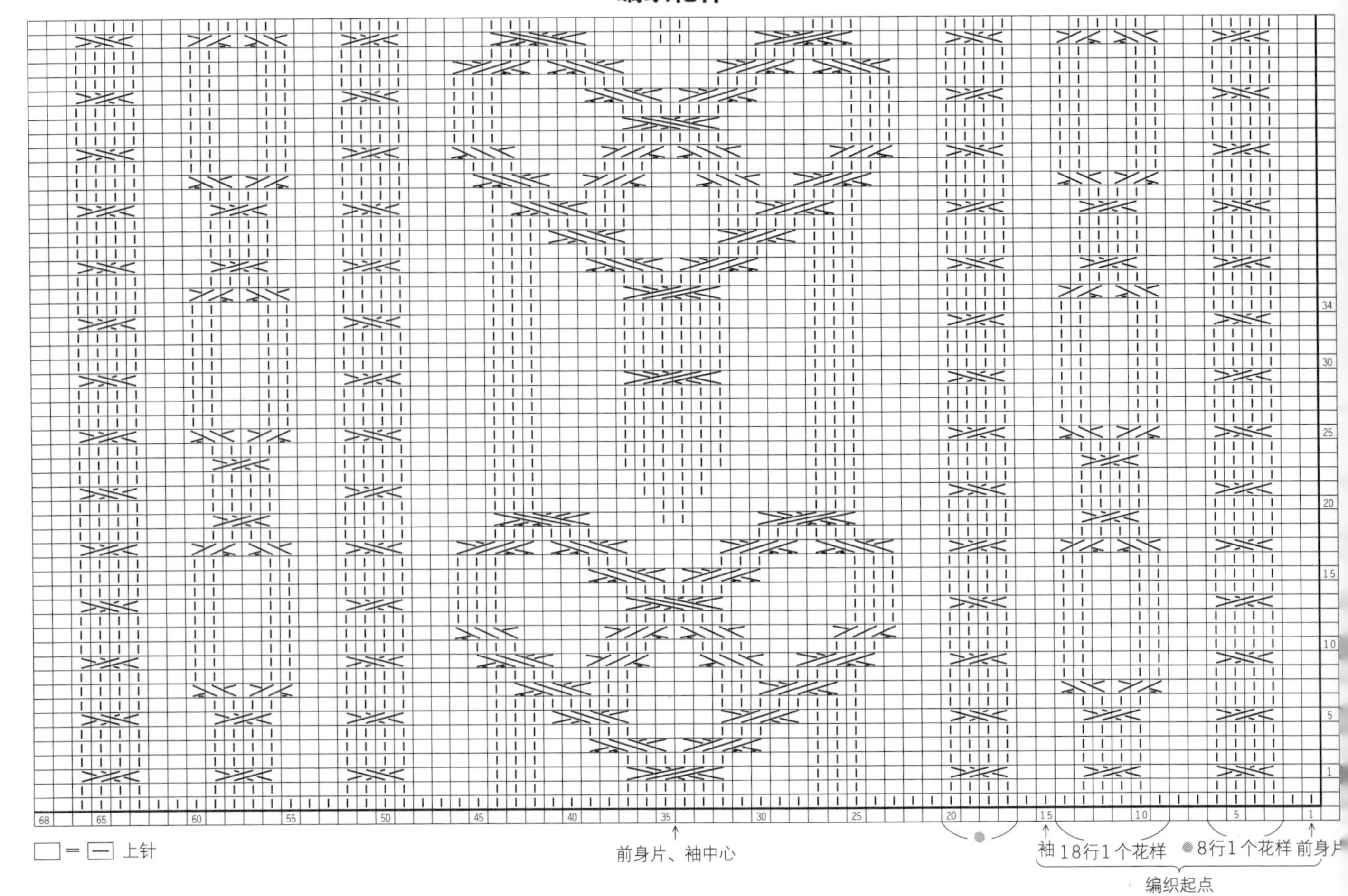

图4 右袖

右袖的领窝 ※左袖要对称编织。

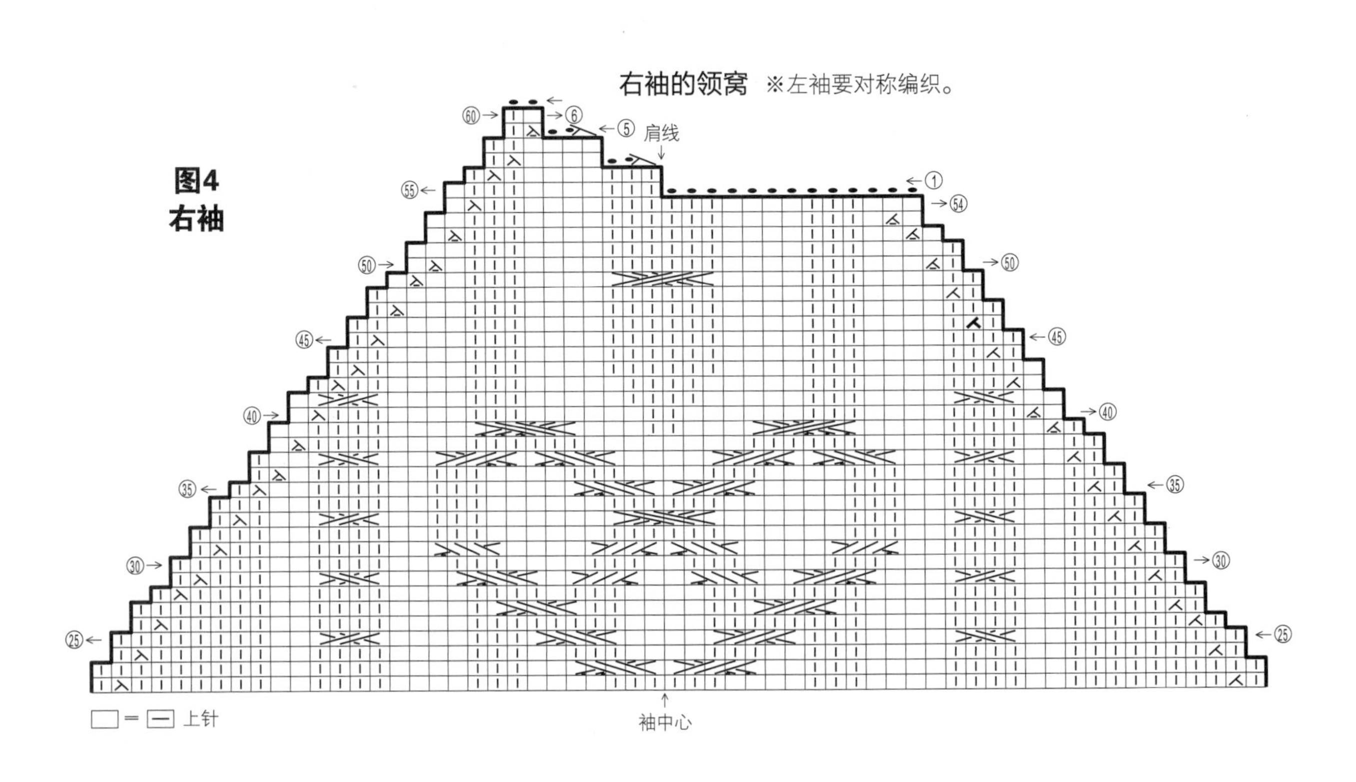

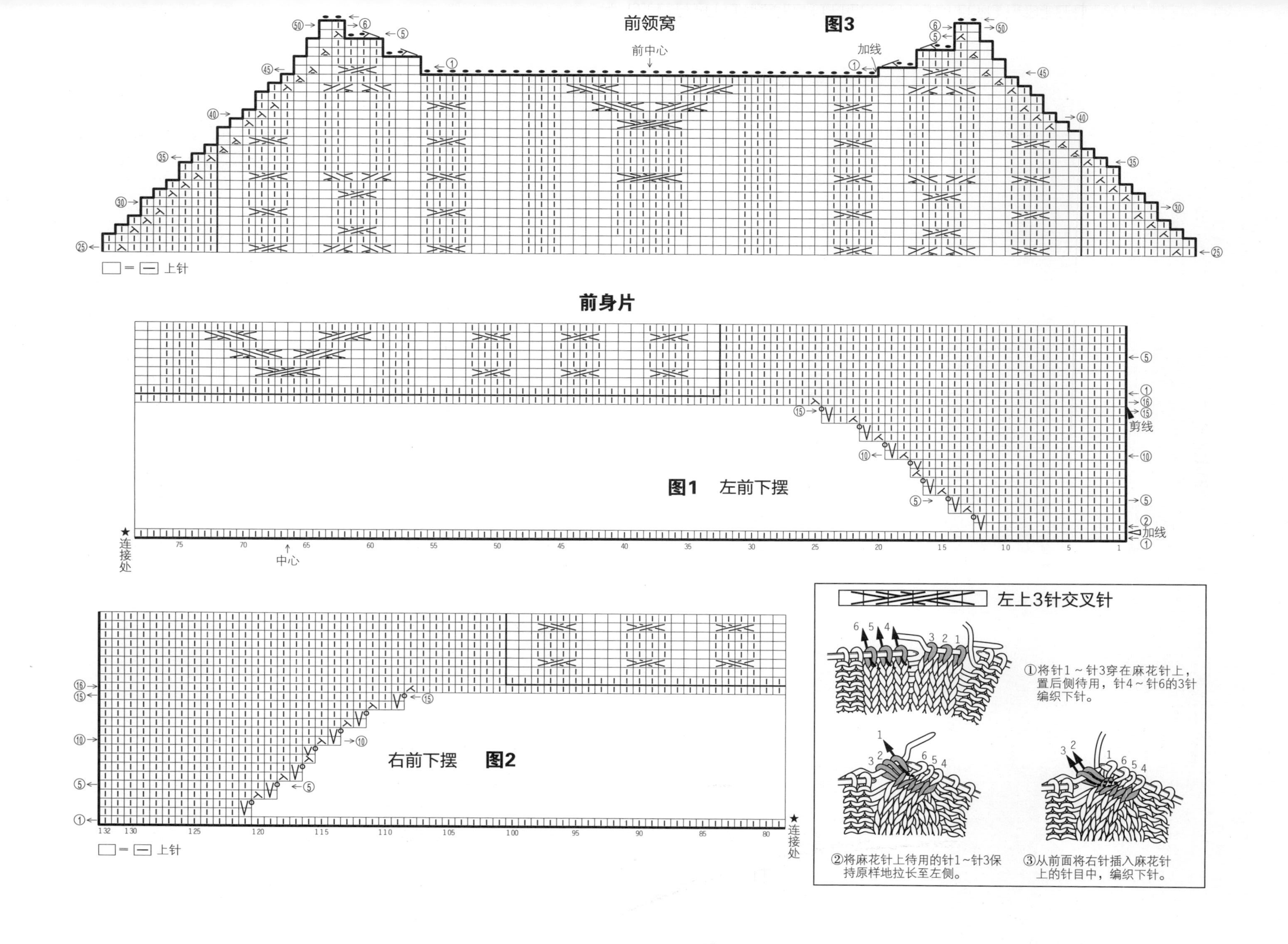
前领窝
图3
前中心
加线
□＝㊀ 上针
前身片
图1 左前下摆
剪线
加线
中心
★连接处
右前下摆 图2
★连接处
□＝㊀ 上针
左上3针交叉针
①将针1～针3穿在麻花针上，置后侧待用，针4～针6的3针编织下针。
②将麻花针上待用的针1～针3保持原样地拉长至左侧。
③从前面将右针插入麻花针上的针目中，编织下针。

●**材料** DIASCENE（中粗） 粉色、青紫色、黄绿色系段染线（801）170g/5团

●**工具** 棒针6号，钩针6/0号、5/0号

●**成品尺寸** 胸围94cm，背肩宽35cm，身长48.5cm

●**密度** 10cm×10cm面积内 编织花样A：26针，36行

●**编织方法·组合方法** **身片** 在前后身片下摆处手指起针，开始编织，花样A用6号棒针编织。参照图1，袖窿、领窝编织伏针和侧边1针立式减针，下肩做留针的往返编织。参照图2，前下摆的加针，加2针以上的做卷加针，加1针的做空加针。下一行编织扭针。**组合** 将肩部前后片正面相对合起，做无缝拼接，肋部做挑缀缝合。衣领、前襟、下摆花样B从身片整体（444针=37个花样）挑针，一边用5/0号、6/0号钩针调整密度一边编织，将外围扩大。衣领自然地折回正面。袖窿的花样C从身片袖窿（108针=36个花样）挑针，用钩针5/0号，编织3行。

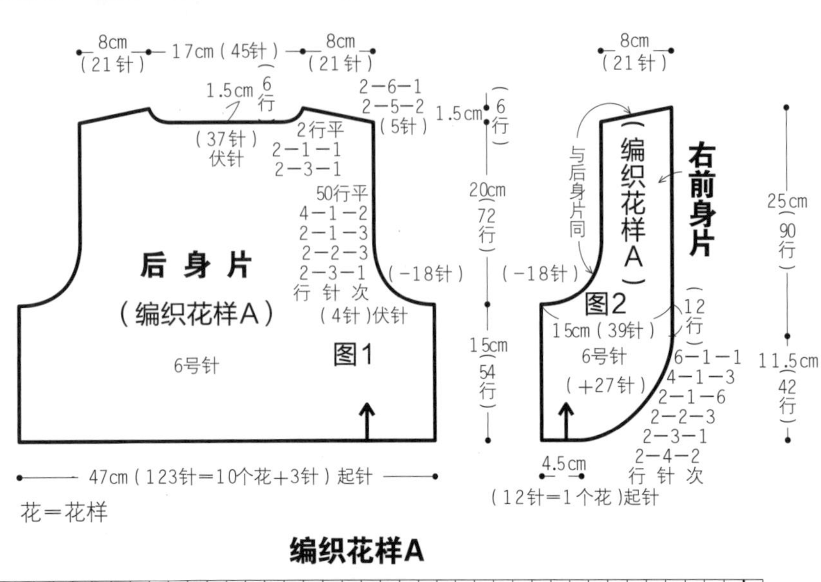

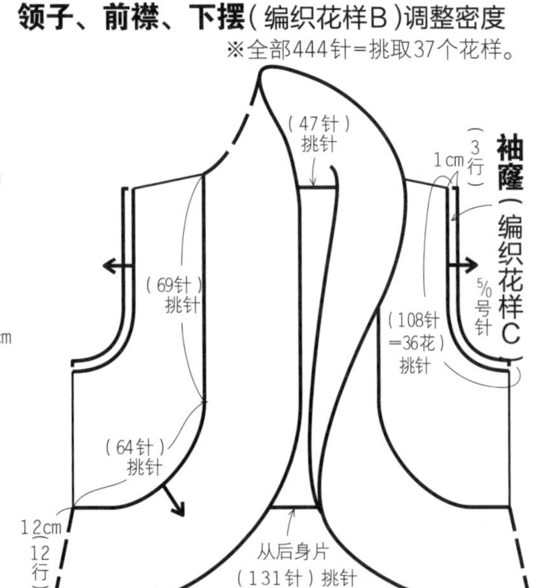

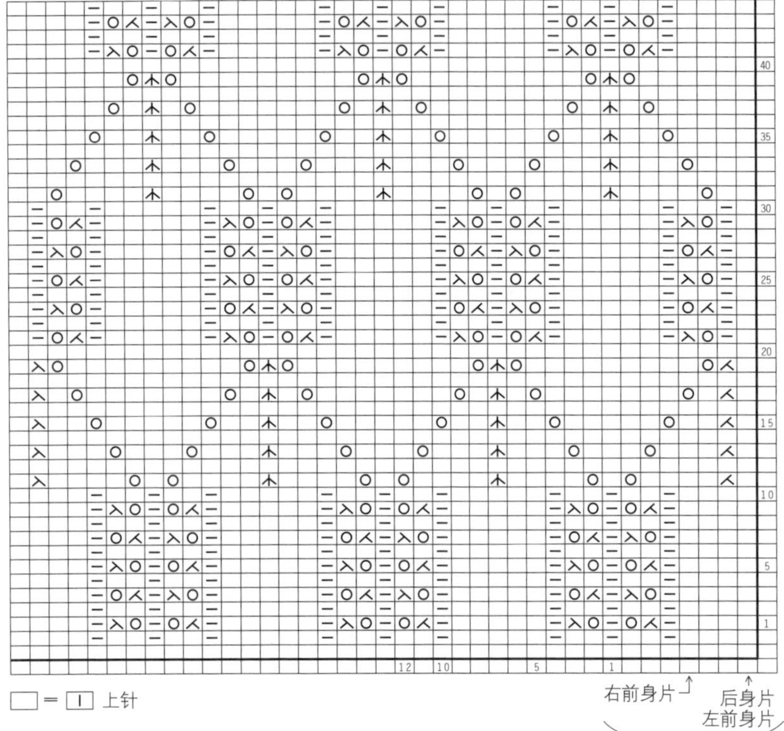

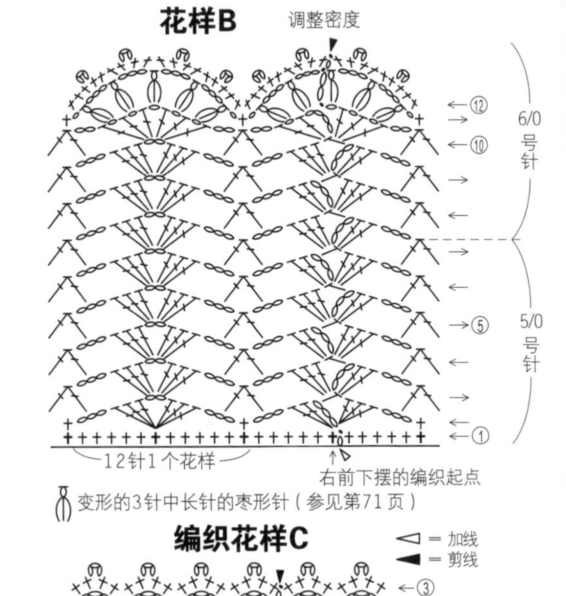

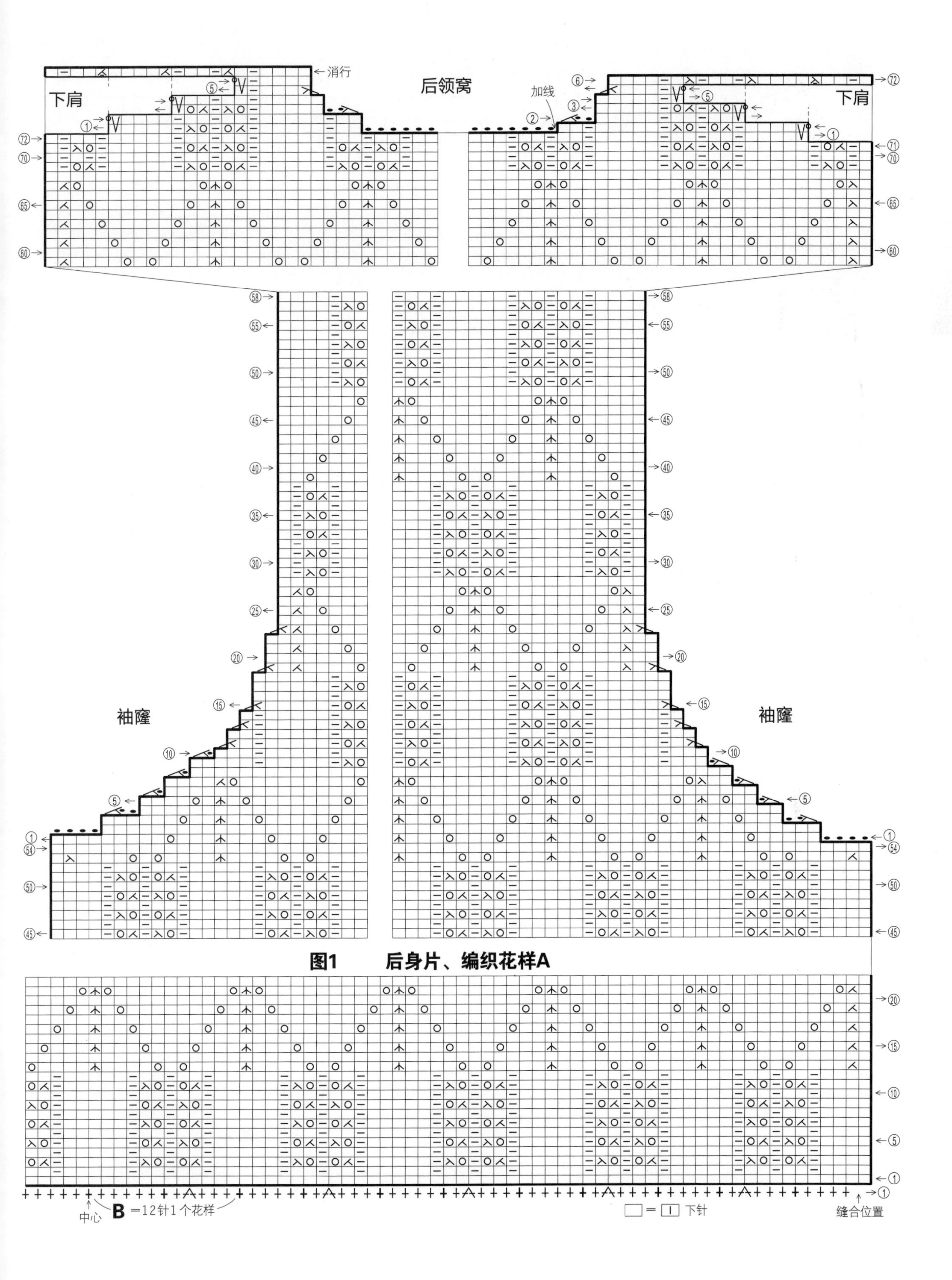

图1　后身片、编织花样A

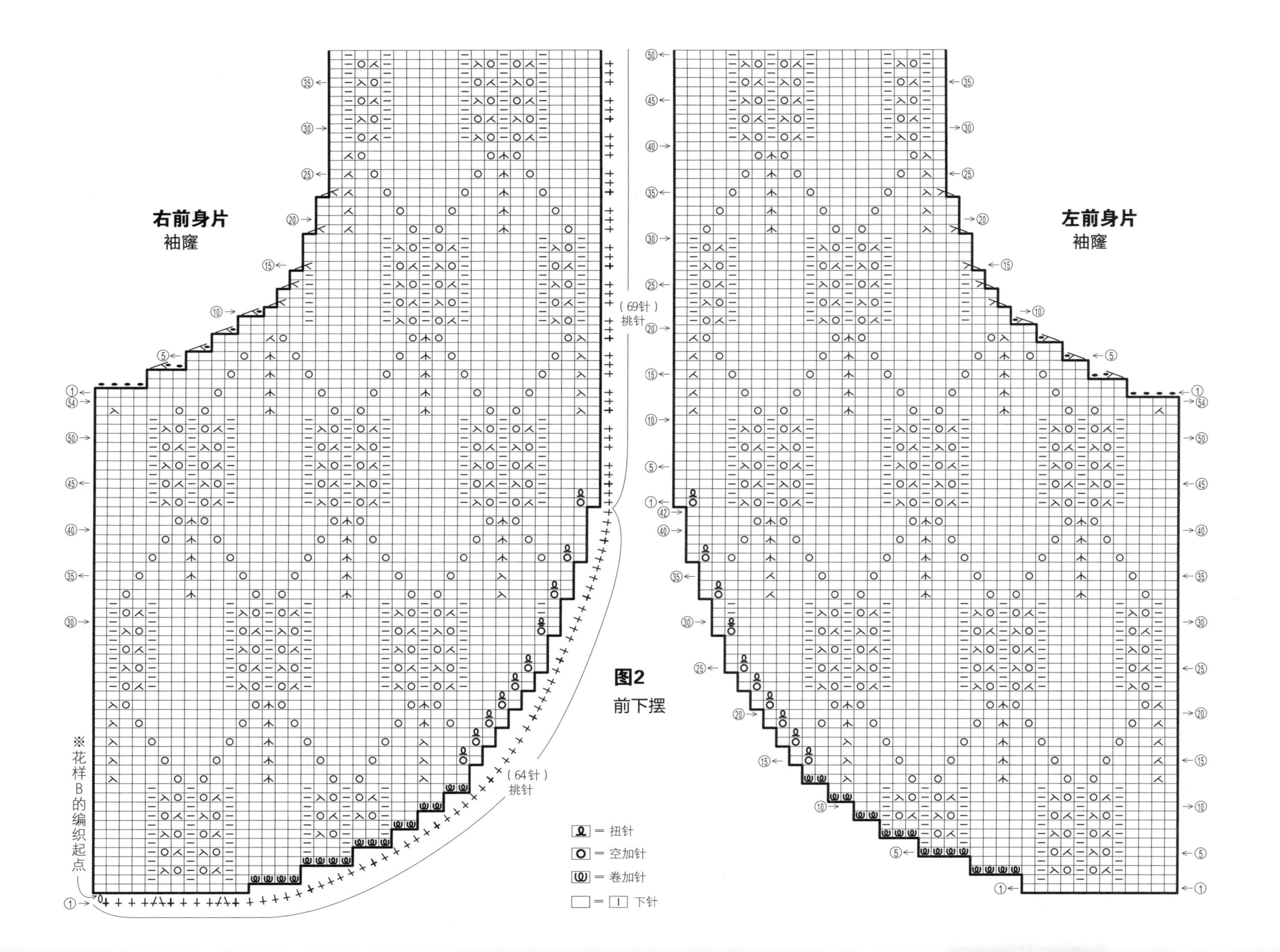

右前身片
袖窿
左前身片
袖窿
（69针）
挑针
图2
前下摆
（64针）
挑针
※花样B的编织起点
= 扭针
= 空加针
= 卷加针
= | 下针

page48

31

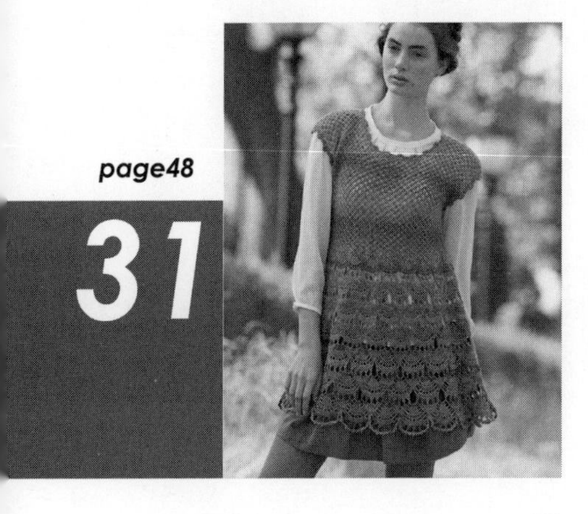

●**材料** DIAFIDA（中粗）加入金银线的茶色系段染线（701）320g/10团

●**工具** 棒针4号，钩针3/0号、4/0号、5/0号

●**成品尺寸** 胸围92cm，身长71.5cm，袖长24.5cm

●**密度** 10cm×10cm面积内 编织花样A：35针，31行；编织花样B：（4/0号针）1个花样18针=6.5cm，14行=12.5cm

●**编织方法・组合方法** **身片** 花样A用4号棒针编织，花样B一边用3/0号、4/0号、5/0号钩针分散加针，调整密度，一边编织。花样B的编织符号参照第159页。在前后身片腰部的切换线处，手指起针，编织花样A。参照图1～图3，胁部编织扭加针，领窝编织伏针和侧边1针立式减针。**组合** 将肩部前后片正面相对合起，做无缝拼接，胁部要反面相对对上，做挑缀缝合。从前后起针（280针=20个花样）挑针，挑成环形，参照图示编织花样B。衣领、袖口分别按照指定针数挑针，挑成环形，用3/0号针收边。

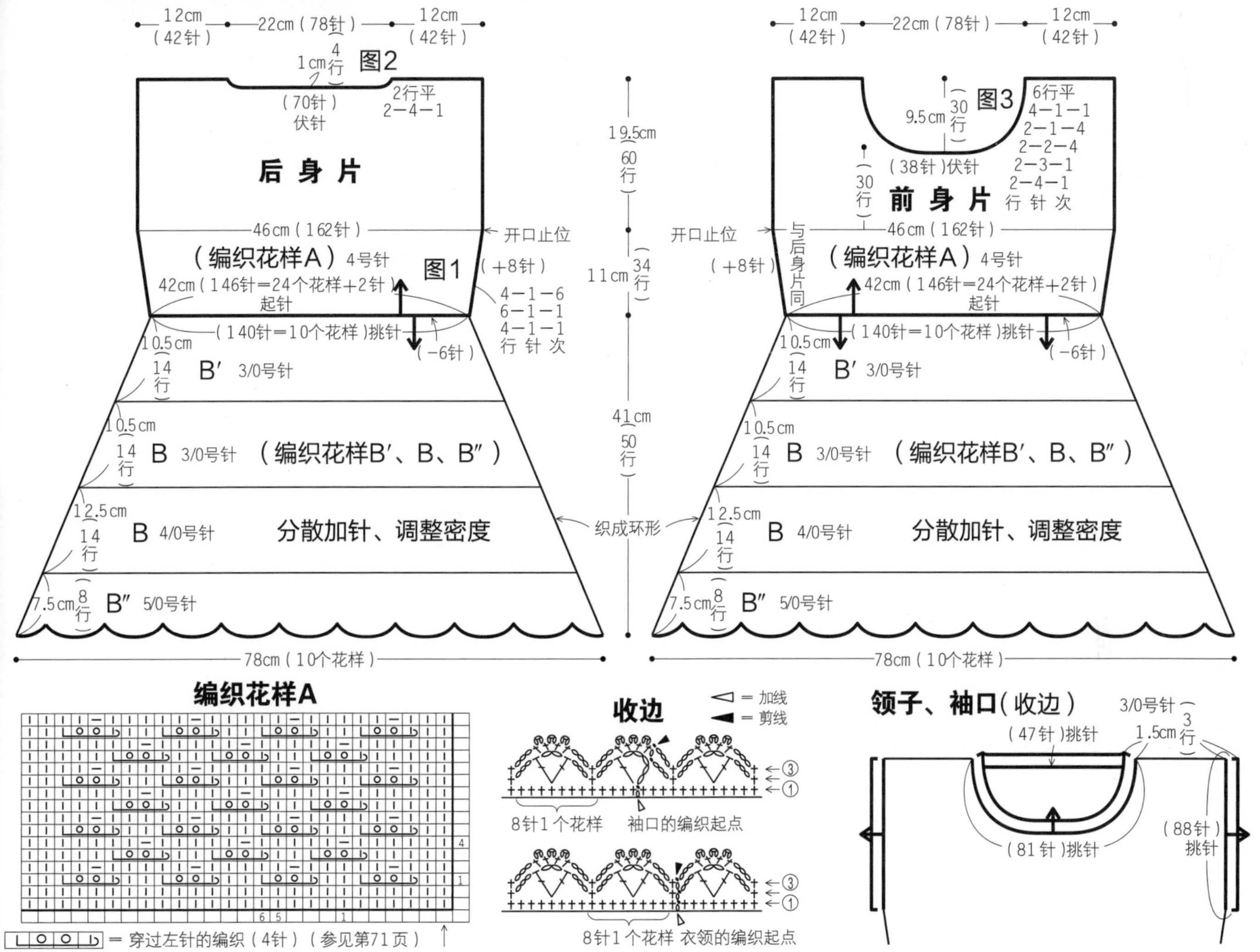

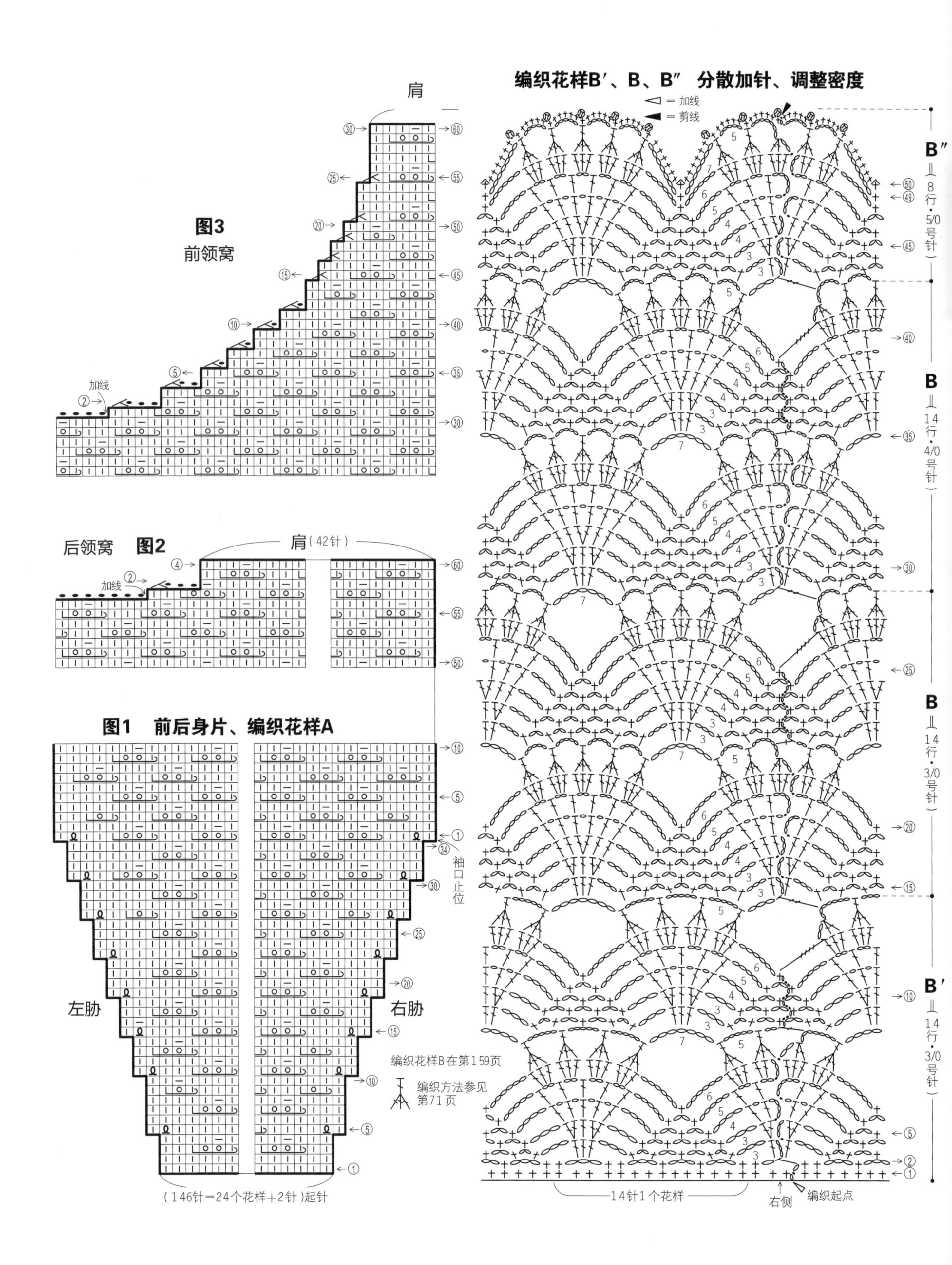

图3
前领窝
肩
加线
后领窝 图2
肩（42针）
加线
图1 前后身片、编织花样A
左胁
右胁
袖口止位
（146针＝24个花样＋2针）起针
编织花样B在第159页
编织方法参见第71页
编织花样B′、B、B″ 分散加针、调整密度
＝加线
＝剪线
B″ 8行・5/0号针
B 14行・4/0号针
B 14行・3/0号针
B′ 14行・3/0号针
14针1个花样
右侧
编织起点

●**材料** DIASILK SUFURE（中粗）粉红色（304）370g/11团

●**工具** 棒针6号、4号，钩针3/0号

●**成品尺寸** 胸围92cm，背肩宽34cm，长55.5cm，袖长54cm

●**密度** 10cm×10cm面积内 编织花样A：27针，32行

●**编织方法·组合方法** **身片** 前后身片和袖都是手指起针开始编织。各自的加减针参照图1～图4编织。下摆、袖口的褶边是从起针上挑针，一边做分散加针一边编织花样B，编织终点做伏针收针。衣领的褶边，从另线锁针的内侧挑针作为起针，按照花样B′编成环形。衣领，从前后领窝挑120针，挑成环形。褶边的起针，解开另线锁针，将环形的起针移至棒针。看着领窝的正面，将褶边的起针放在前面，将120针过目一遍，放在1根棒针上，编织环形花样C。**组合** 胁部、袖下做挑缀缝合，将衣袖引拔缝合于身片。衣领的褶边用熨斗轻轻地熨整齐，下摆、袖口的褶边做伏针收针弄整齐，这里不要用熨斗熨烫。

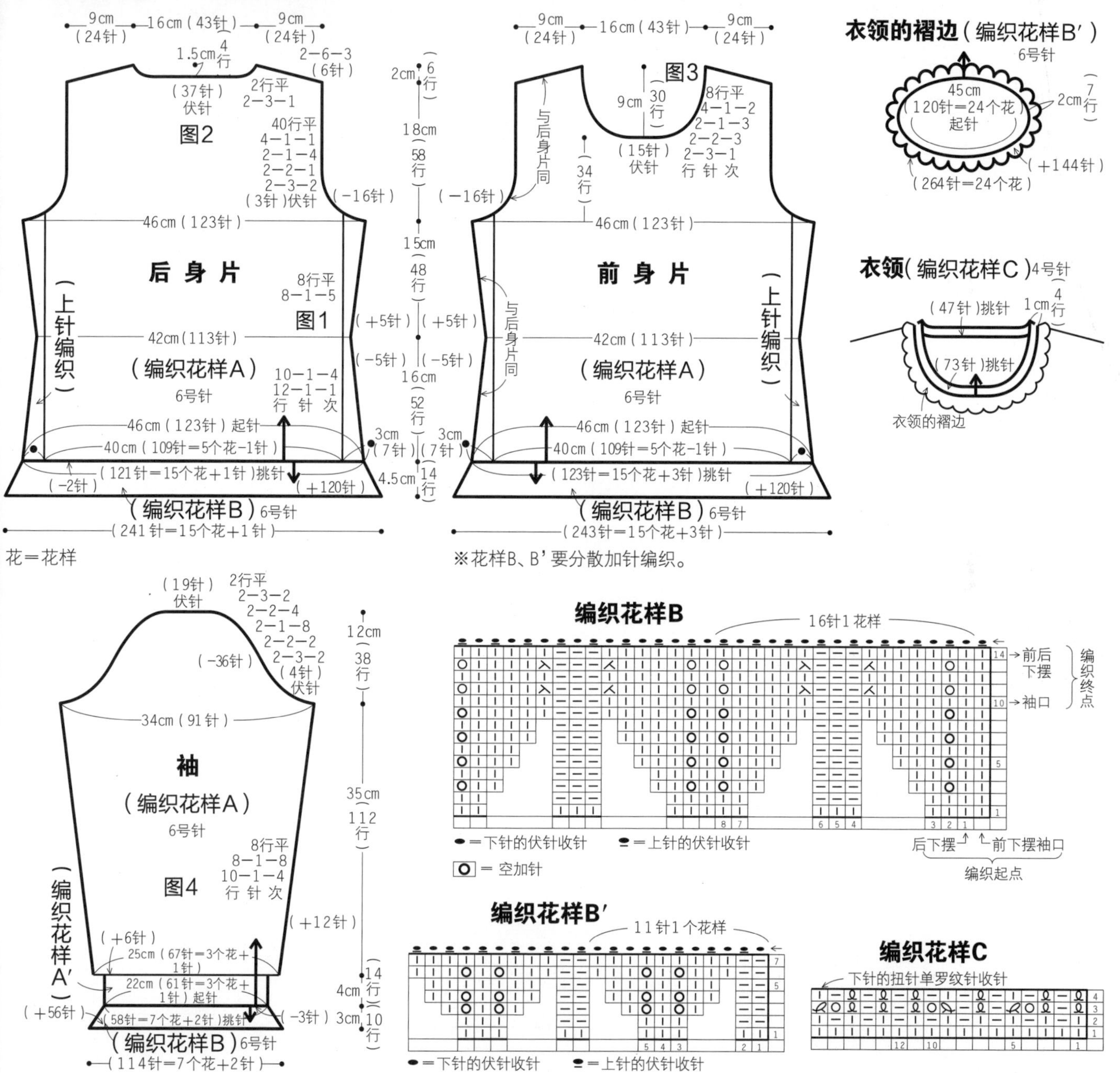

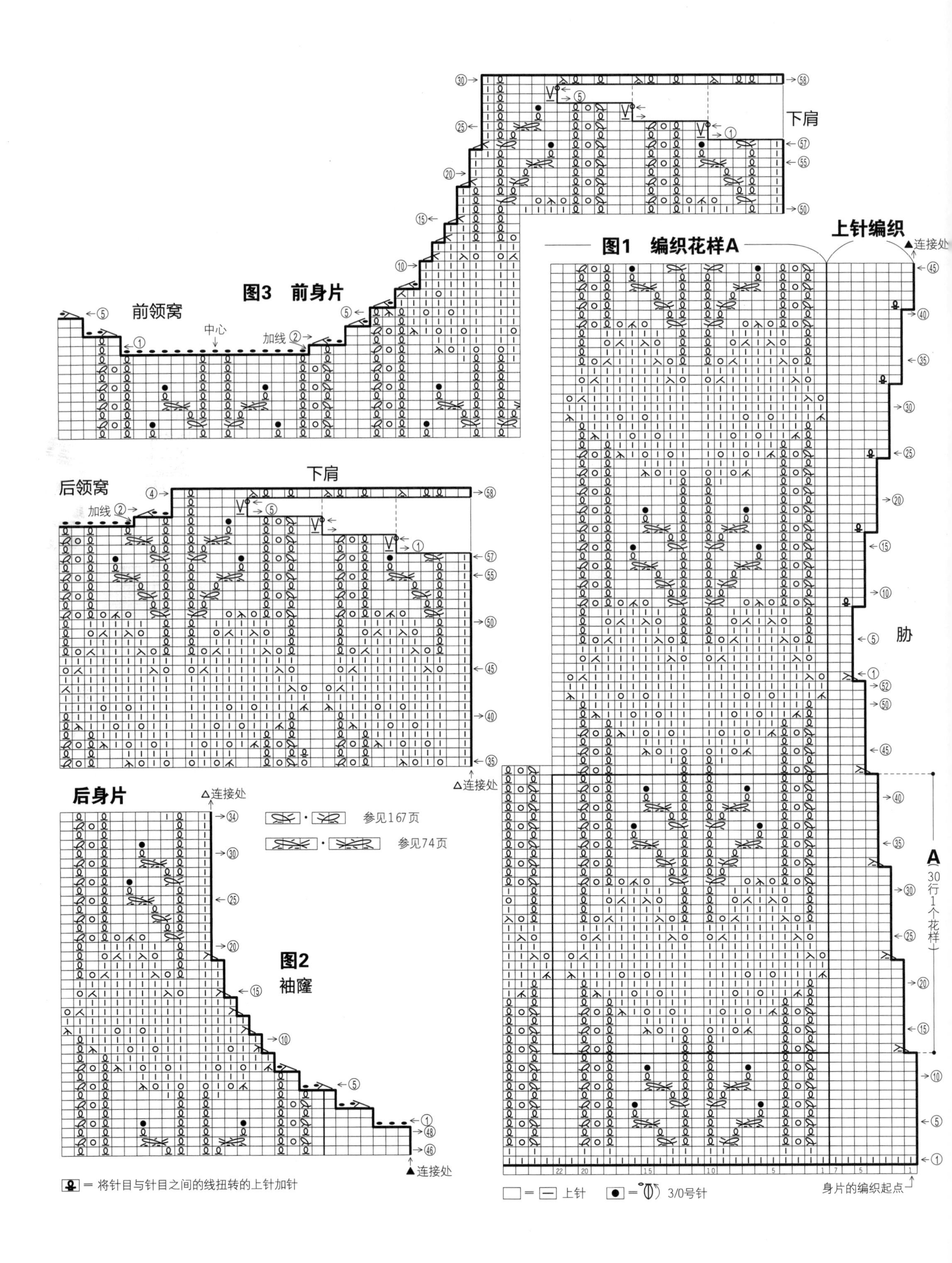
图3 前身片
前领窝
中心
加线 ②
下肩
后领窝
后身片
图2
袖窿
△连接处
▲连接处
参见167页
参见74页
图1 编织花样A
上针编织
肋
A
30行1个花样
身片的编织起点
□ = — 上针
● = 3/0号针
= 将针目与针目之间的线扭转的上针加针

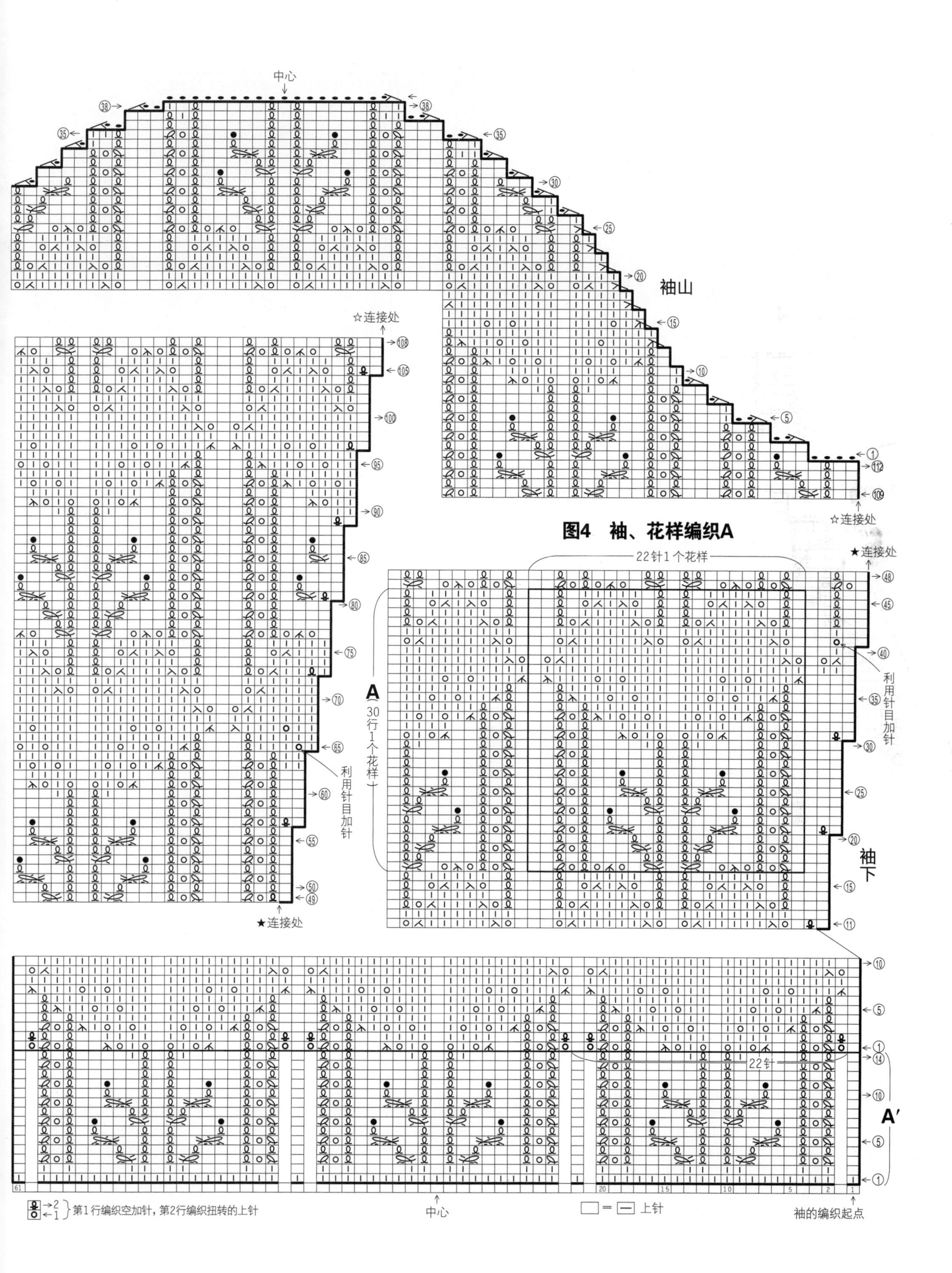

中心
袖山
☆连接处
★连接处
利用针目加针
图4 袖、花样编织A
22针1个花样
A
30行1个花样
袖下
A′
22针
第1行编织空加针，第2行编织扭转的上针
中心
= 上针
袖的编织起点

page52

34

●**材料** TASMANIAN MERINO〈FINE〉LAME（中细）米色（402）370g/11团

●**工具** 钩针4/0号、3/0号、5/0号

●**成品尺寸** 胸围94cm，背肩宽34cm，身长53cm，袖长55cm

●**密度** 10cm×10cm面积内 编织花样（4/0号针）：30针，18行

●**编织方法・组合方法** **身片** 在前后身片下摆处锁针起针，布局编织花样。用4/0号针编织整体，腰部用3/0号针编织。胁部的加减针，袖窿、领窝、下肩的减针参照图1～图4编织。**袖** 做锁针起针开始编织。参照图5减针，用5/0号针编织24行，扩展袖口。之后换成4/0号针，参照图6编织袖下的加针、袖山的减针。**组合** 将肩部前后片正面相对合起，做锁针拼接，胁部、袖下做锁针缝合。身片下摆，从锁针起针挑针，前后一起连续编织收边A。袖口按照相同要领挑针编织收边B，衣领编织收边C。将袖引拔缝合于身片。

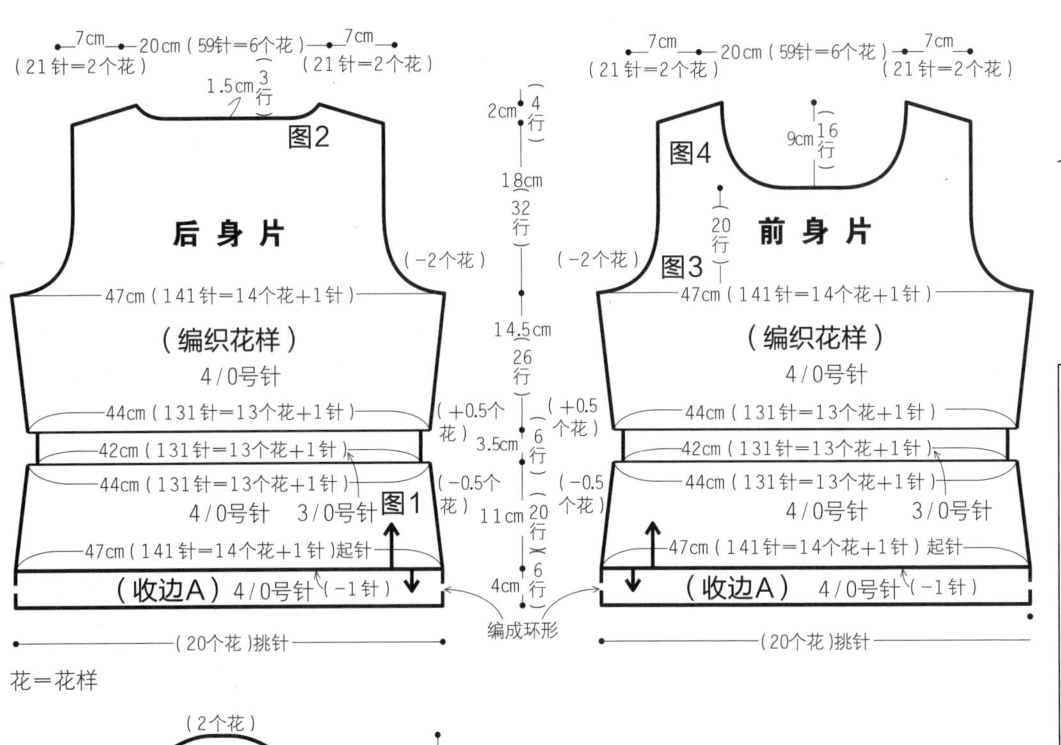

花＝花样

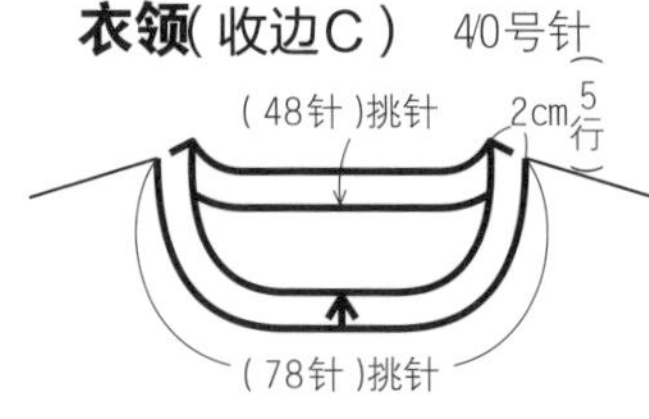

※全部（126针=18个花）挑针。

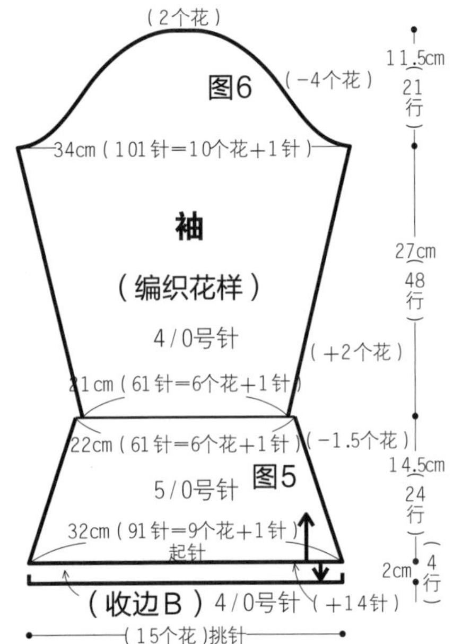

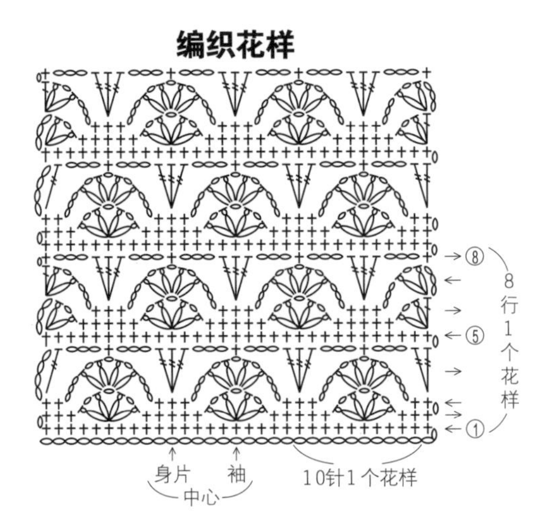

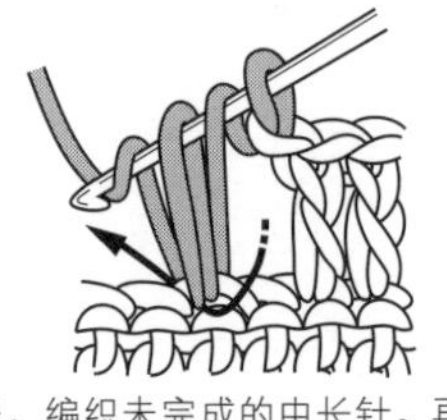

①钩线，编织未完成的中长针。再次钩线，在同一针目中插入钩针。

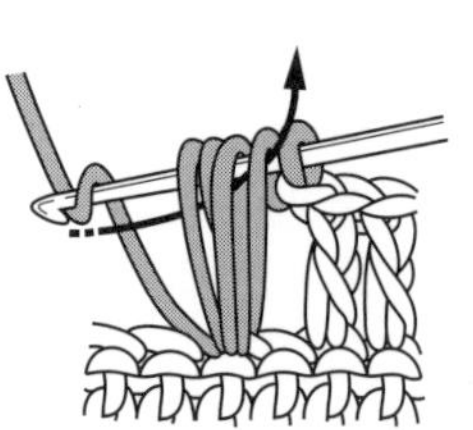

②2针未完成的中长针编织好了。从针上的4个线环中一次性引拔出。

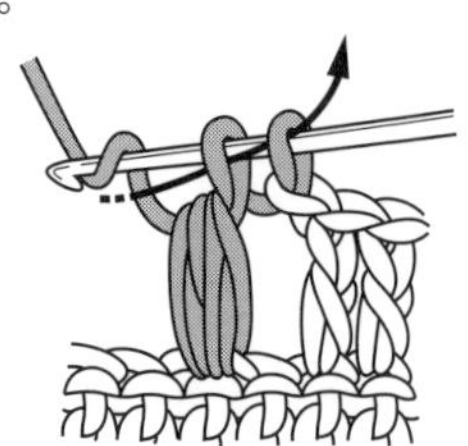

③再次钩线，从剩下的2个线环中引拔出。

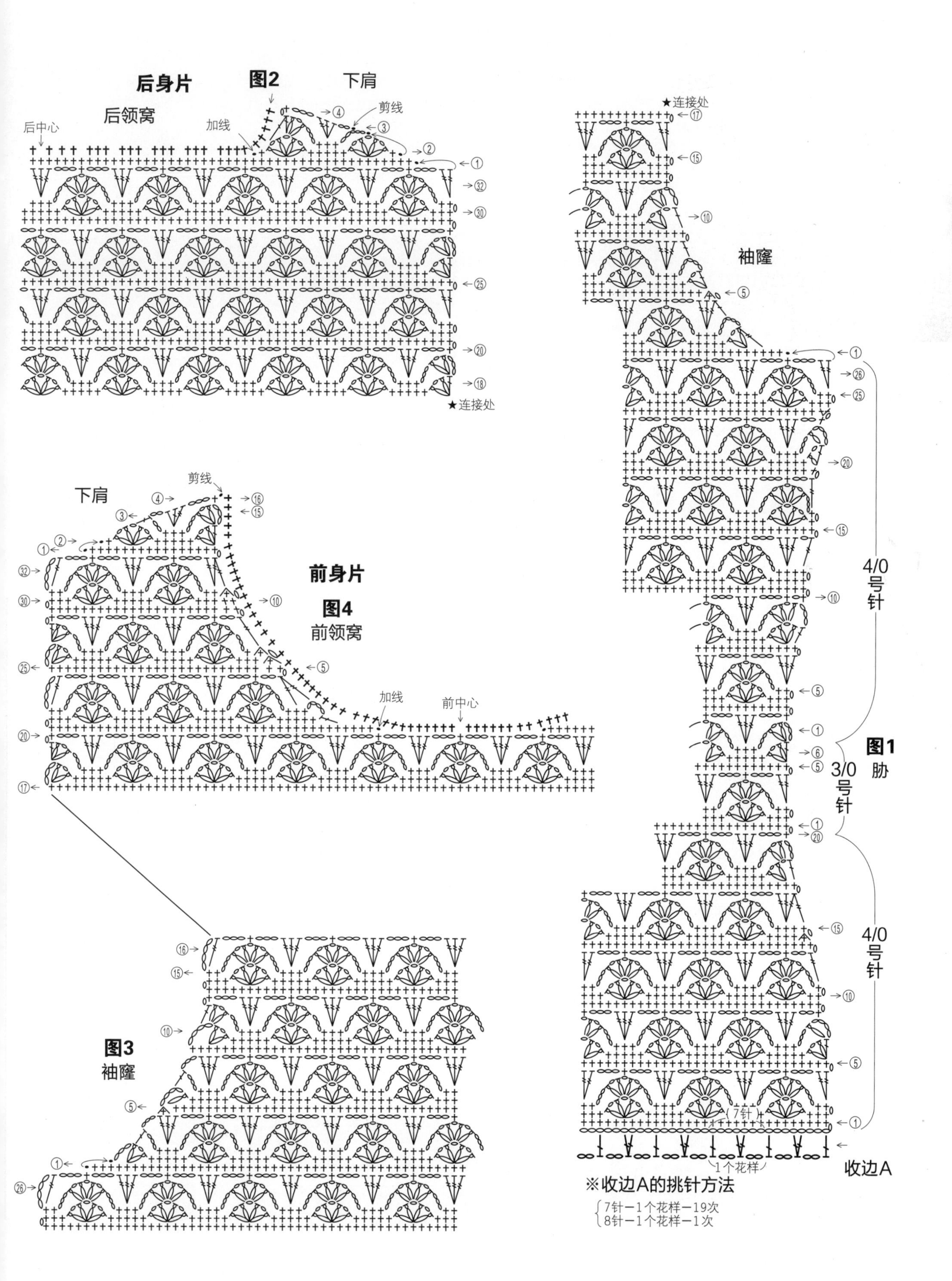
后身片
图2
下肩
后领窝
剪线
后中心
加线
★连接处
下肩
剪线
前身片
图4
前领窝
加线
前中心
图3
袖窿
★连接处
袖窿
4/0号针
图1
胁
3/0号针
4/0号针
(7针)
1个花样
收边A
※收边A的挑针方法
7针-1个花样-19次
8针-1个花样-1次

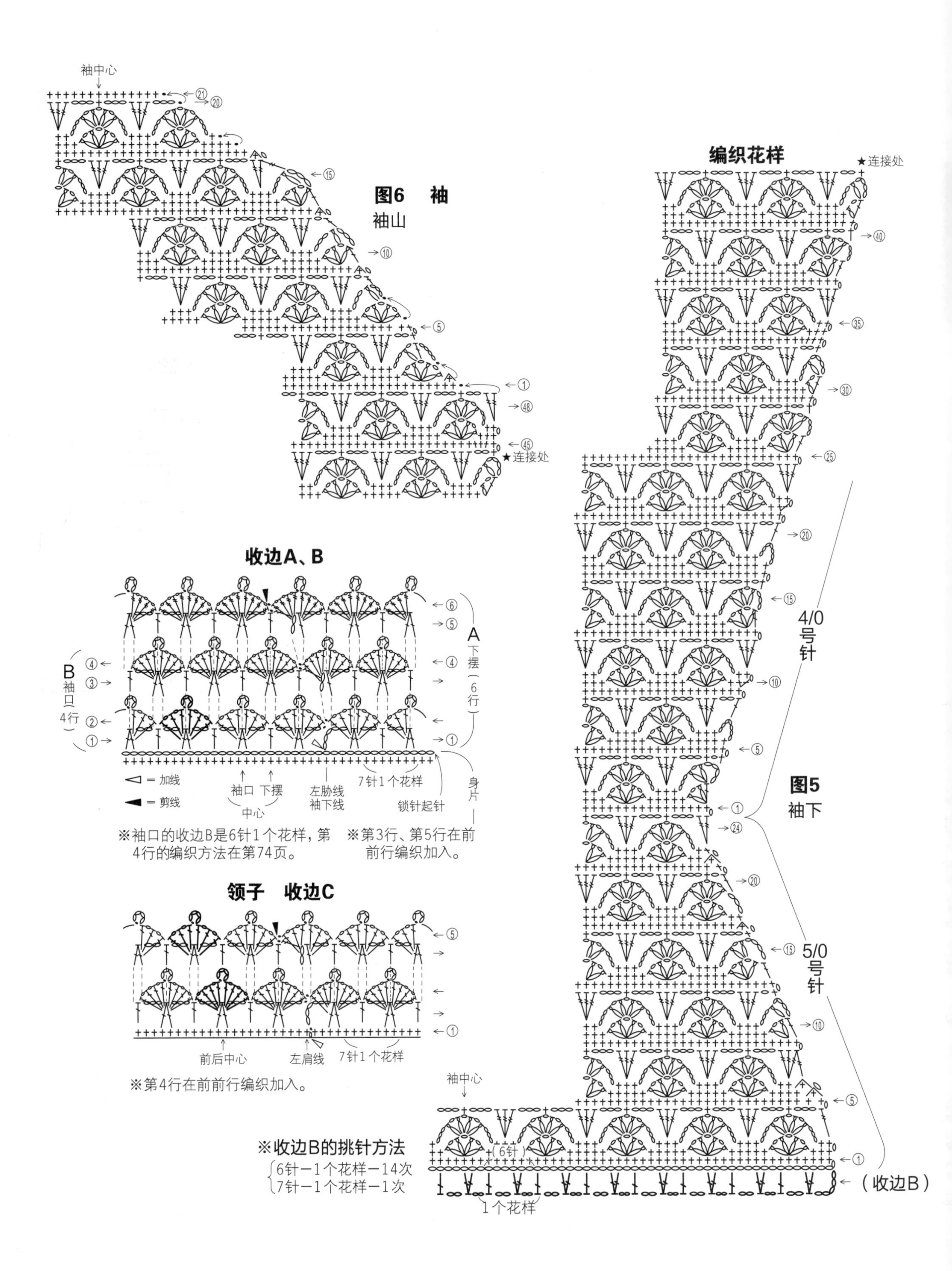

图6　袖
袖山
袖中心
★连接处
编织花样
★连接处
图5
袖下
4/0号针
5/0号针
袖中心
（6针）
1个花样
（收边B）
收边A、B
A
下摆（6行）
B
袖口（4行）
◁ = 加线
◀ = 剪线
袖口　下摆
中心
左胁线
袖下线
7针1个花样
锁针起针
身片
※袖口的收边B是6针1个花样，第4行的编织方法在第74页。
※第3行、第5行在前前行编织加入。
领子　收边C
前后中心
左肩线
7针1个花样
※第4行在前前行编织加入。
※收边B的挑针方法
6针−1个花样−14次
7针−1个花样−1次

●**材料** TASMANIAN MERINO（FINE）（中细）原色（101）250g/8团，直径1.3cm的纽扣3个

●**工具** 钩针3/0号

●**成品尺寸** 胸围95.5cm，背肩宽36cm，身长45.5cm，袖子53.5cm

●**密度** 10cm×10cm面积内 编织花样A：35针，15行；编织花样B：40针，20.5行

●**编织方法·组合方法** **身片** 前后身片从下摆开始到胁一起编织。在下摆处锁针起针，编织13行花样A，剪线。在右前身片的前襟侧加线，编织34行花样B。从袖窿开始分成3片，参照图2～图5编织。**袖** 在袖口锁针起针，编织9行花样A，之后编织花样B。袖下、袖山的加减针参照图6、图7编织。**组合** 肩部前后片正面相对合起，做锁针拼接，胁部、袖下做锁针缝合。下摆、前开襟、衣领的收边要连续挑针编织。袖口的收边要在起针上挑针，编成环形。将袖锁针缝合于身片袖窿。右前襟收边的针目作为扣眼。

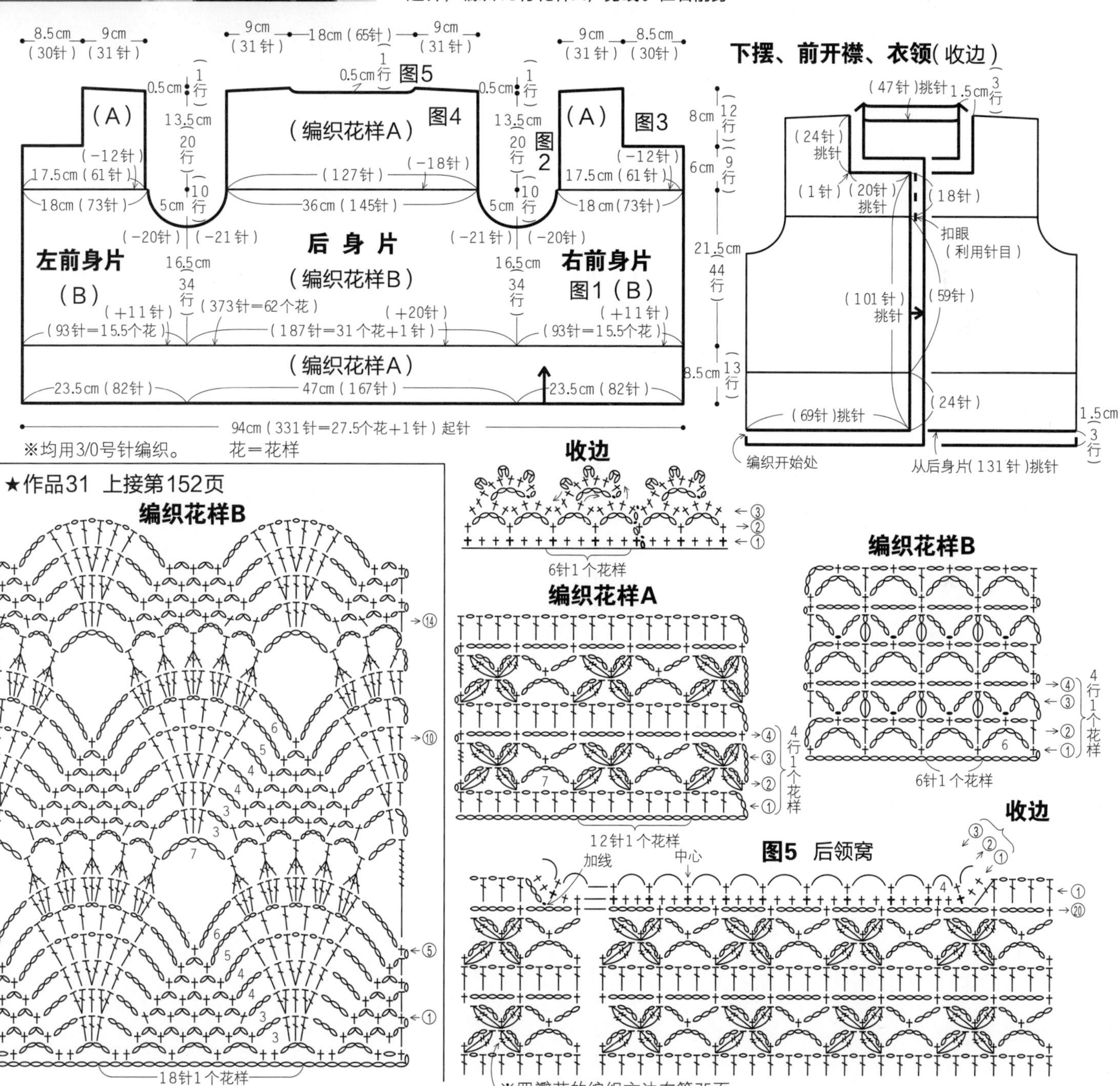

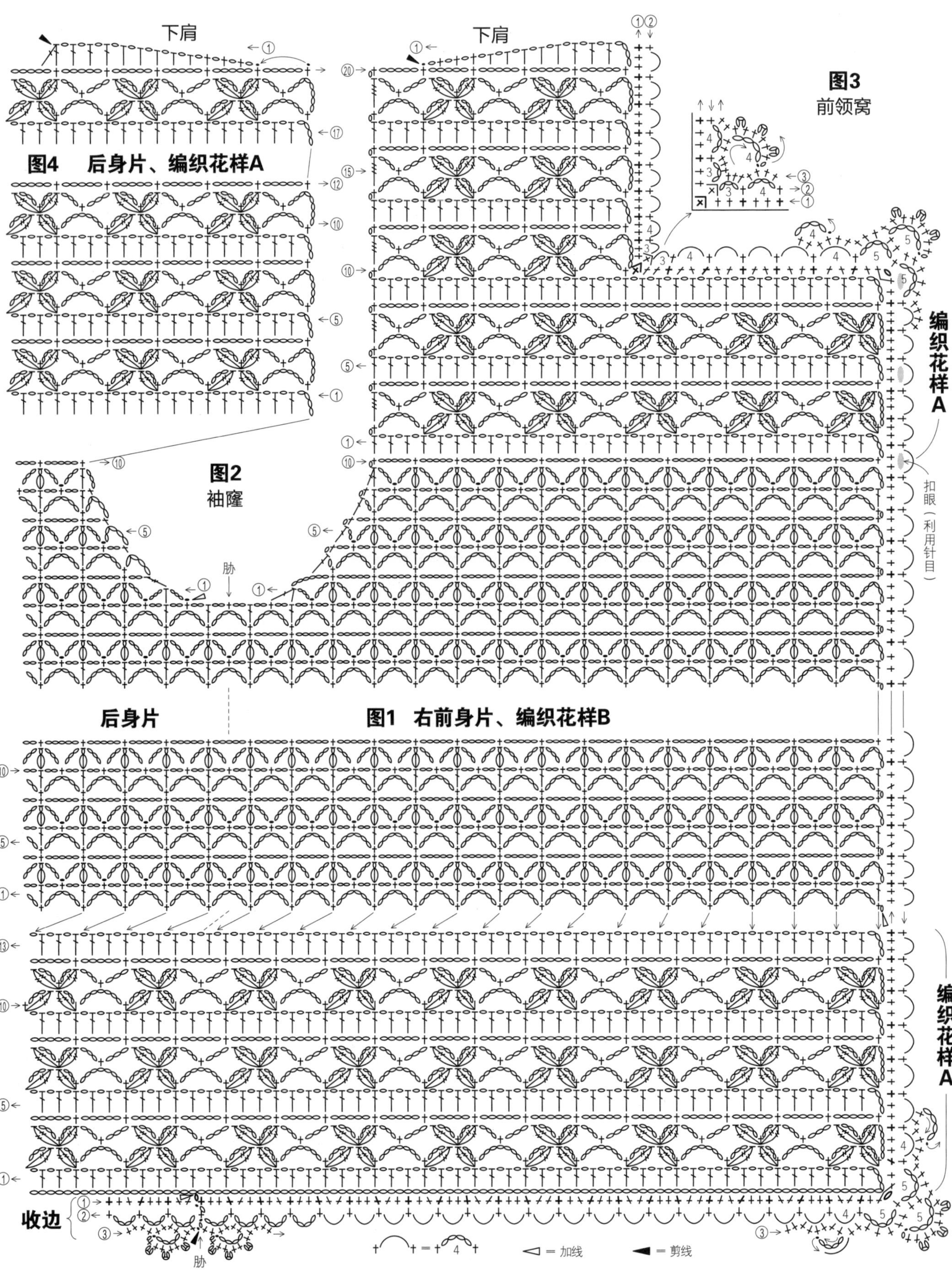
下肩
下肩
图3
前领窝
图4 后身片、编织花样A
编织花样A
图2
袖窿
扣眼（利用针目）
肋
后身片
图1 右前身片、编织花样B
编织花样A
收边
肋
= 加线
= 剪线

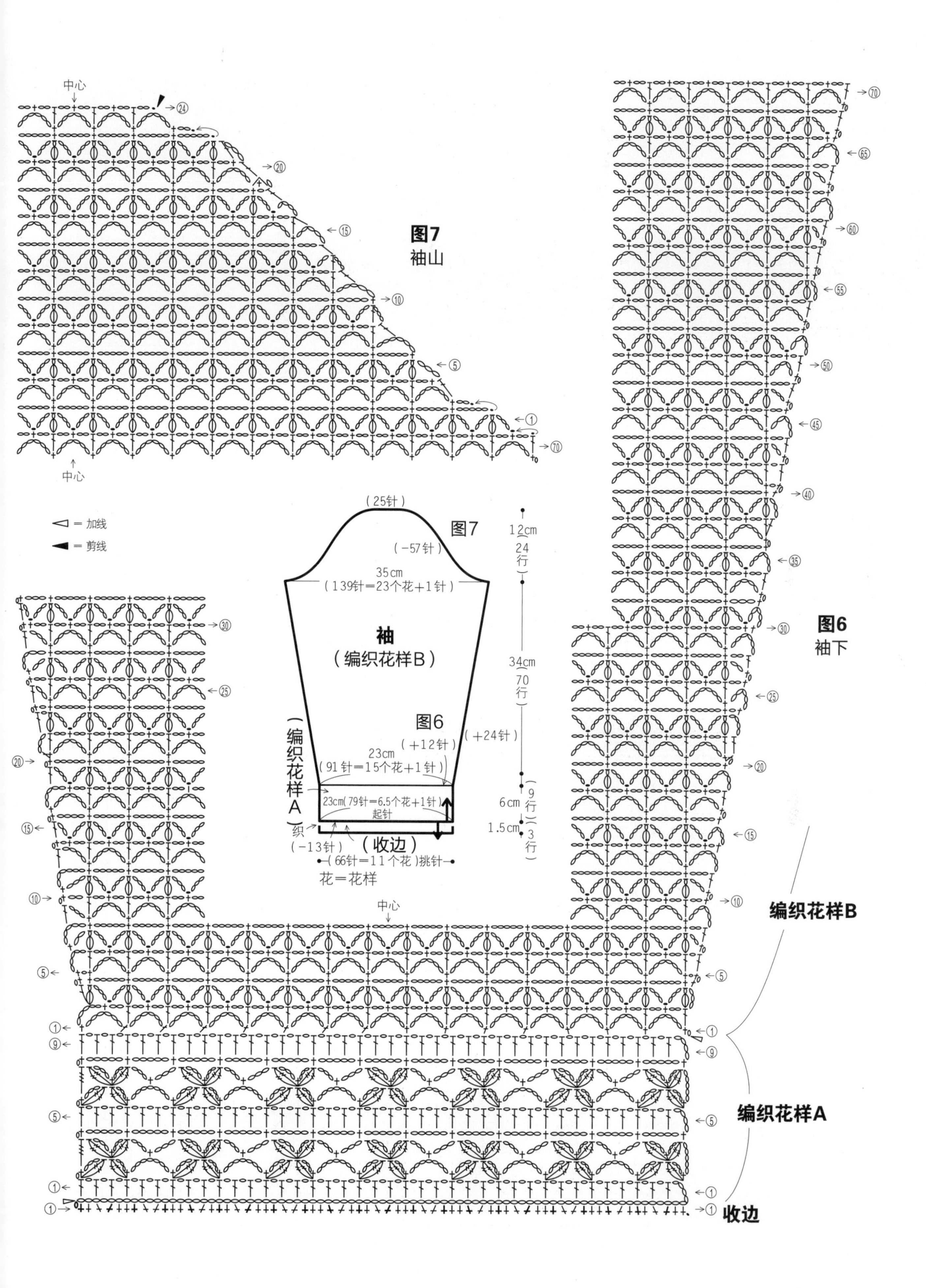

中心
图7
袖山
中心
◁ = 加线
◀ = 剪线
(25针)
图7
12cm
24
行
(-57针)
35cm
(139针=23个花+1针)
袖
(编织花样B)
34cm
70
行
图6
(+12针)
(+24针)
23cm
(91针=15个花+1针)
(编织花样A)
23cm(79针=6.5个花+1针)
起针
9
行
6cm
1.5cm
3
行
(-13针)
(收边)
(66针=11个花)挑针
花=花样
图6
袖下
中心
编织花样B
编织花样A
收边

●材料　DIAMOHAIRDEUX〈ALPACA〉（中粗）酒红色（719）240g/6团

●工具　棒针6号、5号、4号

●成品尺寸　胸围95cm，背肩宽33cm，身长55.5cm，袖长55cm

●密度　10cm×10cm面积内　编织花样A（6号针）：23针，31行

●编织方法・组合方法　身片　在前后身片下摆处手指起针，开始编织。腰部换细针编织，调整密度。袖窿、领窝的减针参照图1～图3编织。**袖**　按照和身片相同的要领起针，袖下的加针，袖山的减针参照图4编织。身片下摆、袖口的花样B，手指起针，编织指定的行数，终点的针目和起针做弹性拼接。**组合**　肩部前后片正面相对合起，做无缝拼接，胁部做挑缀缝合。将袖引拔缝合于身片袖窿。作品虽然使用手指起针，但要按照第163页的针目与行的拼接要领，将身片下摆、袖口的花样B均匀地固定。花样B′参照衣领的固定方法。

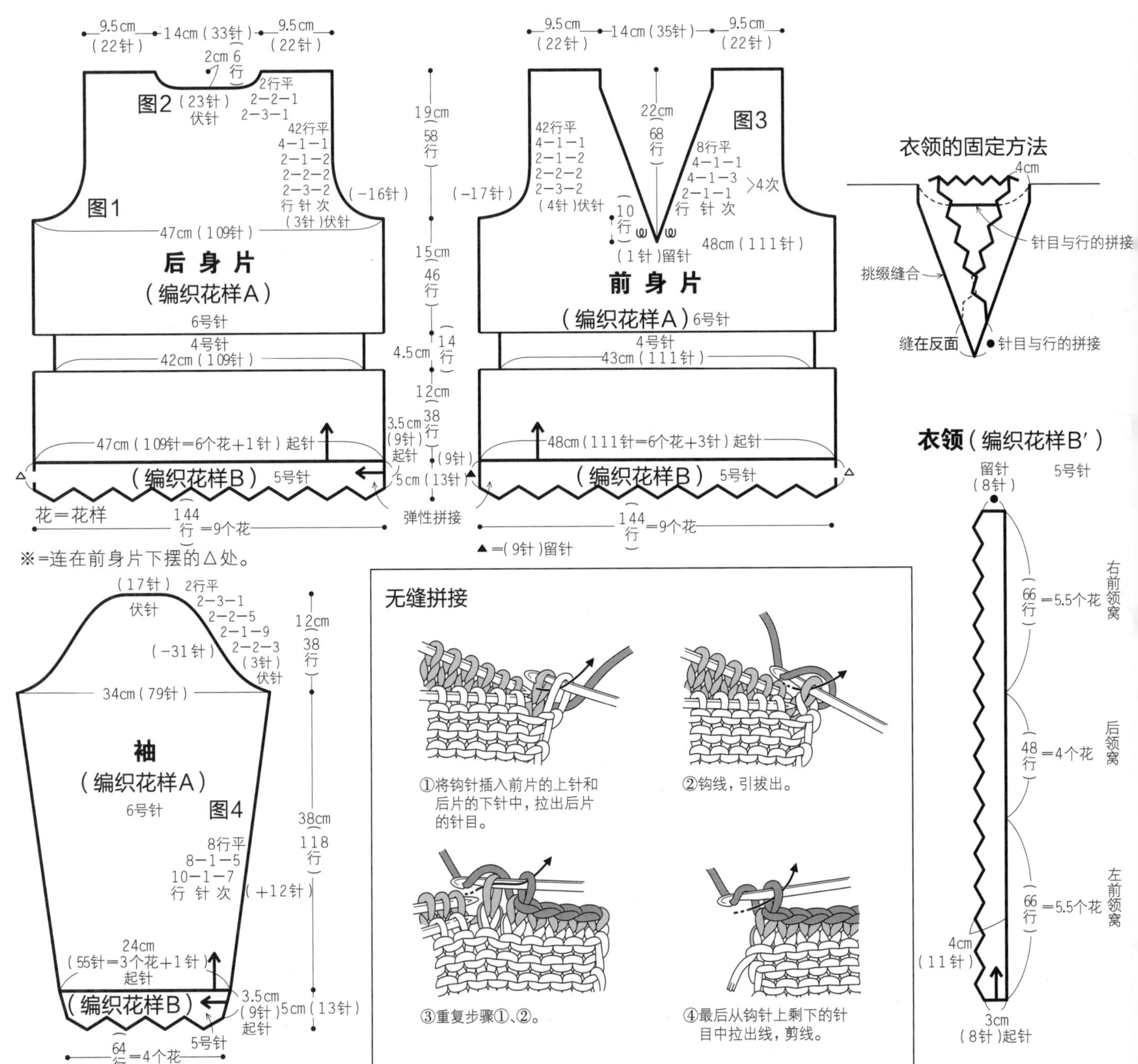

编织花样A

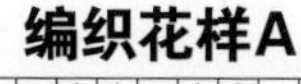

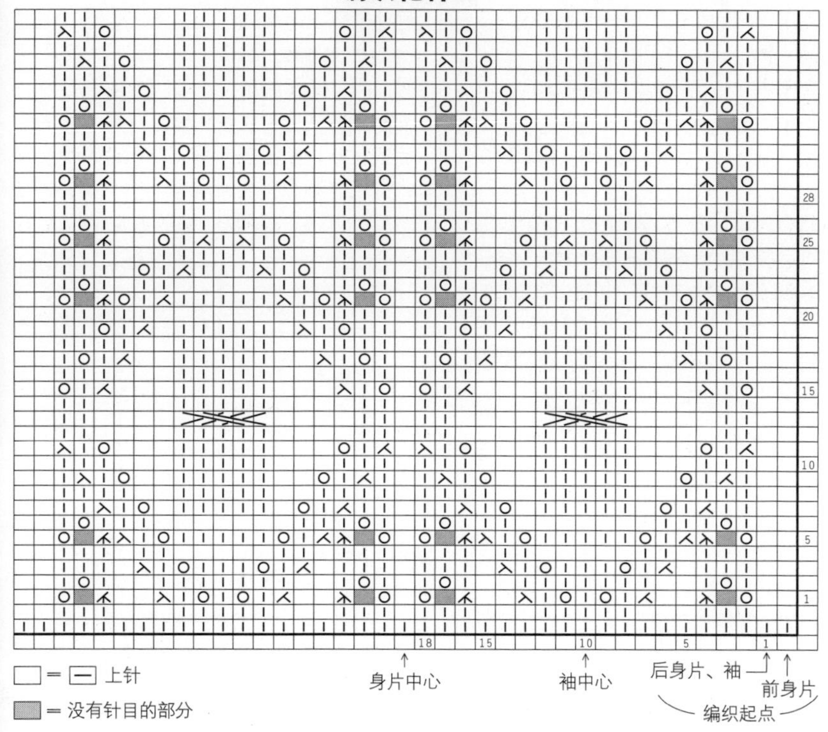

□ = ⊟ 上针
▩ = 没有针目的部分
身片中心
袖中心
后身片、袖
前身片
编织起点

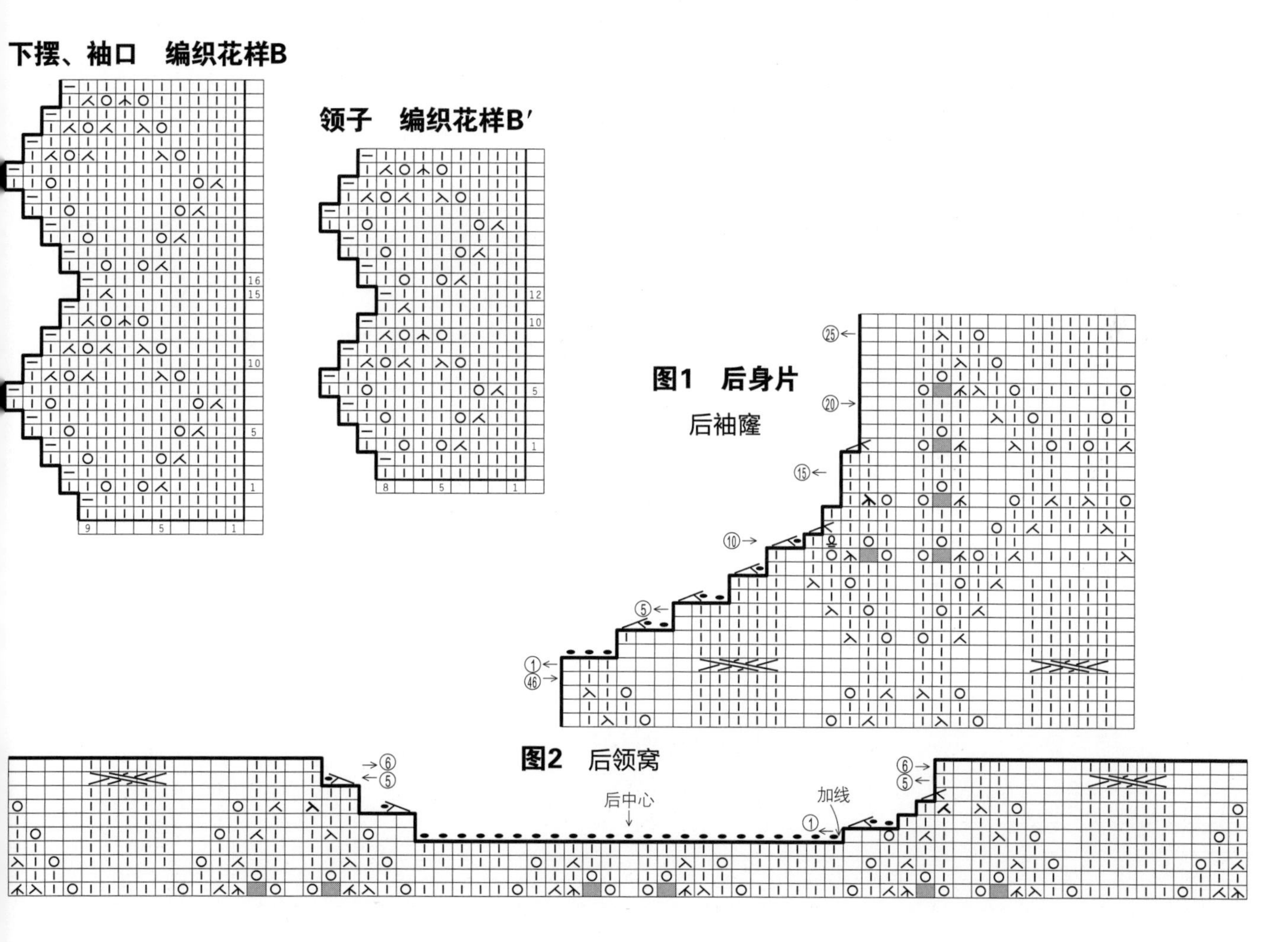

下摆、袖口　编织花样B
领子　编织花样B′
图1　后身片
后袖窿
图2　后领窝
后中心
加线

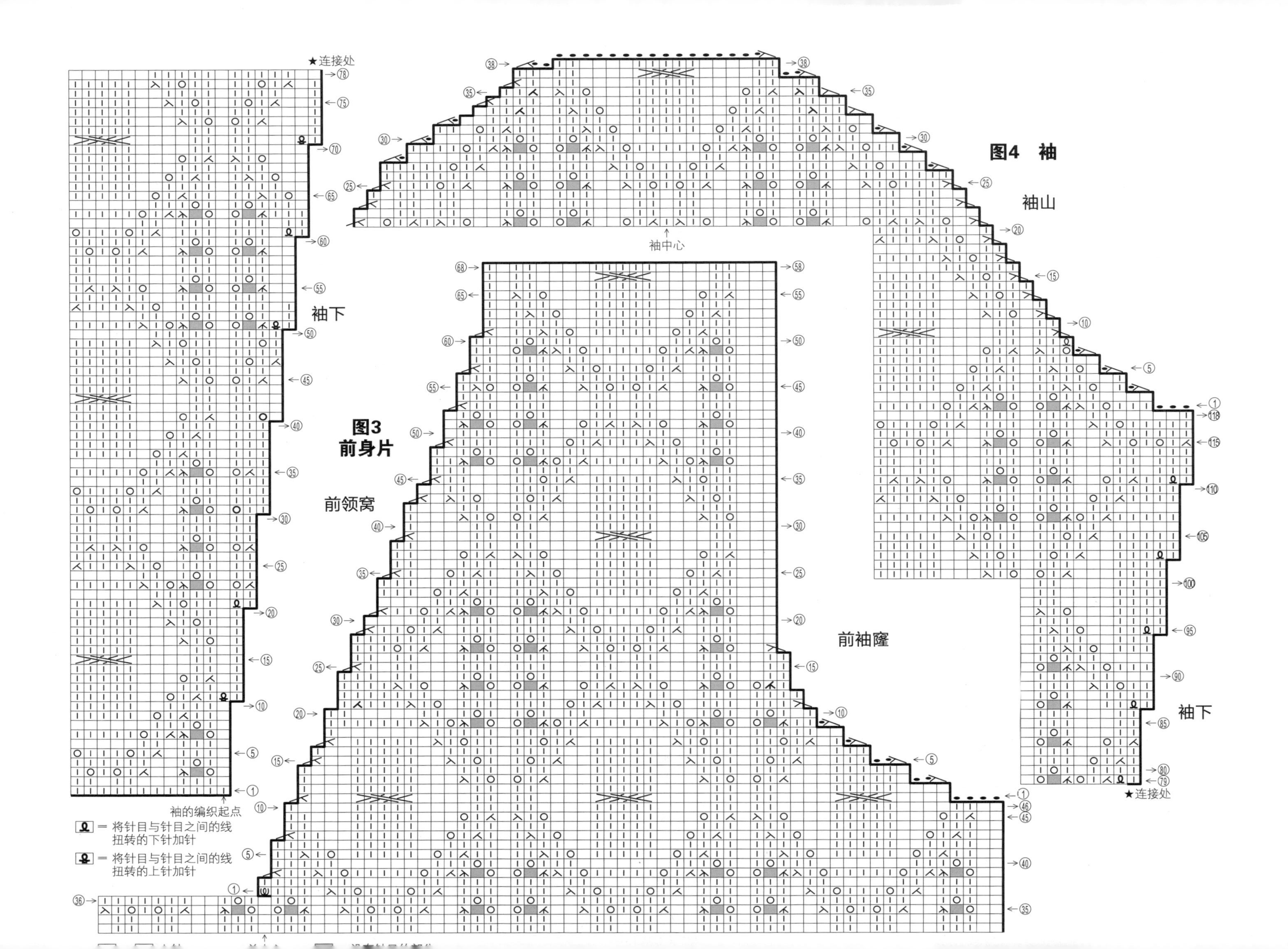

★连接处
袖下
图3
前身片
前领窝
图4 袖
袖山
袖中心
前袖窿
袖下
★连接处
袖的编织起点
= 将针目与针目之间的线扭转的下针加针
= 将针目与针目之间的线扭转的上针加针

●**材料** TASMANIAN MERINO〈TWEED〉（中粗）米色线（911）510g/13团，直径2.1cm的纽扣5个，1.8cm的纽扣2个

●**工具** 棒针6号、5号、4号

●**成品尺寸** 胸围94cm，背肩宽39cm，身长57cm，袖长51.5cm

●**密度** 10cm×10cm面积内 编织花样A：31针，35行；上针编织：24针，35行

●**编织方法·组合方法** **身片** 前后身片、袖都是另线锁针起针开始编织。按照花样A编织整体，加减针参照图1～图4编织。前后身片下摆、袖口的花样B要解开起针，挑针编织。终点的针目要连在下一行的花样上，交叉后编织双罗纹针收针。**组合** 将肩部前后片正面相对合起，做无缝拼接。衣领，参照图5，从领窝挑针编织。终点的针目按照和下摆、袖口相同的要领收针。将身片和袖做针目与行的拼接，胁部、袖下做挑缀缝合。在右前襟上开扣眼。在左前襟上固定纽扣，完成。

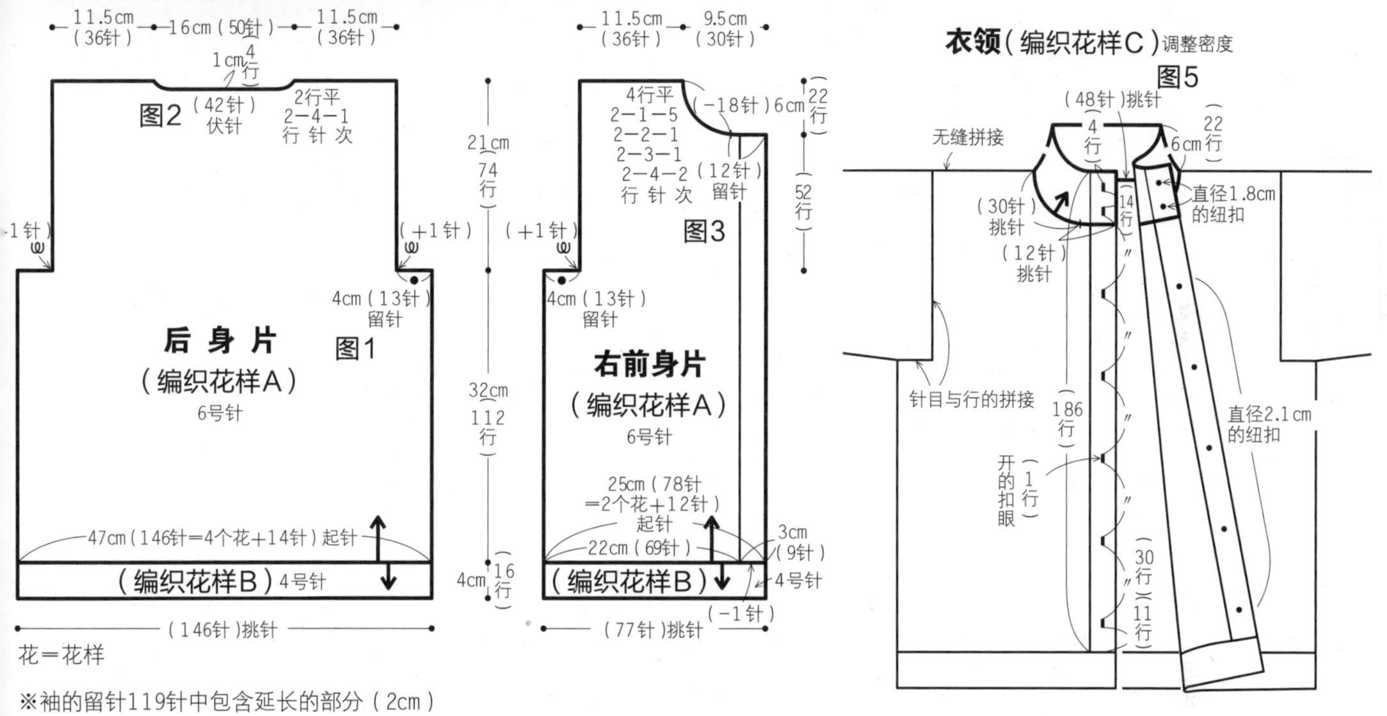

花=花样

※袖的留针119针中包含延长的部分（2cm）

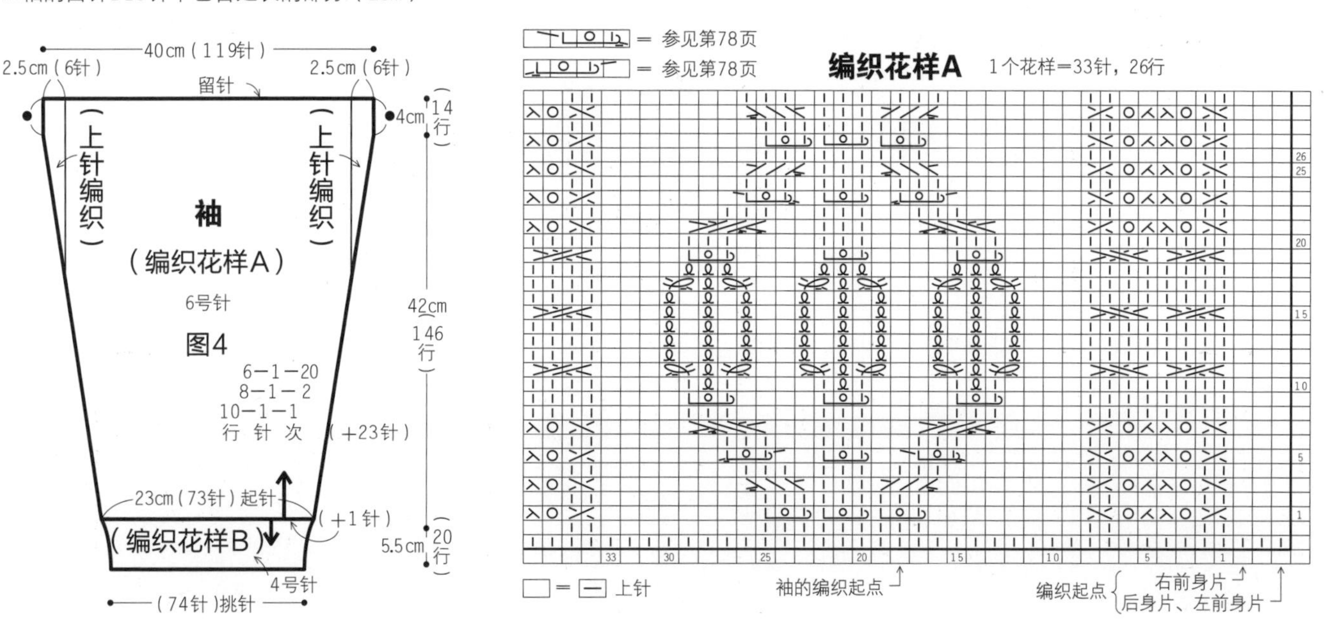

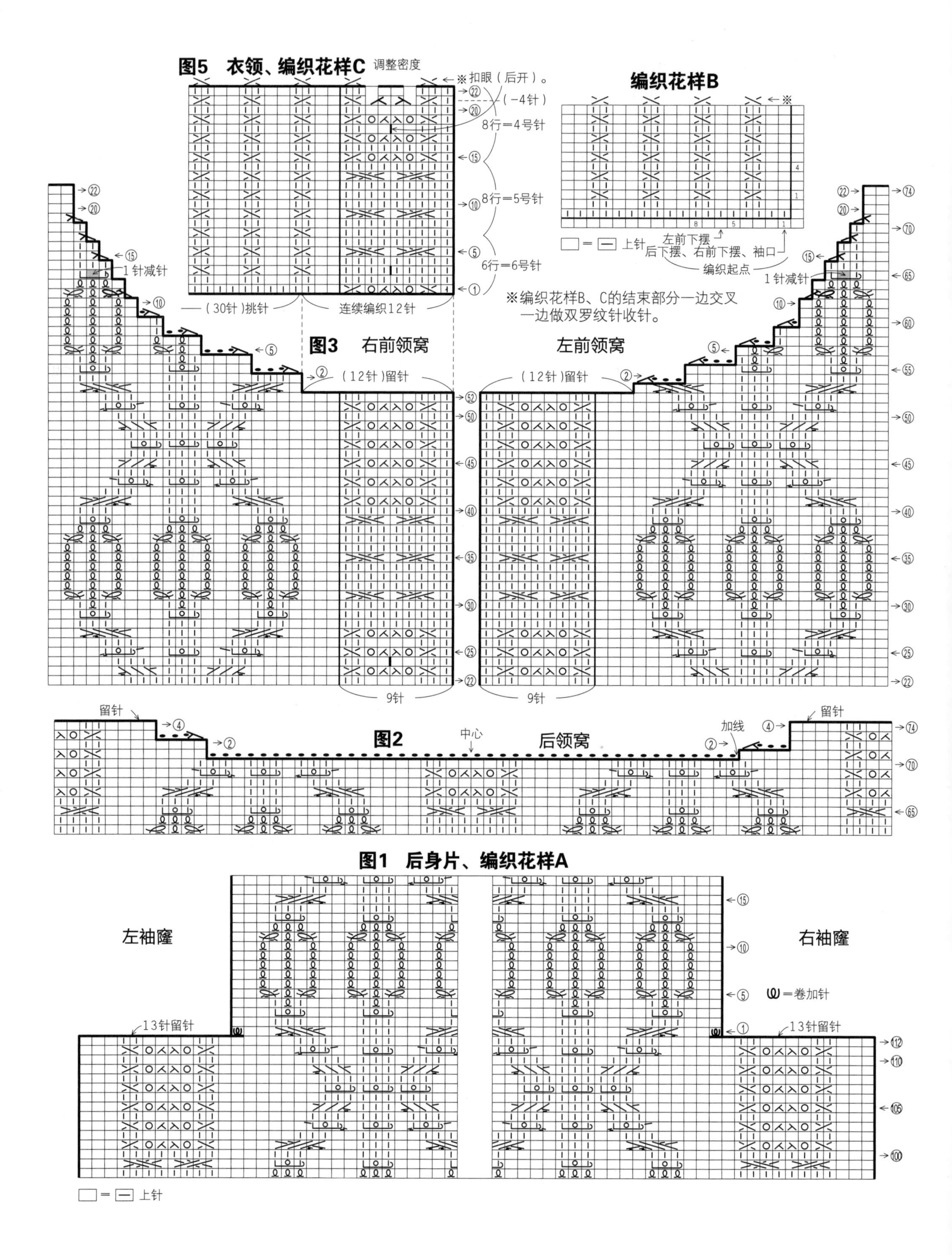

图5 衣领、编织花样C
调整密度
※扣眼（后开）。
（-4针）
8行=4号针
8行=5号针
6行=6号针
（30针）挑针
连续编织12针
※编织花样B、C的结束部分一边交叉
一边做双罗纹针收针。
编织花样B
□=⊟ 上针
左前下摆
后下摆、右前下摆、袖口
编织起点
图3 右前领窝
左前领窝
1针减针
（12针）留针
9针
图2 后领窝
留针
中心
加线
图1 后身片、编织花样A
左袖窿
右袖窿
13针留针
=卷加针
□=⊟ 上针

图4 袖 编织花样A

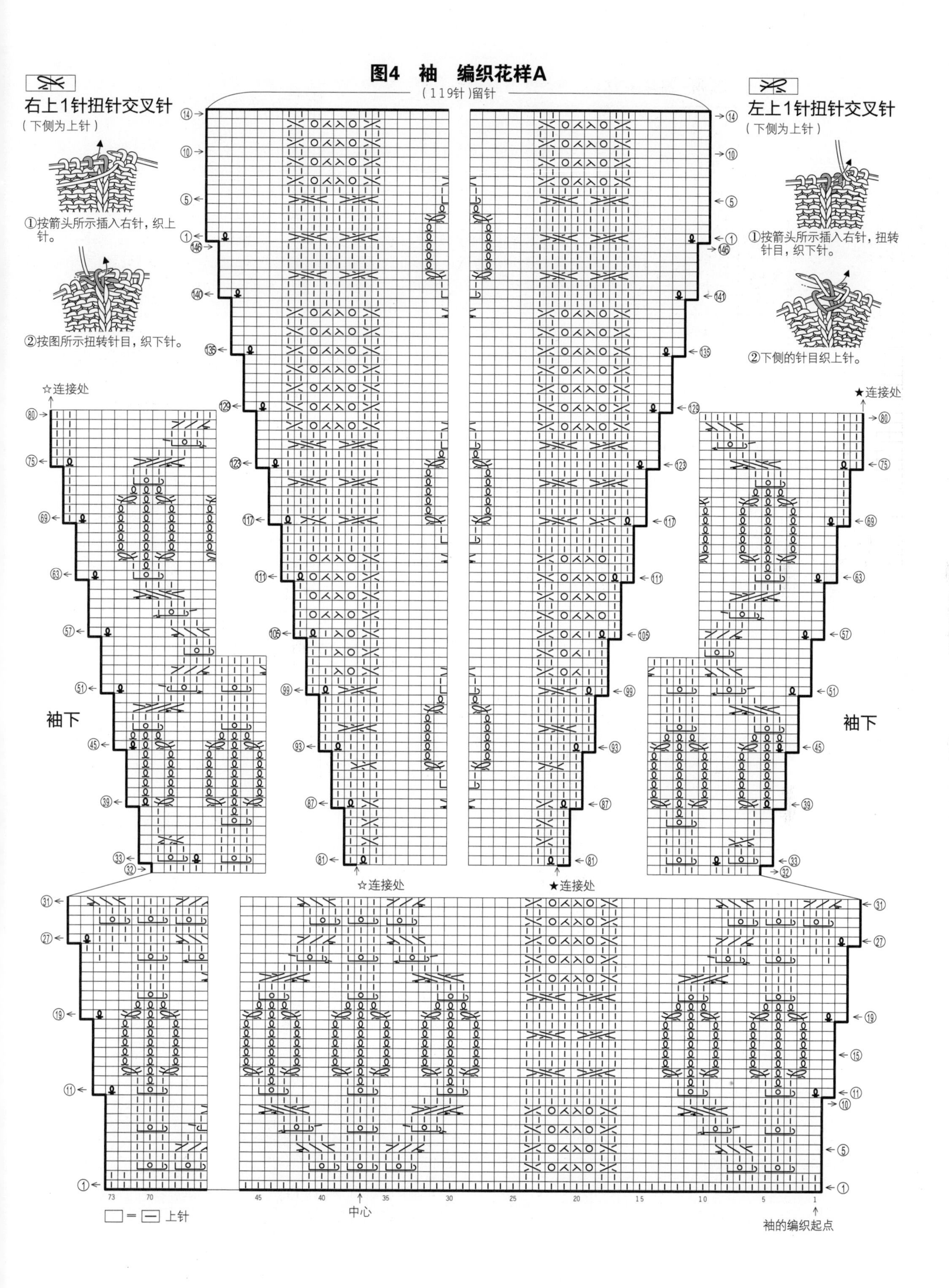

(119针)留针
右上1针扭针交叉针
(下侧为上针)
①按箭头所示插入右针，织上针。
②按图所示扭转针目，织下针。
左上1针扭针交叉针
(下侧为上针)
①按箭头所示插入右针，扭转针目，织下针。
②下侧的针目织上针。
☆连接处
★连接处
袖下
袖下
中心
袖的编织起点
□ = ⊟ 上针

page57

37

●**材料** DIAMOHAIRDEUX〈ALPACA〉（中粗）米色（718）250g/7团

●**工具** 棒针8号、6号

●**成品尺寸** 胸围96cm，背肩宽34cm，身长54cm，袖长55.5cm

●**针数** 10cm×10cm面积内 上针编织22针，32行；编织花样A：26针，32行

●**编织方法·组合方法** **身片** 在身片下摆处另线锁针起针，布局上针和花样A，开始编织。袖窿、领窝的减针是编织伏针和侧边1针立式减针，下肩处做留针的往返编织。下摆，解开另线锁针起针，挑针编织花样B。终点的针目要一边扭转下针，一边编织单罗纹针收针。**袖** 按照和身片相同的要领另线锁针起针，袖下在1针的内侧做扭针的加针，袖山要编织伏针和侧边1针立式减针。解开另线锁针起针，挑针编织花样B′，按照和下摆相同的要领编织单罗纹针收针。**组合** 肩部前后片正面相对合起，做无缝拼接，衣领要挑针，按照花样B′编成环形。胁部、袖下做挑缀缝合，将袖引拔缝合于身片。

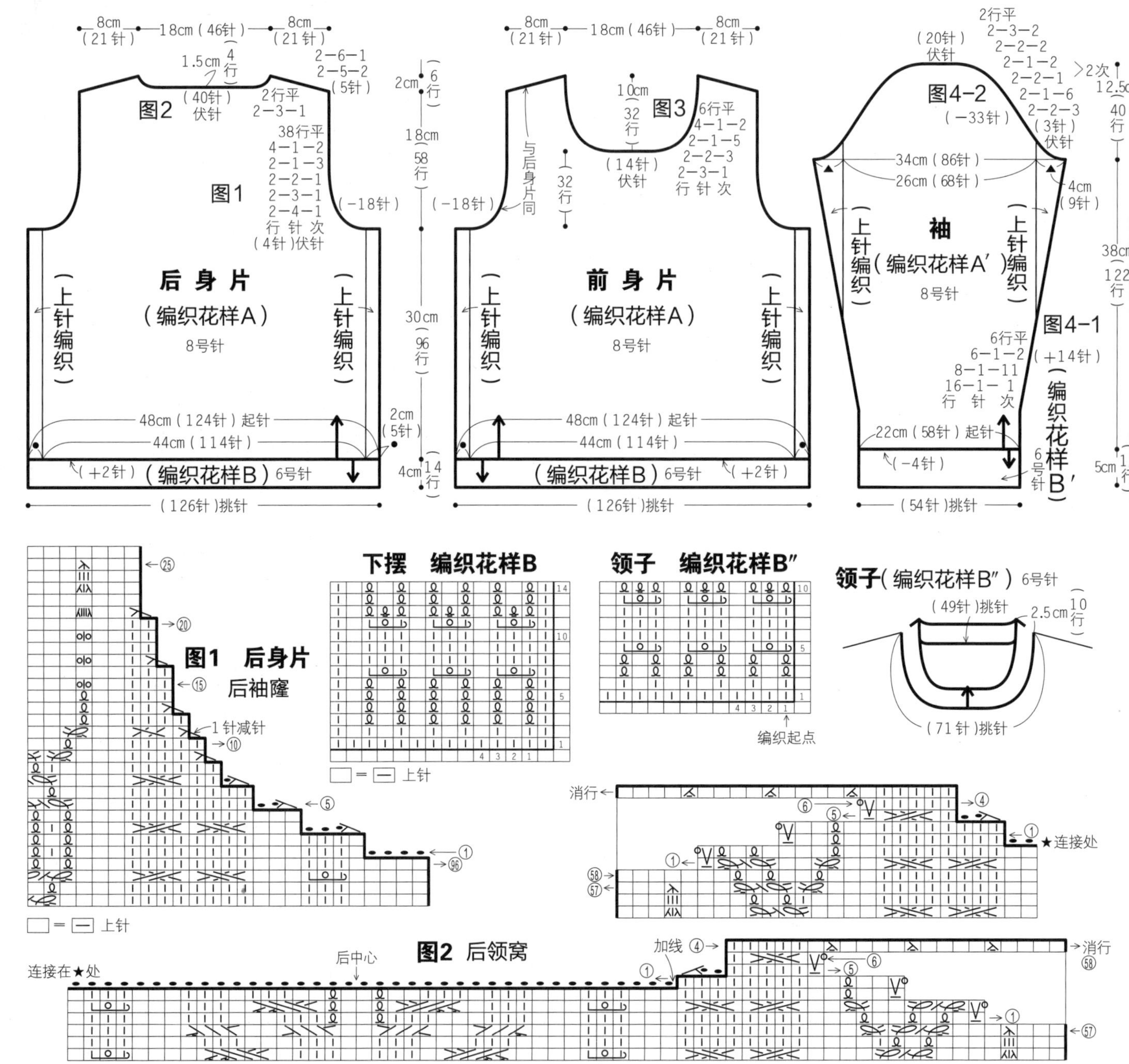

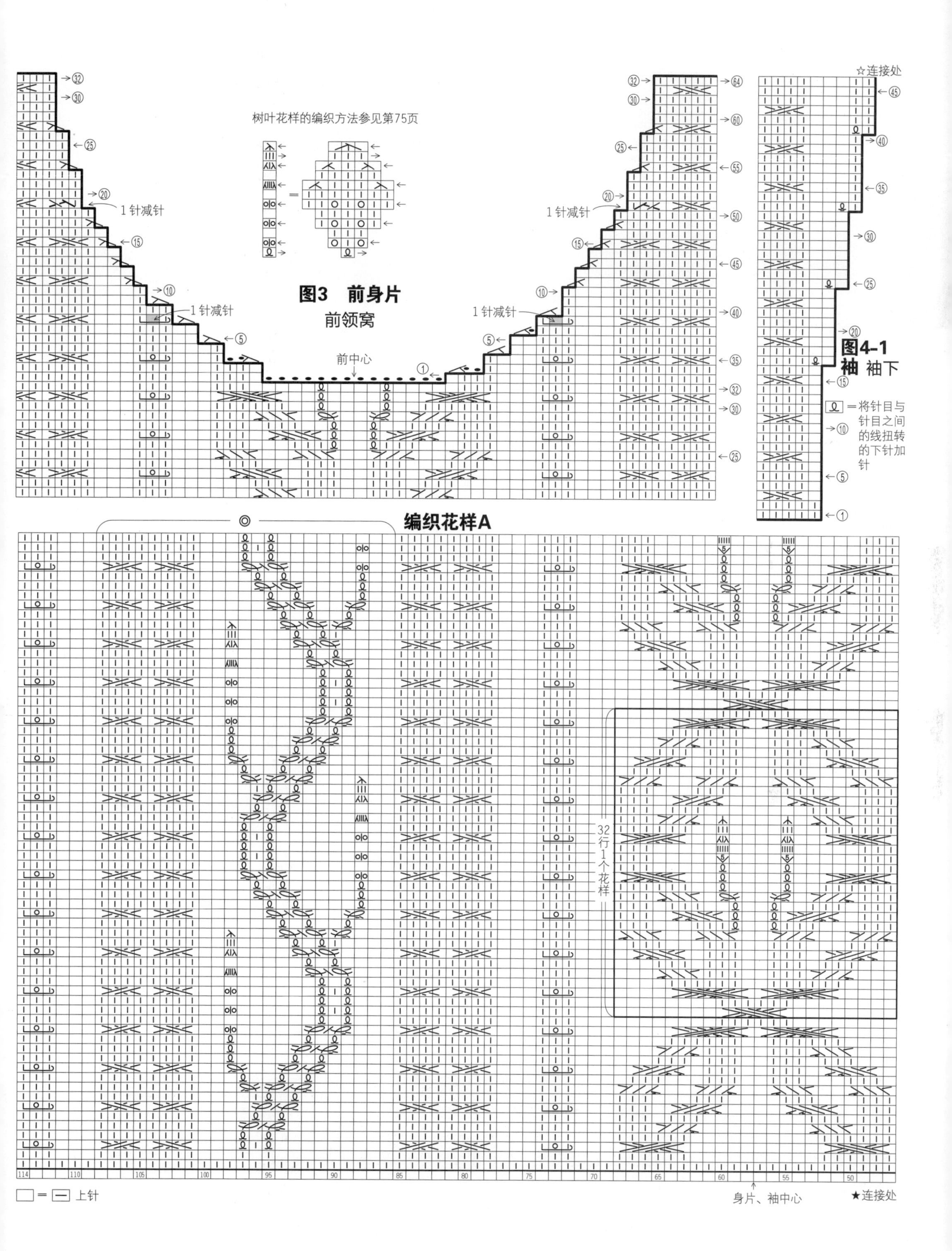

树叶花样的编织方法参见第75页
图3 前身片
前领窝
1针减针
前中心
☆连接处
图4-1 袖 袖下
=将针目与针目之间的线扭转的下针加针
编织花样A
32行1个花样
= 上针
身片、袖中心
★连接处

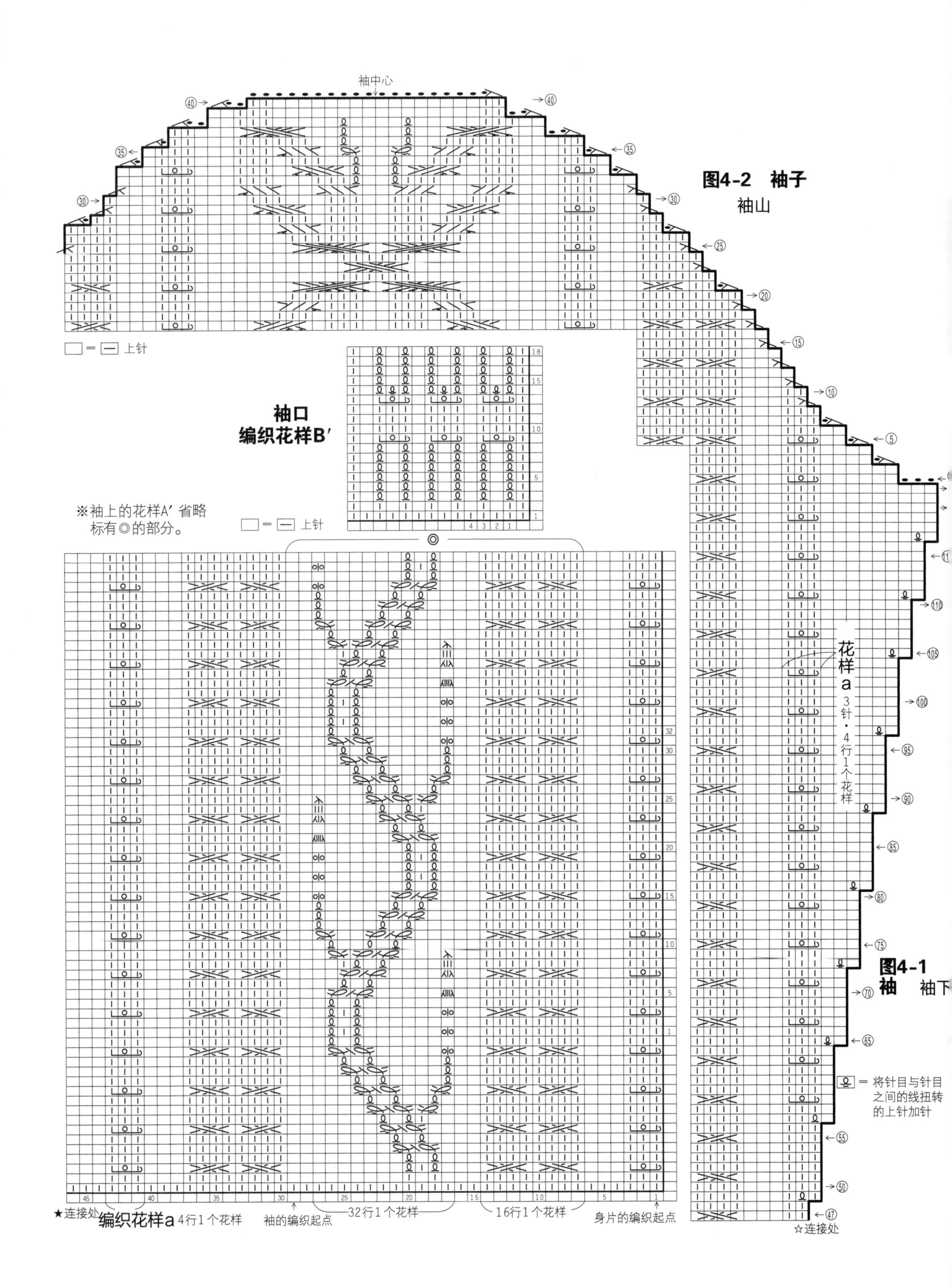

袖中心
图4-2 袖子
袖山
□ = ⊟ 上针
袖口
编织花样B′
※袖上的花样A′省略
标有◎的部分。
◎
花样a
3针·4行1个花样
图4-1
袖 袖下
= 将针目与针目之间的线扭转的上针加针
★连接处
编织花样a 4行1个花样
袖的编织起点
32行1个花样
16行1个花样
身片的编织起点
☆连接处

page60

39

●**材料** TASMANIAN MERINO（中粗）深灰色（729）420g/11团，灰色线（728）30g、白色线（701）15g/各1团

●**工具** 棒针7号、6号、5号、4号

●**成品尺寸** 胸围96cm，背肩宽34cm，身长54.5cm，袖长55cm

●**密度** 10cm×10cm面积内 编织花样A：31针，31行；编织花样B：33针，31行

●**编织方法·组合方法** **身片** 在前后身片下摆处另线锁针起针开始编织，参照图1布局花样。袖窿、领窝的减针按照伏针和侧边1针立式减针的方式编织，前领窝要留29针。**袖** 按照和身片相同的要领起针，袖下在1针内侧做扭针的加针，袖山编织伏针和侧边1针立式减针。身片、下摆和袖口要挑取另线锁针起针，织双罗纹针，终点的针目做双罗纹针收针。**组合** 肩部前后片正面相对合起，做无缝拼接，衣领要从身片领窝挑针编织，挑针成环形，在第22行前中心减1针，织双罗纹针。肋部、袖下做挑缀缝合，将衣袖引拔缝合于身片。

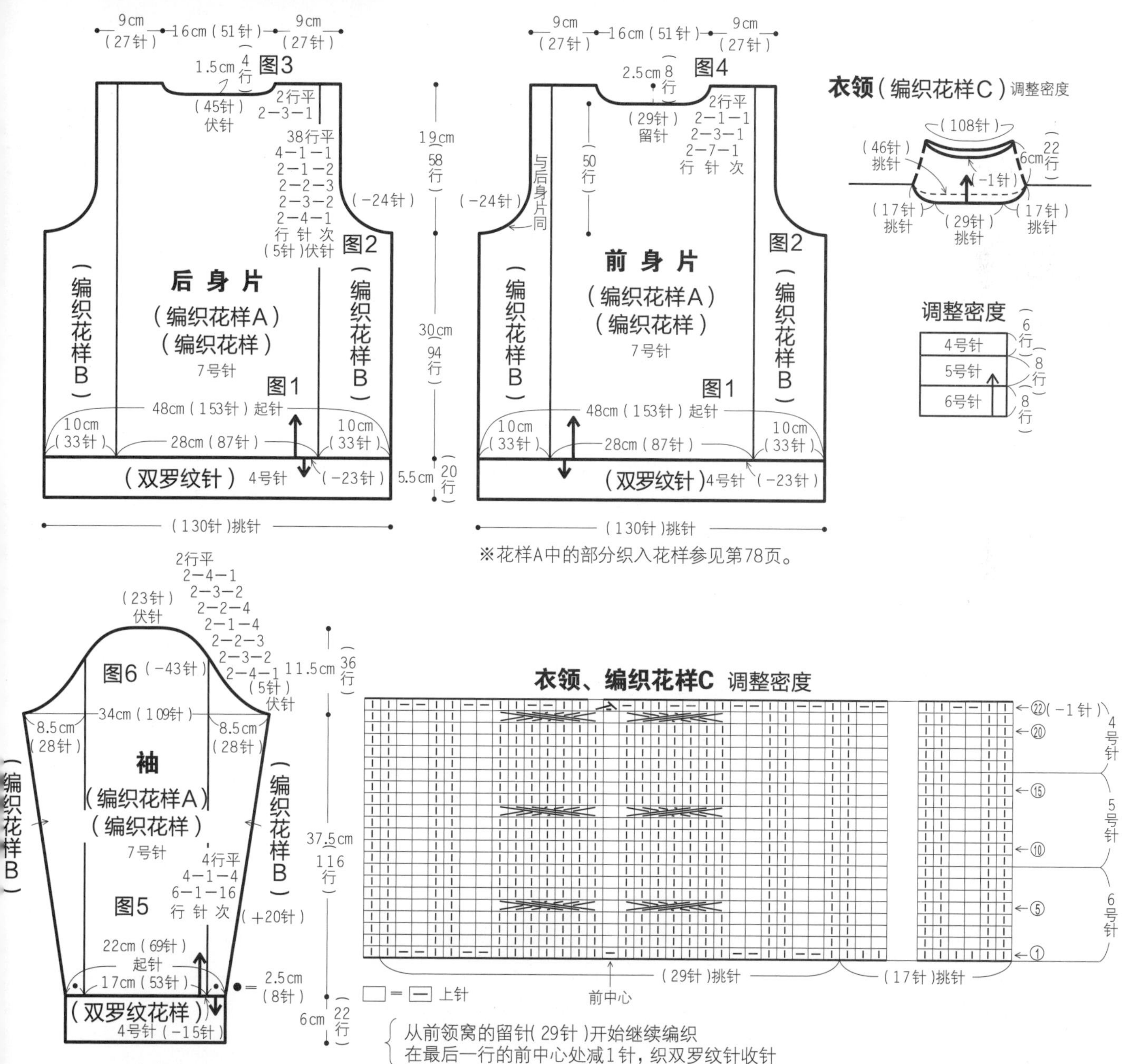

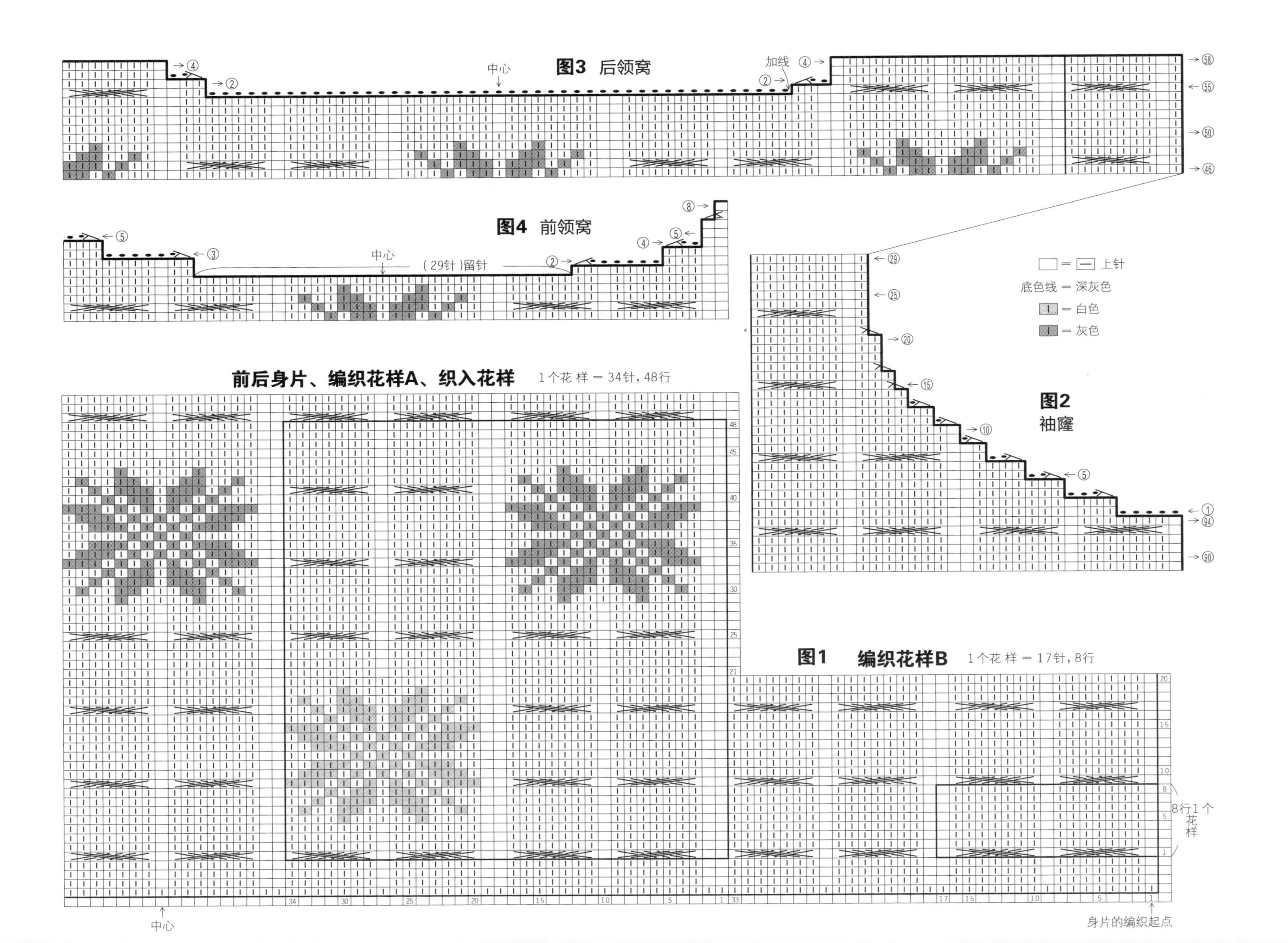
图3 后领窝
中心
加线
图4 前领窝
(29针)留针
图2
袖窿
□ = ⊟ 上针
底色线 = 深灰色
▥ = 白色
▥ = 灰色
前后身片、编织花样A、织入花样 1个花样 = 34针，48行
图1 编织花样B 1个花样 = 17针，8行
8行1个花样
身片的编织起点

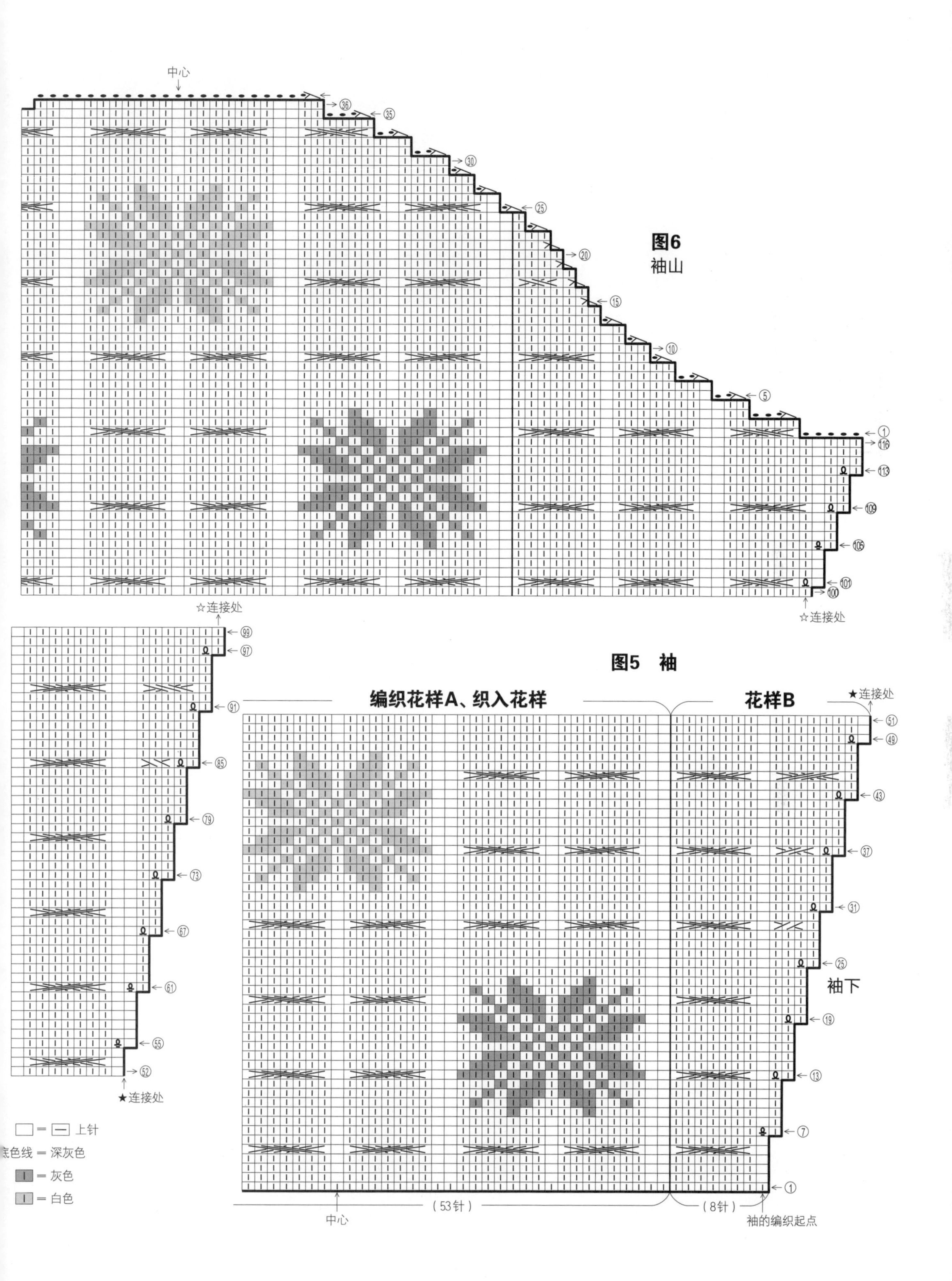
中心
图6
袖山
☆连接处
☆连接处
图5 袖
编织花样A、织入花样
花样B
★连接处
袖下
★连接处
(53针)
(8针)
中心
袖的编织起点
□ = ⊟ 上针
底色线 = 深灰色
▮ = 灰色
▮ = 白色

page62

41

●**材料**　AMIAMO ALPACA SOFT（中粗）　深蓝色（2323）230g/8团，直径1.5cm的纽扣、卡扣各3个

●**工具**　棒针7号、6号、5号、4号

●**成品尺寸**　胸围96.5cm，背肩宽35cm，身长62.5cm，袖长55cm

●**密度**　10cm×10cm面积内　编织花样A：29针，25行；编织花样B：22针，27行

●**编织方法·组合方法**　**身片**　腰部的花样A，在右前身片手指起针编织。后身片的上部从后腰挑针，在两侧各织1针卷加针。胁、袖窿、领窝、下肩参照图3、图4编织。后身片的下部也按照相同的要领挑针，胁的加针参照图6朝下摆方向编织，终点的针目编织双罗纹针收针。前身片也按照和后身片相同的要领编织。**袖**　手指起针，编织花样A'，参照图7~图9编织。**组合**　肩部做无缝拼接，袖下要将花样A'的起针和终点的针目拼接后做挑缀缝合。前襟、衣领要从身片挑针，编织双罗纹针。将衣袖引拔缝合于身片。

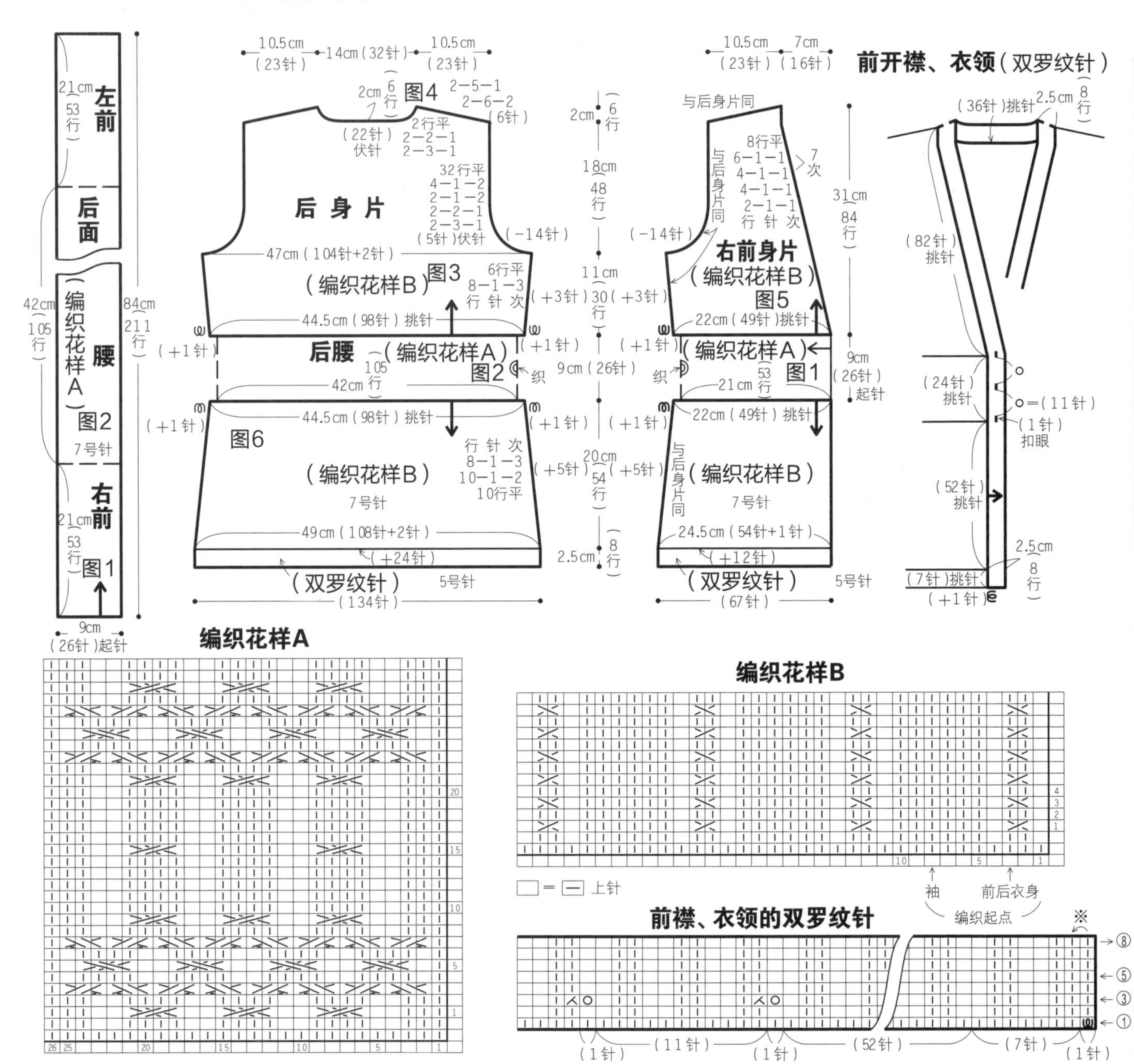

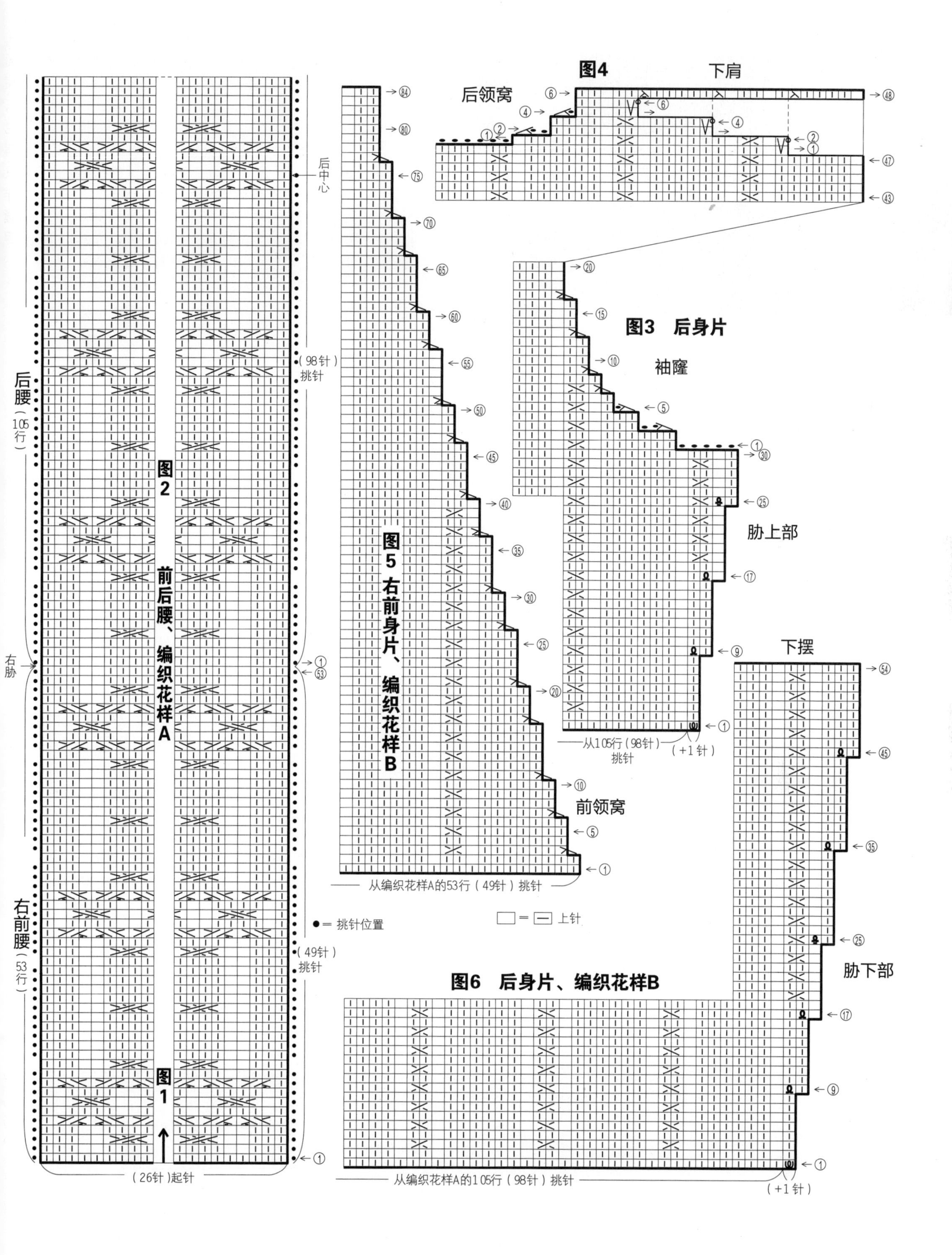
图4
下肩
后领窝
图3 后身片
袖窿
胁上部
从105行（98针）挑针
（+1针）
下摆
图5 右前身片、编织花样B
前领窝
从编织花样A的53行（49针）挑针
= 上针
图6 后身片、编织花样B
胁下部
从编织花样A的105行（98针）挑针
（+1针）
图2 前后腰、编织花样A
图1
后中心
（98针）挑针
后腰（105行）
右胁
右前腰（53行）
●＝挑针位置
（49针）挑针
（26针）起针

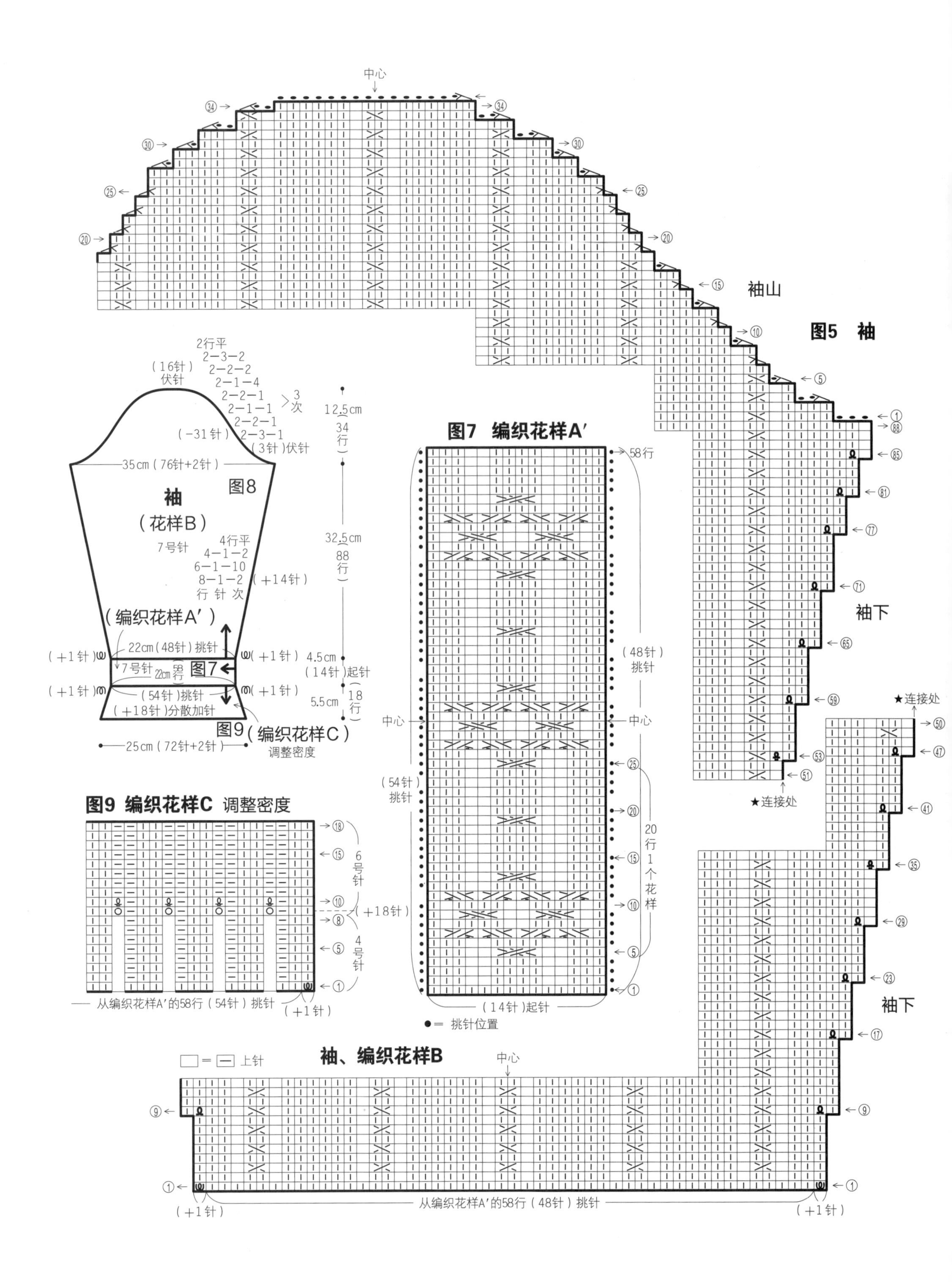

中心
袖山
图5 袖
袖下
★连接处
2行平
2-3-2
2-2-2
2-1-4
2-2-1
2-1-1
2-2-1
2-3-1
3次
(16针)伏针
(-31针)
(3针)伏针
12.5cm
34行
35cm(76针+2针)
图8
袖
(花样B)
7号针
4行平
4-1-2
6-1-10
8-1-2
行 针 次
(+14针)
32.5cm
88行
(编织花样A')
22cm(48针)挑针
(+1针)
7号针
22cm
58行
图7
4.5cm
(14针)起针
(54针)挑针
(+18针)分散加针
5.5cm
18行
图9
(编织花样C)
调整密度
25cm(72针+2针)
图7 编织花样A'
58行
(48针)挑针
中心
(54针)挑针
20行1个花样
(14针)起针
●= 挑针位置
图9 编织花样C 调整密度
6号针
4号针
(+18针)
从编织花样A'的58行(54针)挑针
(+1针)
□=□ 上针
袖、编织花样B
从编织花样A'的58行(48针)挑针

page61

40

●**材料** TASMANIAN MERINO〈TWEED〉(中粗)蓝灰色(912)260g/7团，TASMANIAN MERINO(中粗)浅茶色(704)20g/1团，原色(702)、茶色(707)各10g/各1团

●**工具** 棒针6号、7号、5号、8号

●**成品尺寸** 长45cm

●**密度** 10cm×10cm面积内 编织花样25针，28行，编织花样A：28针，31行

●**编织方法·组合方法** **身片** 下摆的花样B的切换位置另线锁针起针，编织加入花样A。共有20个花样A，用7号针编织25行，紧接着编织4行花样B。换成6号针，共有6个花样A，参照图2分散减针编织。衣领处平均加4针，一边从斗篷主体连续地调整密度一边编织。编织21行，接下来在前中心各加2针，衣领的折回部分要看着反面织平针，编织结尾做双罗纹针收针。下摆处要另线锁针起针，编织花样B，终点的针目编织双罗纹针收针。

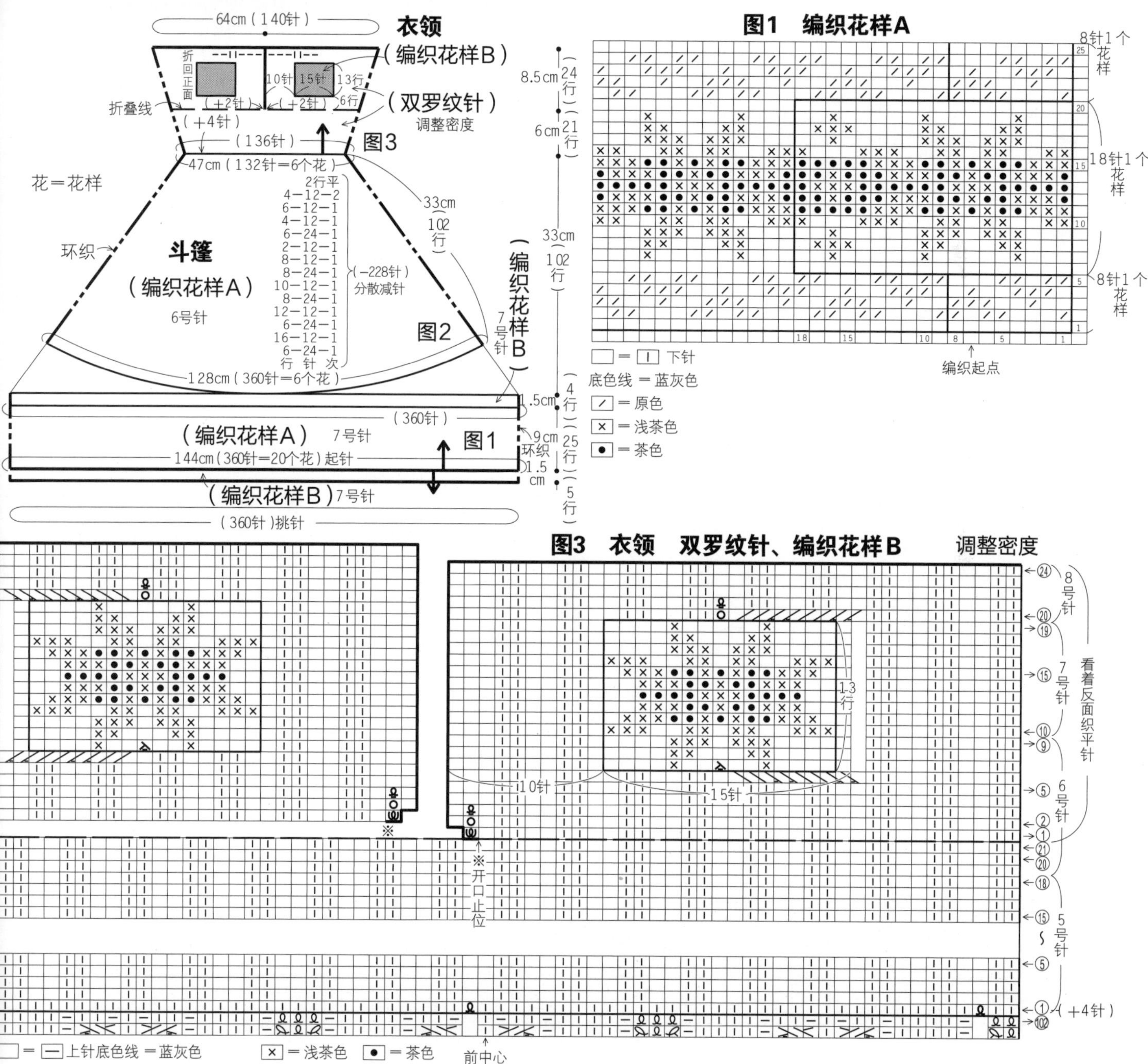

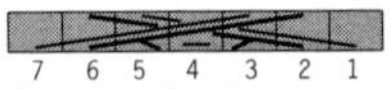

编织方法

7 6 5 4 3 2 1

①把右边的3针(1～3)和第4针穿在2根麻花针上，放在后侧待用。
②将第5、6针做左上2针并1针，第7针编织下针。
③将第4针在最里侧编织上针。
④最后，右边的3针，第1针织下针，第2、3针编织右上2针并1针。

图2 编织花样A、B

参见第79页

中心

22针1个花样

4针 1针 7针 1针 4针 1针 3针 1针

…(−12针) 102 101 100 …(−12针) 97 95 …(−12针) 93 90 …(−12针) 87 85 …(−24针) 83 80 …(−12针) 77 …(−12针) 75 70 …(−24针) 67 65 60 …(−12针) 59 55 50 …(−24针) 49 45 …(−12针) 41 40 35 30 …(−24针) 29 25 …(−12针) 23 20 15 10 …(−24针) 7 5 1

A 6号针

4 3 2 1

B 7号针

60 55 50 45 40 35 30 25 20 15 10 5 1

□=− 上针 底色线=蓝灰色

中心

编织起点

起头的方法

★另线锁针起针★

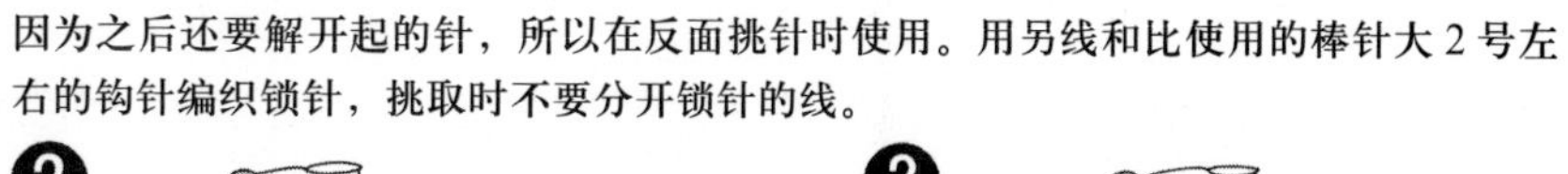
因为之后还要解开起的针，所以在反面挑针时使用。用另线和比使用的棒针大 2 号左右的钩针编织锁针，挑取时不要分开锁针的线。

❶

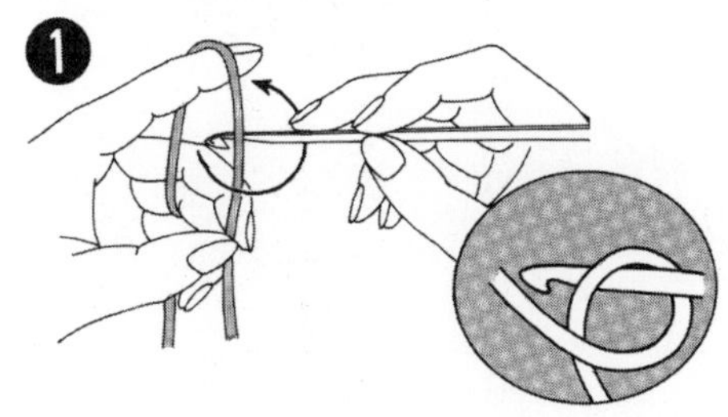

从线的后面开始按照箭头所示转动钩针，将线绕在针上。

❷

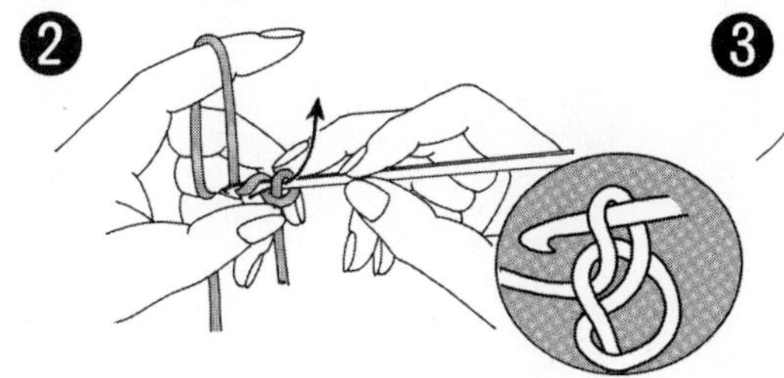

用大拇指和中指捏住线交叉的地方，钩线，引拔出线。1 针完成。

❸

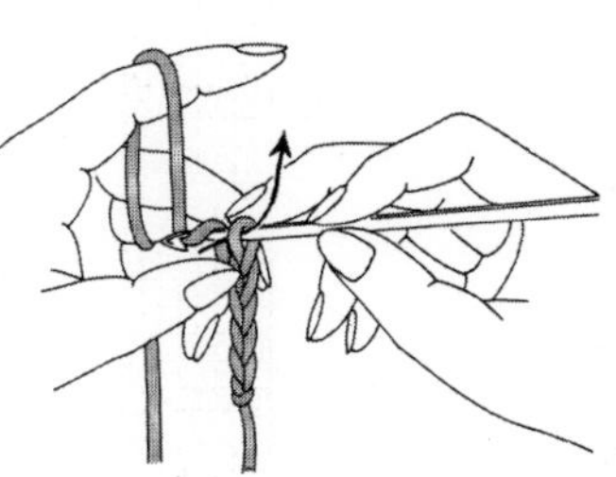

重复“钩线，引拔出”，编织出比需要针数多的锁针。最后，钩线，引拔出，剪断线头。

❹

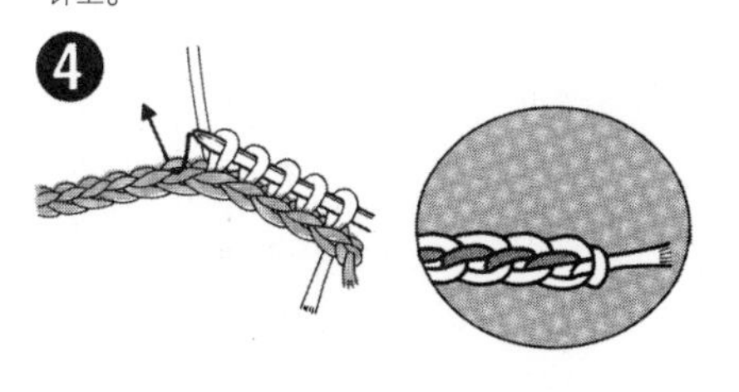

将棒针插入锁针内侧的凸起部分中，挂线，拉出。将针插入下一针目中，同样地拉出线。

❺

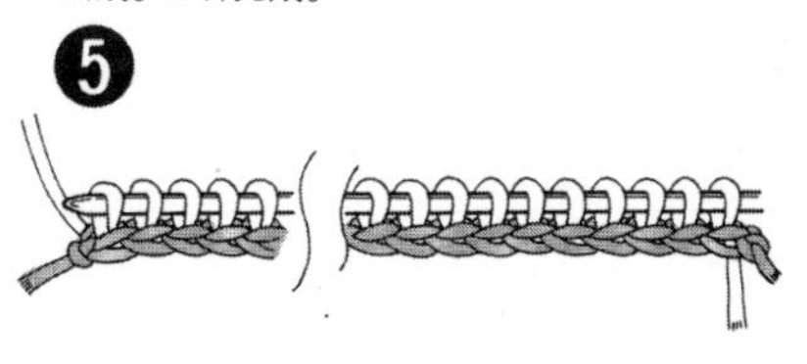

每个凸起部分挑取 1 针，挑取必要的针数。挑好的针目算作 1 行。

解开另线锁针起针的挑针方法

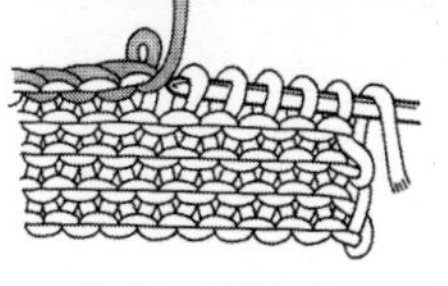

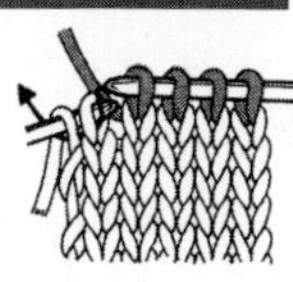

一边解开另线锁针，一边将针目移至编织罗纹针的针上。在第 1 行，编织结尾要按图示挂上线头后一起编织。

★手指起针★

这是一般情况下使用的有伸缩性的起针。

❶

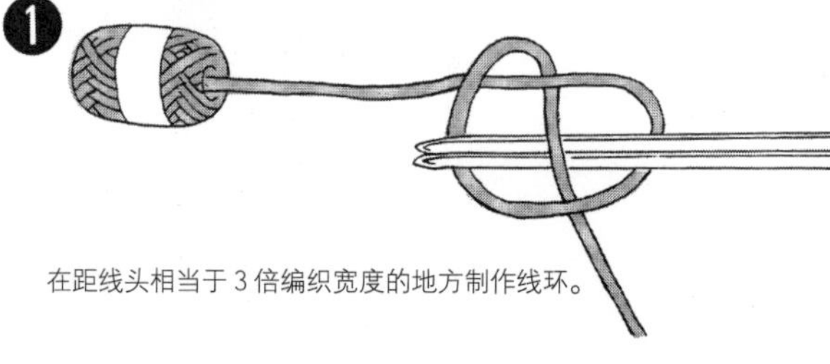

在距线头相当于 3 倍编织宽度的地方制作线环。

❷

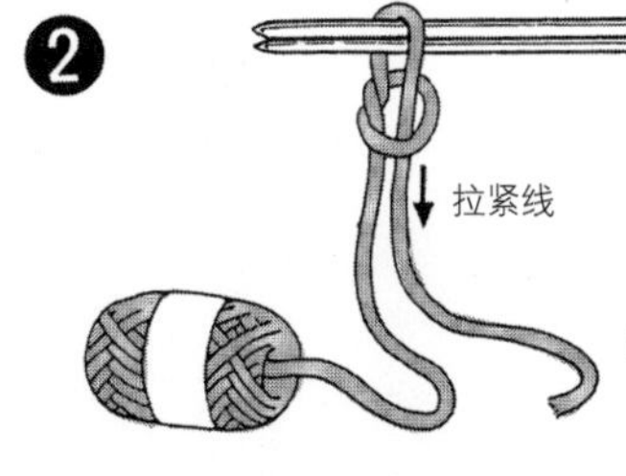

穿入 2 根针，拉短线，勒紧线环。

❸

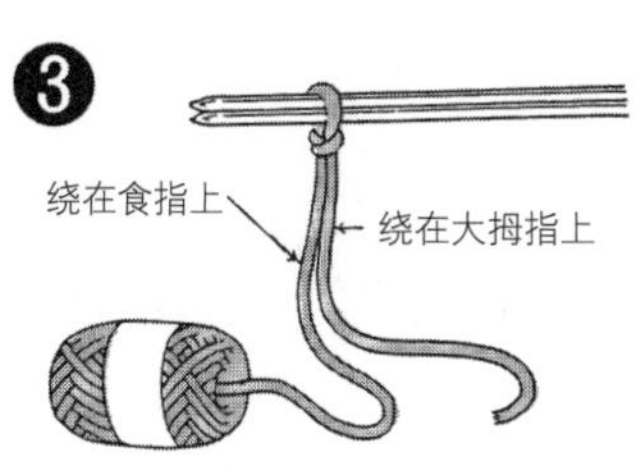

完成第 1 针。把短线绕在大拇指上，长线绕在食指上

❹

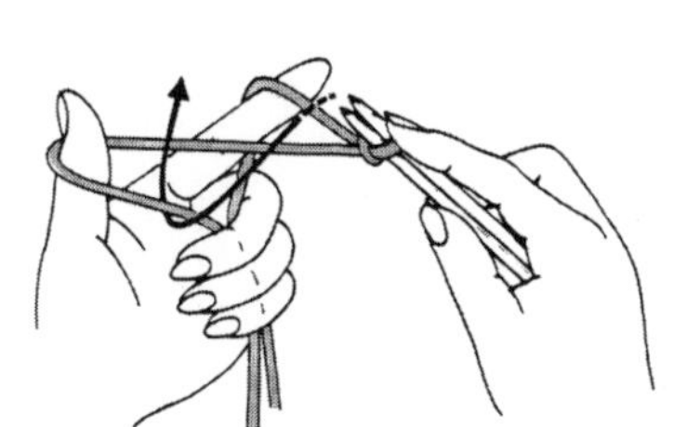

从前面按箭头所示转动棒针，将线绕到棒针上。

❺

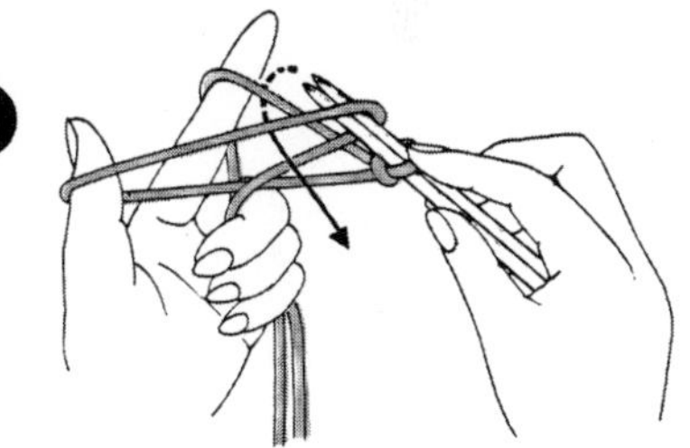

从后面按箭头所示转动棒针，将线绕到棒针上。

❻

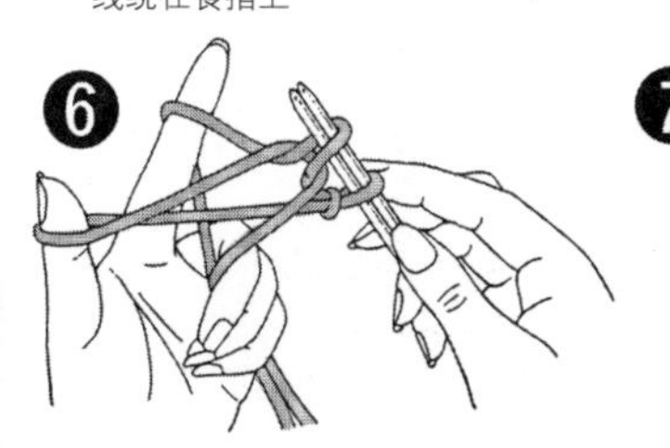

暂时取下大拇指上的线。

❼

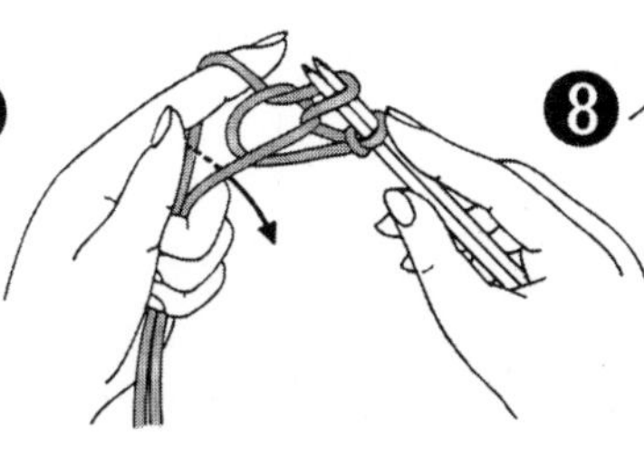

按箭头所示放入大拇指，挂线，拉紧针目。

❽

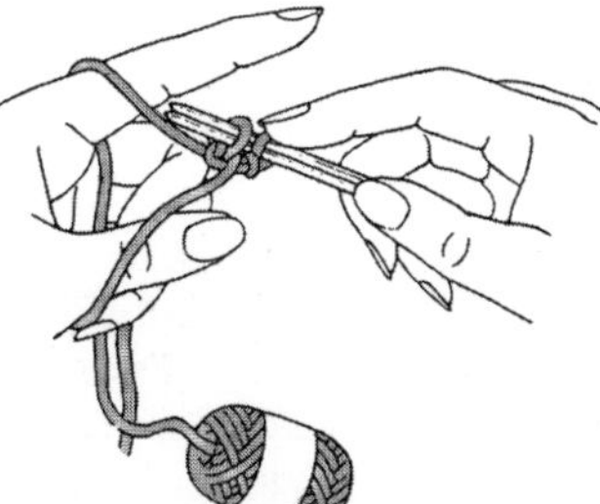

第 2 针完成。

❾

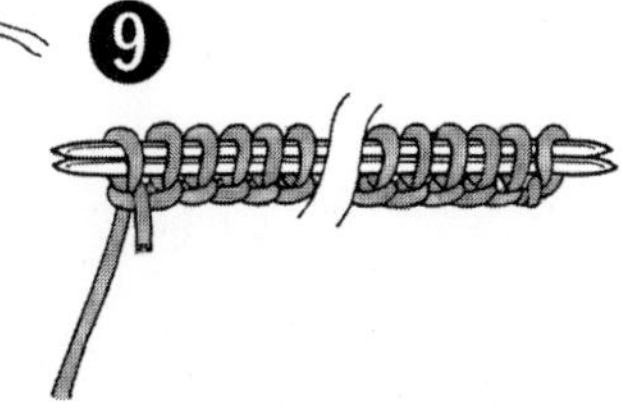

重复步骤❹～❼，制作必要针数的起针。这一行即成为第一行。抽出 1 根棒针，开始编织。

往返编织的方法

用于下肩等部分，编织时依次留针，做出倾斜的效果。

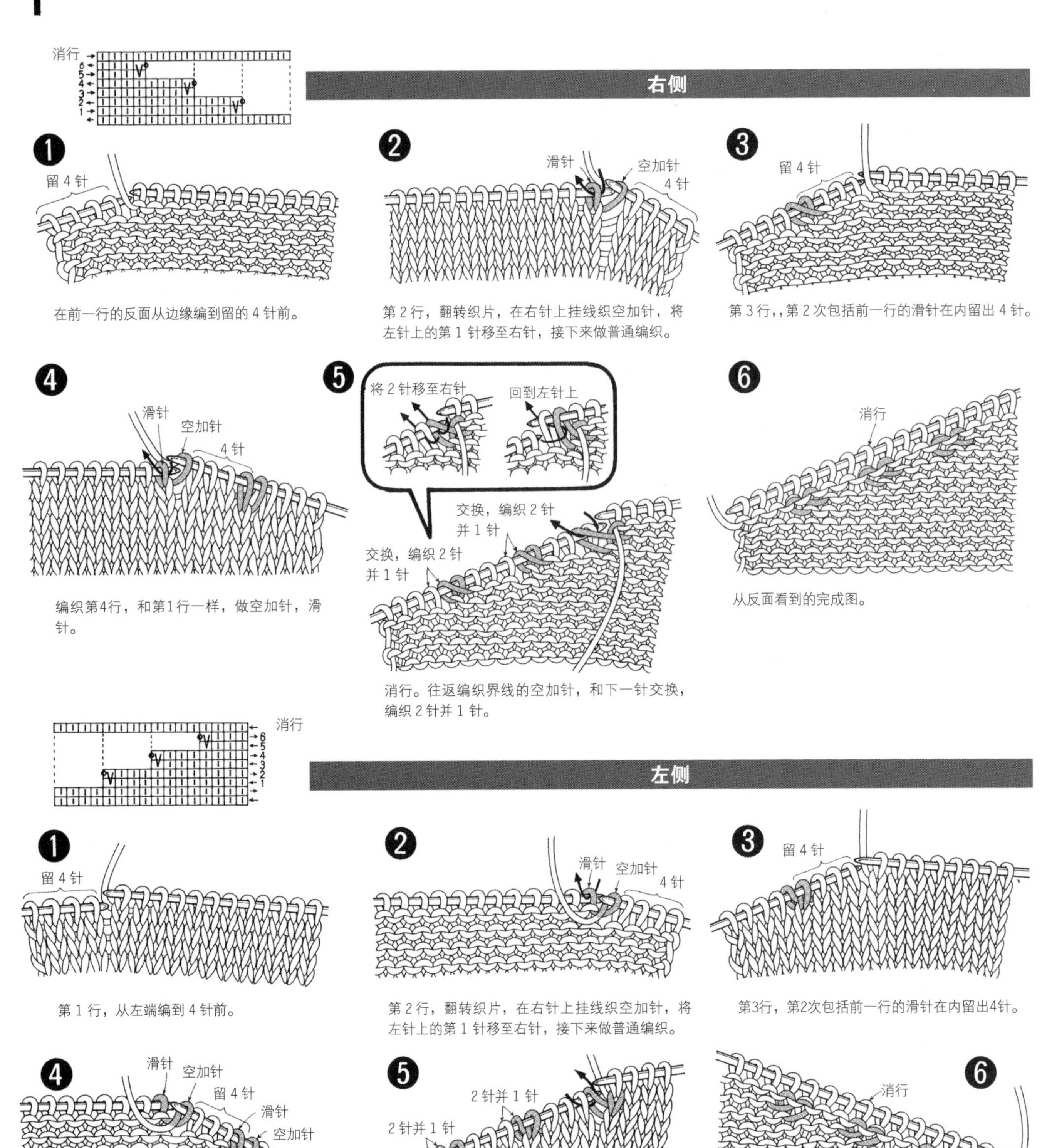

右侧

❶ 在前一行的反面从边缘编到留的 4 针前。

❷ 第 2 行，翻转织片，在右针上挂线织空加针，将左针上的第 1 针移至右针，接下来做普通编织。

❸ 第 3 行，，第 2 次包括前一行的滑针在内留出 4 针。

❹ 编织第4行，和第1行一样，做空加针，滑针。

❺ 消行。往返编织界线的空加针，和下一针交换，编织 2 针并 1 针。

❻ 从反面看到的完成图。

左侧

❶ 第 1 行，从左端编到 4 针前。

❷ 第 2 行，翻转织片，在右针上挂线织空加针，将左针上的第 1 针移至右针，接下来做普通编织。

❸ 第3行，第2次包括前一行的滑针在内留出4针。

❹ 编织第 4 行。和第 2 行一样，做空加针，滑针。

❺ 消行。往返编织界线的空加针，和下一针编织 2 针并 1 针。

❻ 从反面看到的完成图。

平均计算的方法

所谓平均计算，就是在下摆和袖口处的加减针、从身片挑出袖子或针目与行的拼接、从身片挑出前襟或缝合等情况中，指定针数的加减和行数差的计算方法。知道这个平均间隔的计算方法会非常方便。很简单，请大家务必掌握。

★在下摆、袖口的转换位置加减针时★

减针

在下摆、袖口的罗纹针的转换位置处另线锁针起针，上下部分分别编织时，下摆、袖口的针数比起针少的情况下的间隔计算。一边在第 1 行做 2 针并 1 针一边减针。

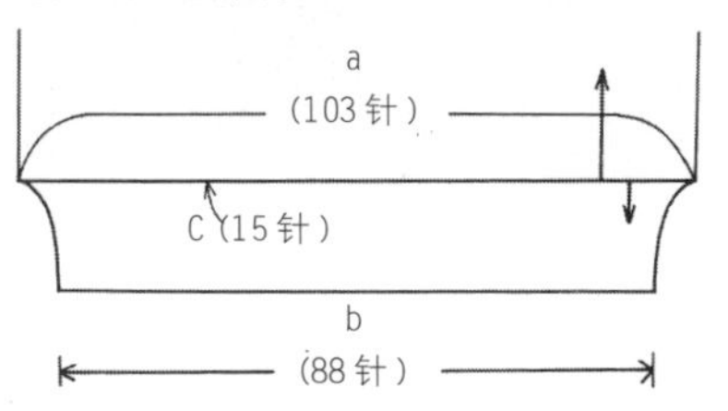

<例 1> 减针

103 针 −88 针 =15（用多的减去少的，所得的差就是减针数）

88 针 ÷15 针 =5 余 13 针（用较小的针数除以减针数）

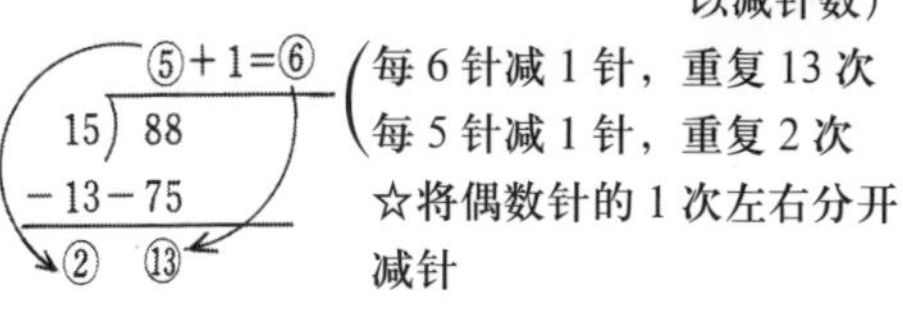

减针的间隔

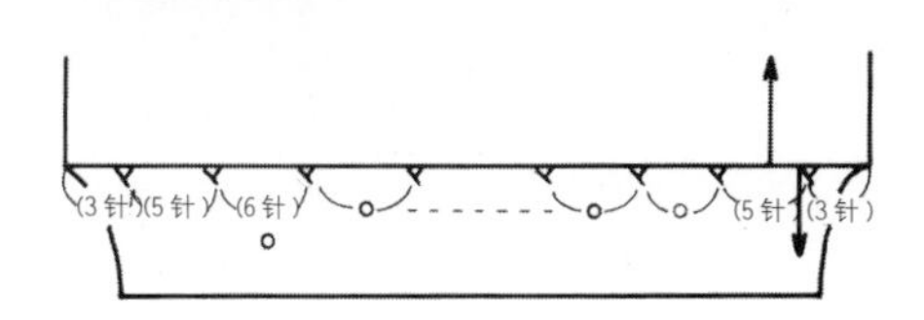

加针

从下摆、袖口的罗纹针起针编织时，在身片和袖口处增加针数时的计算。加针要在编织第 1 行时一边做扭加针一边增加。

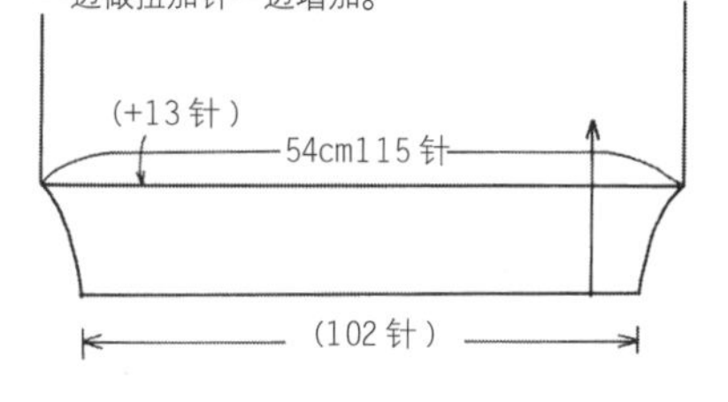

<例 2> 加针

115 针 −102 针 =13 针

102 针 ÷13 针 =7 余 11 针

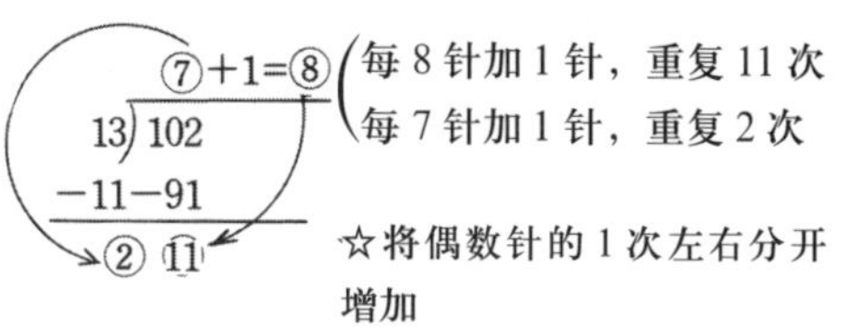

加针的间隔

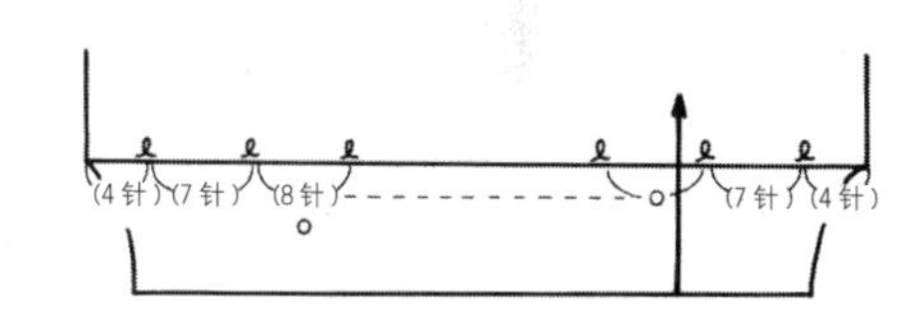

★从身片挑出前襟时★

这是从身片挑出前开毛衫前襟时的计算。决定下摆和衣领的罗纹针的挑针方法，剩下的部分平均计算。

⊙得出从罗纹针挑针的针数的方法

●从下摆的罗纹针（宽）挑针要重复“挑 3 针跳 1 行”，把没有满的行按原样挑针。

●从衣领的罗纹针（窄）挑针要重复“挑 2 针跳 1 行”。

⊙身片的挑针数计算

91 针 −（17 针 +7 针）=67 针

100−67=33+ 间隔数 1

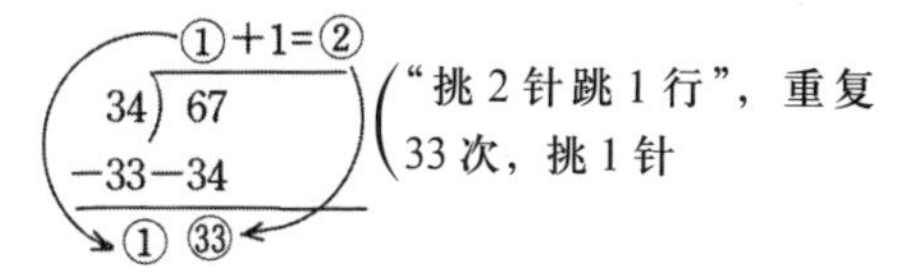

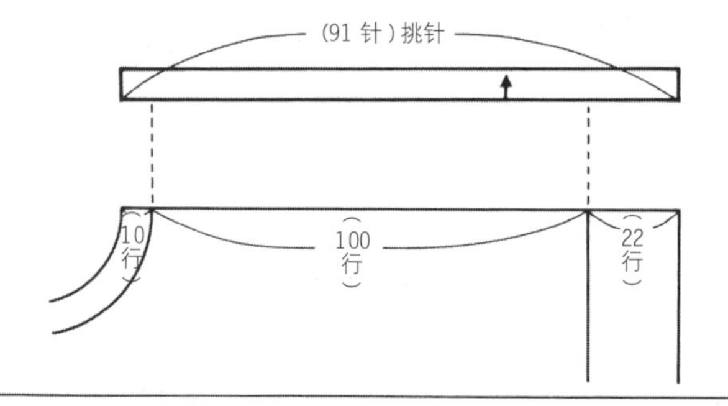

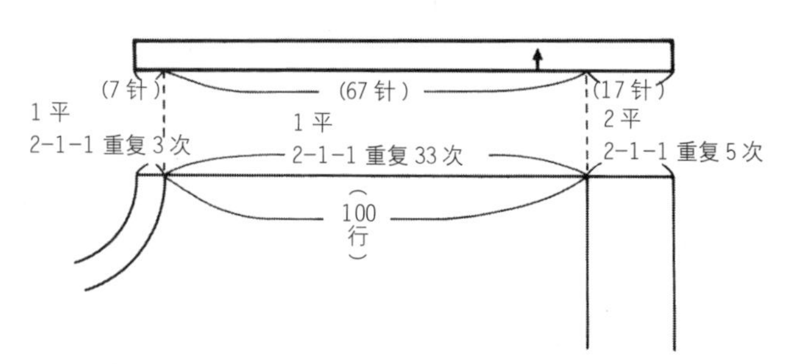

1 行的挑针位置

无论是下针还是上针，都从边缘开始在 1 针内侧的针目之间入针，挑出。

●符号是插针位置。

下针情况

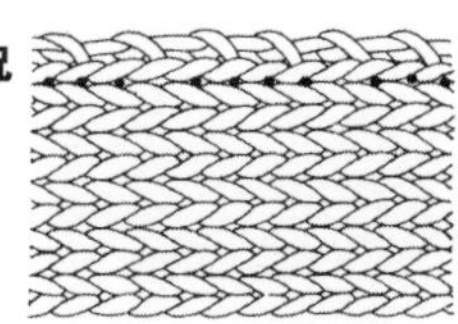

上针情况

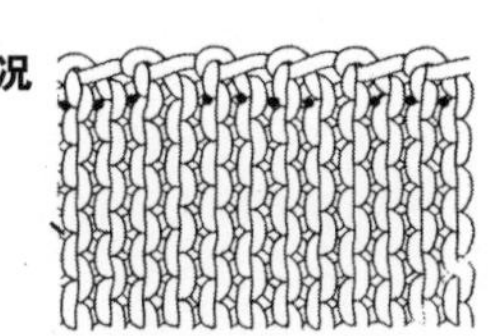

拼接方法、缝合方法

将织片的针目与针目连接起来叫作“拼接”，将织片的行与行连接起来叫作“缝合”，这是在将各部分组成作品时使用的方法。

★引拔拼接★

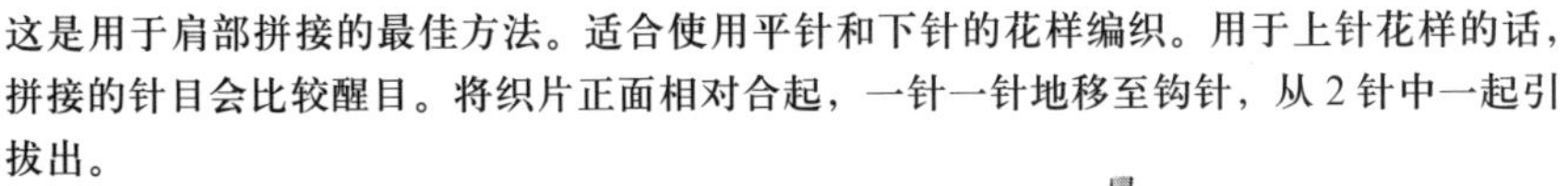
这是用于肩部拼接的最佳方法。适合使用平针和下针的花样编织。用于上针花样的话，拼接的针目会比较醒目。将织片正面相对合起，一针一针地移至钩针，从 2 针中一起引拔出。

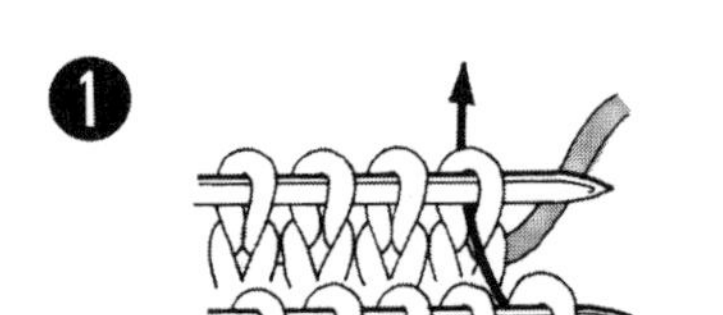

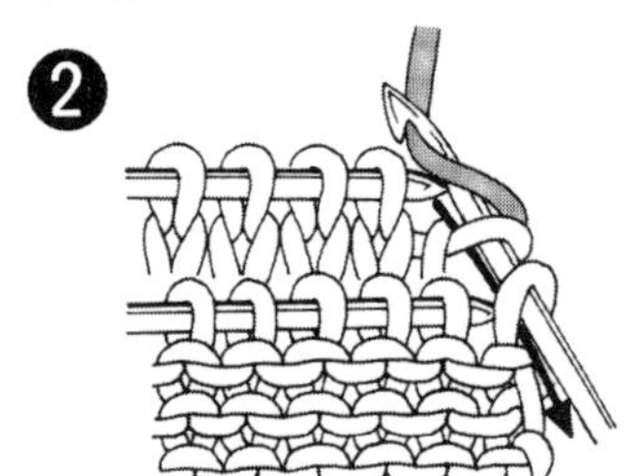

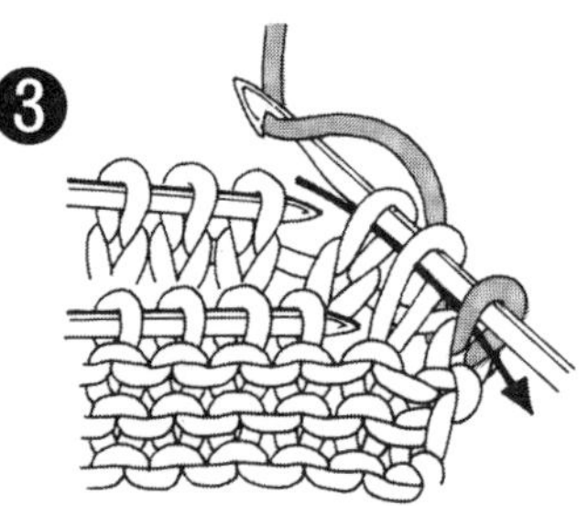

★无缝拼接★

常用于肩部拼接。因为费工夫，所以比较适合熟练掌握编织的人和上针花样。前身片在前面，后身片在后面，正面相对合起，把后侧的针目从前面的针目中拉出，用引拔针收针。

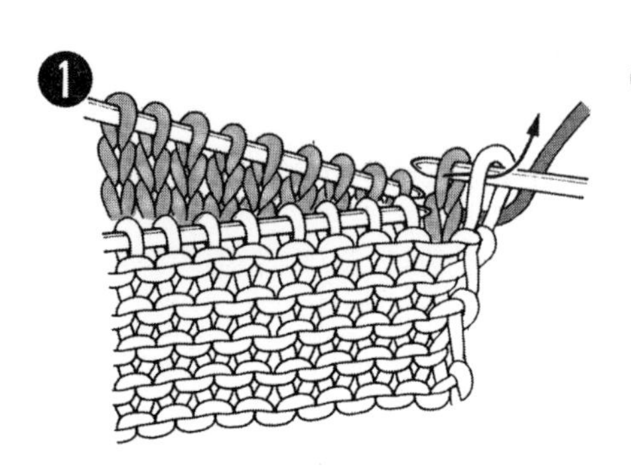

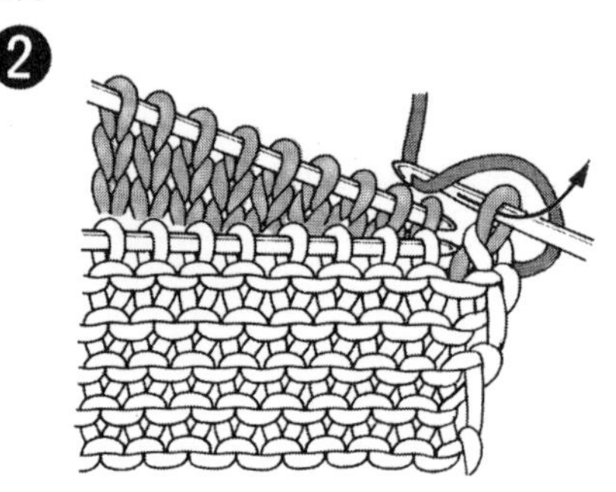

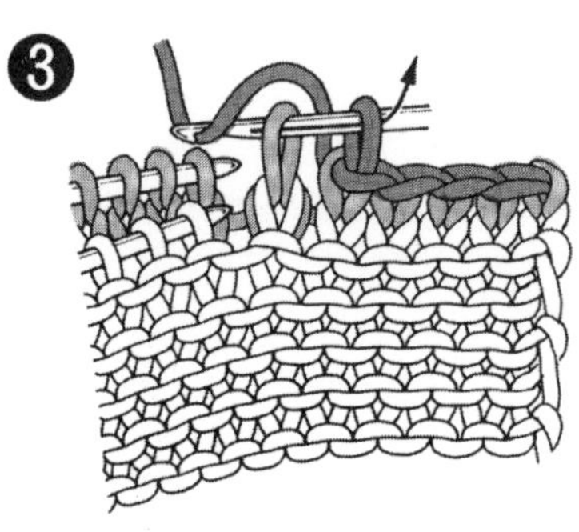

★挑缀缝合★

用于缝合肋部和袖下。看着织片的正面将其对上，将一针内侧的横向渡线一行一行地挑起缝合。加针的地方挑取扭针的底部。拉线，直到看不见缝合线。

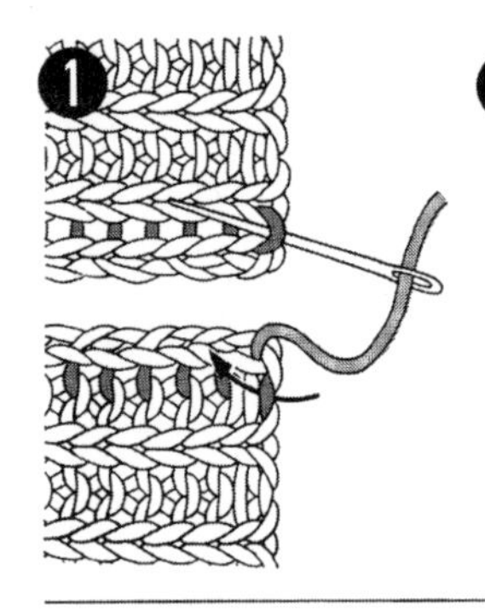

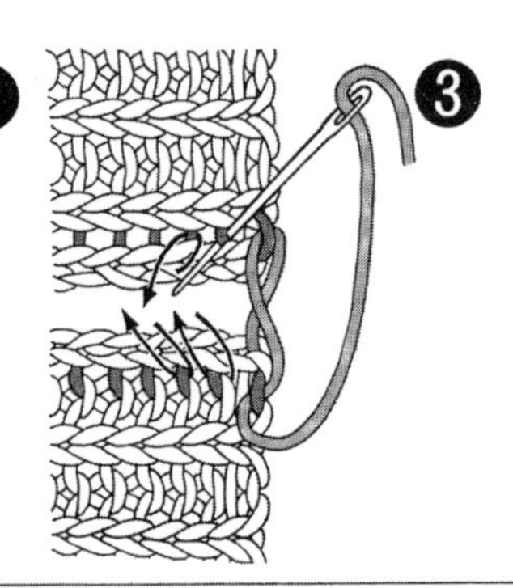

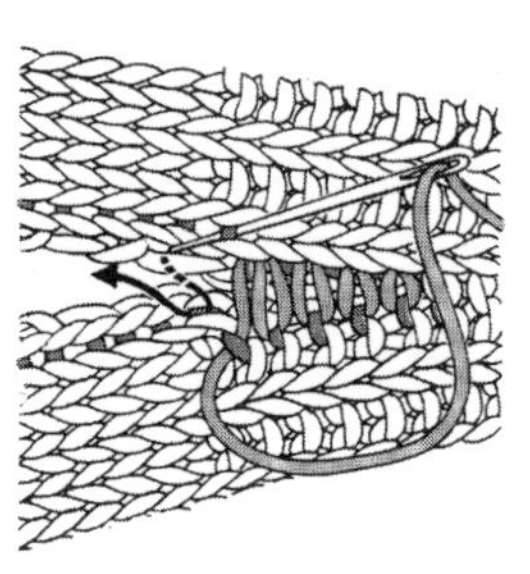

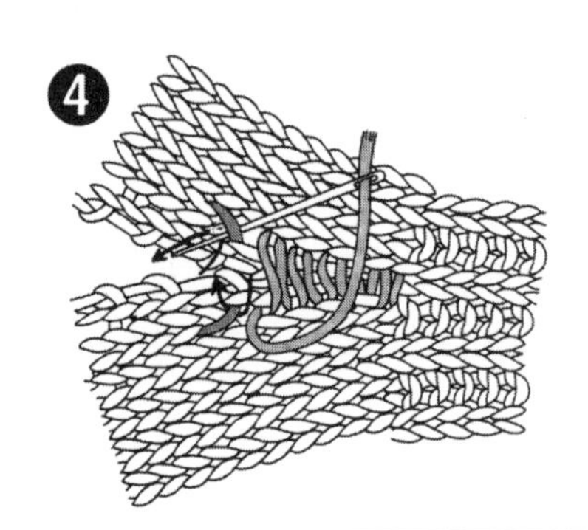

★引拔缝合★

是常用于固定袖子的方法。将两片要缝合的织片正面相对合起，用钩针从边缘开始引拔出一针的内侧。技巧很简单，初学者也能很快学会。

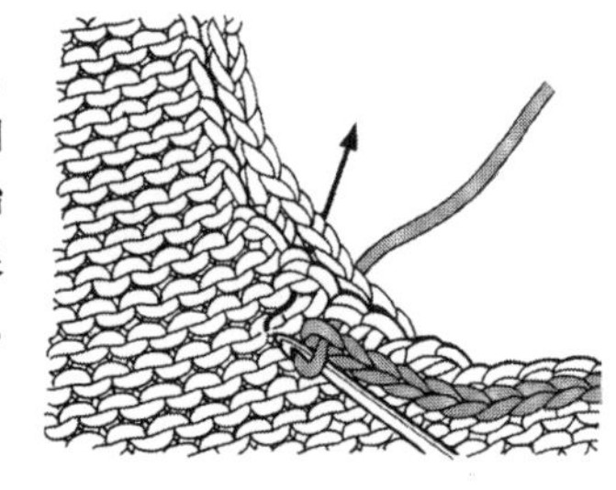

★半回针缝缝合★

是将两片织片正面相对合起，用半回针缝缝合的方法。把线穿过尖端锋利的毛线针，缝制一针的内侧，要垂直于织片出针入针。此技法要求比较高。

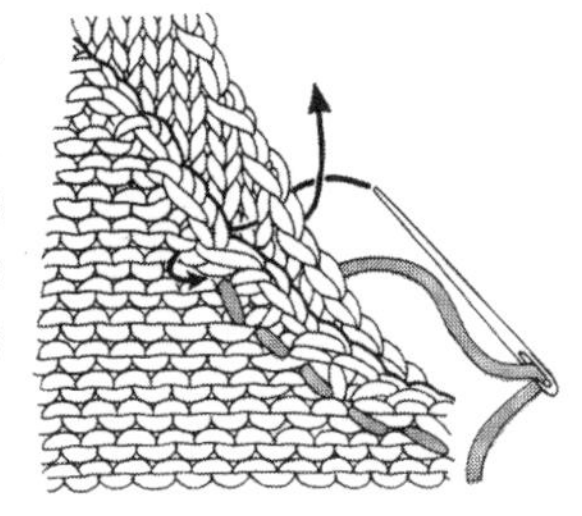

图书在版编目(CIP)数据

志田瞳四季花样毛衫编织/（日）志田瞳著；梦工房译. —郑州:河南科学技术出版社，2013.8(2022.1重印)
ISBN 978-7-5349-6223-3

Ⅰ. ①志… Ⅱ. ①志…②梦… Ⅲ. ①毛衣-编织-图集 Ⅳ. ①TS941.763-64

中国版本图书馆CIP数据核字(2013)第077472号

出版发行：河南科学技术出版社
地址：郑州市郑东新区祥盛街27号　　邮编：450016
电话：(0371)65737028　65788613
网址：www.hnstp.cn
策划编辑：刘　欣
责任编辑：刘　欣
责任校对：张小玲
封面设计：张　伟
责任印制：张艳芳
印　　刷：河南瑞之光印刷股份有限公司
经　　销：全国新华书店
开　　本：889 mm×1 194 mm　1/16　印张：11.5　字数：400千字
版　　次：2013年8月第1版　2022年1月第7次印刷
定　　价：59.80元